武汉商学院资助校本教材

简明中国茶文化

周圣弘　罗爱华◎编著

http://www.hustp.com
中国·武汉

内容简介

《简明中国茶文化》简要梳理中国茶文化的历史脉络,介绍茶叶的基本知识,评述文学、哲学与中国茶文化的关系,总结茶文化的地域特色与民俗学的关系;阐述基本茶艺尤其是工夫茶艺,描述中国茶文化向世界的传播路径。

本教材既注重教材的系统性,也强调深入浅出的写作方式,力求比较规范、系统、全面地介绍中国茶文化,为拓宽和提升大学生的文化视野与文化素养助力。

本教材适合高等学校素质教育课程、茶艺师培训使用,也适合茶文化爱好者阅读。

图书在版编目(CIP)数据

简明中国茶文化/周圣弘,罗爱华编著. —武汉:华中科技大学出版社,2017.7(2021.8重印)
ISBN 978-7-5680-2656-7

Ⅰ.①简… Ⅱ.①周… ②罗… Ⅲ.①茶文化-中国 Ⅳ.①TS971.21

中国版本图书馆 CIP 数据核字(2017)第 061582 号

简明中国茶文化
Jianming Zhongguo Cha Wenhua

周圣弘　罗爱华　编著

策划编辑:牧　心
责任编辑:张馨芳
封面设计:孙雅丽
责任校对:李　琴
责任监印:周治超

出版发行:华中科技大学出版社(中国·武汉)　　电话:(027)81321913
　　　　　武汉市东湖新技术开发区华工科技园　　邮编:430223
录　　排:华中科技大学惠友文印中心
印　　刷:广东虎彩云印刷有限公司
开　　本:787mm×1092mm　1/16
印　　张:12　插页:4
字　　数:258 千字
版　　次:2021 年 8 月第 1 版第 3 次印刷
定　　价:48.00 元

本书若有印装质量问题,请向出版社营销中心调换
全国免费服务热线:400-6679-118　竭诚为您服务
版权所有　侵权必究

武夷岩茶十八道茶艺流程图解

1. 焚香静气

焚点檀香,造就幽静、平和气氛。

2. 叶嘉酬宾

出示武夷岩茶让客人观赏。"叶嘉"即北宋苏东坡用拟人笔法称呼武夷茶之名,意为茶叶嘉美。

3. 活煮山泉

泡茶用山溪泉水为上,用活火煮到初沸为宜。

4. 孟臣沐霖

即烫洗茶壶。孟臣是明代紫砂壶制作家，后人把名茶壶喻为"孟臣"。

5. 乌龙入宫

把乌龙茶放入紫砂壶内。

6. 悬壶高冲

把盛开水的长嘴壶提高冲水，高冲可使茶叶松动出味。

7. 春风拂面

用壶盖轻轻刮去表面白泡沫,使茶叶清新洁净。

8. 重洗仙颜

用开水浇淋茶壶,既洗净壶外表,又提高壶温。"重洗仙颜"为武夷山云窝的一方石刻。

9. 若琛出浴

即烫洗茶杯。若琛为清初人,以善制茶杯而出名,后人把名贵茶杯喻为"若琛"。

简明中国 茶 文化

10. 游山玩水

将茶壶底沿茶盘边缘旋转一圈，以刮去壶底之水，防其滴入杯中。

11. 关公巡城

依次来回往各杯斟茶水。关公以忠义闻名，而受后人敬重。

12. 韩信点兵

壶中茶水剩少许后，则往各杯点斟茶水。韩信足智多谋，而受世人赞赏。

13. 三龙护鼎

即用拇指、食指扶杯，中指顶杯，此法既稳当又雅观。

14. 鉴赏三色

认真观看茶水在杯里上、中、下的三种颜色。

15. 喜闻幽香

即嗅闻岩茶的香味。

16. 初品奇茗

观色、闻香后,开始品茶味。

17. 游龙戏水

选一条索紧致的干茶放入杯中,斟满茶水,仿若乌龙在戏水。

18. 尽杯谢茶

起身喝尽杯中之茶,以谢山人栽制佳茗的恩典。表演到此结束,谢谢大家观赏!

前　言

中国是茶的故乡和茶文化的发祥地。中国茶文化，是中华传统文化的有机组成部分。在大学生中推广茶文化，利用茶文化来提升大学生的文化修养和精神品位，对拓展高等教育内涵和弘扬中国茶文化均有积极的作用。

茶文化源远流长，包罗万象：茶的历史，茶业科技，茶的生产和流通，茶类和茶具的演变，茶俗，茶艺，茶道，茶德，茶对社会生活的影响，茶事文学艺术，茶的传播，等等。这些内容，足以有体系地形成一门面向大学生的文化通识教育课程。

茶文化之美，在于物质美和精神美。茶文化的物质美，在于茶的色、香、味。茶色怡人，茶香悠远，茶味甘醇，带给人们生理上的愉悦。茶文化的精神美，则是茶事的意境之美。美的意境，将人从烦恼紧张的情绪带入闲适宁静的氛围中。因茶而产生的诗词书画等艺术作品，则是茶文化意境美的升华。

茶文化中蕴含了丰富的哲理：儒家的中庸和谐、道家的道法自然、佛家的清寂禅悟。

儒家哲学的中庸和谐思想的核心是"和"。"和"，是事物两端间的平衡，是恰到好处，是理性节制。茶文化中蕴含了儒家的中庸和谐思想。儒士多饮茶，就是迷恋饮茶时的和谐意境。儒家将之引入茶文化，主张在饮茶中沟通思想，创造和谐气氛。

"道法自然"，出自老子《道德经》第二十五章，其语意是抽象哲学范畴的"道"要"法""自然"，且须"法""自然"，万物皆应效法自然，并从中汲取规律以适应自然，自然是道家最尊崇的哲学层次。在茶文化中，饮茶是人与自然的直接交流。从茶汤的品饮中，感受大地山川等自然之物的奇妙；从茶饮活动中，体味真香、真味、真气的微妙变化，进而领悟自然的真谛，享受人与自然相互交融的美感。

佛教对推动茶叶生产和茶文化传播功不可没，它规定和影响着中国茶道精神的内涵。茶的本性质朴、清淡、纯和，与佛教精神有相通之处，因此能被佛家所接受。中国茶道追求心无杂念，专心静虑，心地纯和，忘却自我和现实存在，这些茶道精神都是源于佛家思想。可以说，品茗对于佛家的重要性，远远超过儒、道两家。而"吃茶去"这一禅林法语所暗藏的丰富禅机，"茶禅一味"的哲理概括所浓缩的深刻含义，都成为茶文化发展史上的思想精蕴。

茶文化精神内涵的另一方面，是通过品茶陶冶情操，修身养性。茶性温和，饮茶使人保持一种清醒自然的状态，是一种人与自然的精神交流。古代人品高洁的君子，通常在饮茶中寄托自己对高风亮节精神的追求。饮茶是一种高雅的时尚,也是一种陶冶情操、交流友谊的方式。烹茶和煮茶对器、水都要求严格,需要其十分洁净。因此,人们常将茶与人品相关联,强调茶的君子特性。通过对茶的质朴品性和君子之道进行阐释,可以教育大学生培养自省和纯朴的品质,告诫大学生克服自身性格中的弱点,以宽厚、包容的心态对待他人,培养健全的人格品质。

茶文化的精神功能,还在于引导和修正因现代社会高速发展引发的"快餐文化"所带来的负面影响。"快餐文化"是工业文明极度发达的产物,在给人们生活带来方便、快捷的同时,也容易使人产生功利主义、享乐主义的价值观。在大学生中加强茶文化教育,有利于发掘传统文化中的思想精髓,促进大学生充分理解和谐思想,理解人与自然的相互包容,从而摒弃浮躁,踏实做事,认真做人。

茶文化的美学功能,在于对培养大学生的审美有积极的引导作用。当前大学生处在一个信息时代,审美的多元影响了大学生的美学认知。茶文化中传统的美学功能,对引导大学生对传统文化审美的认同和接受,提升他们的审美层次,大有裨益。

通过茶文化的推广,可以增进大学生对茶文化中养生功能的理解,让他们了解饮茶对缓解个人压力、排解心中烦闷、形成平和心态都有一定的帮助。通过饮茶,还可以让大学生体味到自然世界的淳朴之美,达到返璞归真。茶中含有蛋白质、氨基酸等,具有提神醒脑、消除疲劳、帮助消化等功能,有助于养生和强身健体。

在大学生中开展茶文化教育,对于保存和弘扬茶文化具有重要的意义。中华文化内涵丰富、异彩纷呈,但大多发源于农业文明并随之演变发展。随着现代化发展的加速,工业文明成为社会的主导。在此进程中,中华文化中的许多精华正在逐步被人淡忘甚至消失。在当前快节奏的社会生活中,茶文化的影响力也正在逐渐缩小,各种速食、速溶的饮食产品日益占领人们的日常生活。如果茶成为一种奢侈品或者说饮茶成为一种高档消费行为,那么传统的茶文化就会与我们渐行渐远。因此,在大学生中传播茶文化,培养茶文化延续的种子,是保证优秀传统文化能一直传承下去的重要途径。

周圣弘　罗爱华

2017 年 1 月

目　　录

第一章　茶文化概论 ·· 1
- 第一节　茶文化的定义和内涵 ·· 1
- 第二节　茶文化的性质和特点 ·· 3
- 第三节　茶对中外文化的影响 ·· 6
- 第四节　当代中国茶文化研究的历程 ······································ 12

第二章　茶叶的基本知识 ·· 16
- 第一节　中国：世界茶树的发源地 ·· 16
- 第二节　中国：饮茶历史悠久的国度 ······································ 20
- 第三节　茶叶品类与中国十大名茶 ·· 23
- 第四节　茶叶在中国和世界的传播 ·· 31

第三章　中国茶文化简史 ·· 37
- 第一节　秦代以前：中国茶文化的萌芽时期 ································ 37
- 第二节　秦汉南北朝：中国茶文化的发展时期 ······························ 39
- 第三节　唐宋：中国茶文化的兴盛时期 ···································· 40
- 第四节　明清：中国茶文化的鼎盛时期 ···································· 45
- 第五节　1978年后：中国茶文化的复兴时期 ································ 50

第四章　中国茶艺 ·· 54
- 第一节　茶的冲泡与品饮 ·· 54
- 第二节　茶艺的分类 ·· 65
- 第三节　茶艺的要素 ·· 68
- 第四节　茶艺表演 ·· 71
- 第五节　中国工夫茶 ·· 73

第五章　中国茶馆 ·· 87
- 第一节　中国茶馆的演变历史 ·· 87
- 第二节　中国古今茶馆的类型 ·· 91
- 第三节　茶馆的性质与功能 ·· 95
- 第四节　当代著名茶馆（茶楼）介绍 ······································ 100

第六章　科学饮茶 105
第一节　茶：主要成分与营养元素 105
第二节　茶：保健美容的绿色饮料 111
第三节　茶：行道会友的文明饮料 117
第四节　茶：润泽身心的和谐饮料 119

第七章　中国茶俗 122
第一节　民俗与茶俗 122
第二节　北方地区茶俗 124
第三节　华南地区茶俗 126
第四节　西南地区茶俗 130
第五节　江南地区茶俗 135

第八章　中国茶文学 139
第一节　茶文学概说 139
第二节　中国茶文学简史 140
第三节　中国茶诗种种 150
第四节　小说与茶文化 165

第九章　中国茶道阐释 169
第一节　什么是茶道？ 169
第二节　中国茶道的内涵 170
第三节　茶道的哲理表征 173
第四节　中国茶道的诗性 174
第五节　中华茶道精神 175

第十章　茶文化旅游 177
第一节　茶文化旅游的概念 177
第二节　茶文化旅游的类型 179
第三节　茶文化旅游的开发 184

参考文献 186

后记 188

第一章 茶文化概论*

中国是茶的故乡,是茶文化的发祥地。茶,位居全球三大饮料(茶、咖啡、可可)之首,是世界上最受欢迎、最大众化、最有益于身心健康的天然饮料。如今,茶已成为中国民众的举国之饮。茶的发现和利用,不但推进了中国的文明进程,而且极大地丰富了全世界的物质和精神生活。

第一节 茶文化的定义和内涵

茶文化,在中国绵延数千年,是中华传统文化的一个重要分支。但茶文化作为一门学科提出,却是个新生事物。社会的发展和科技的进步,使当今社会物质文明和精神文明得到广泛的融汇,学科间渗透交叉产生了许多边缘新兴学科,茶文化就是其中之一。

一、茶文化的定义

文化是一种社会现象,它是人类社会形成以后出现的一种社会形态。

"文化"一词,广义来说,是指人类在社会实践过程中所创造的物质财富、精神财富的总和;狭义来说,是指社会的意识形态,即人类所创造的精神财富,如文学、艺术、教育、科学等,也包括社会制度和组织机构等。

文化是一种历史现象,任何社会都有与其相适应的文化,并随着社会物质生产的发展而发展。文化是一种意识形态,是一定的政治与经济的反映,同时它又作用于一定社会的政治和经济。但对"文化"一词的说法,尚无定论。鉴于此,什么叫"茶文化",目前也是众说纷纭。

一般认为,茶文化就是人类在发展、生产和利用茶的过程中,以茶为载体,表达人与自

---

* 本章第一、二节,主要参考了姚国坤著《茶文化概论》(浙江摄影出版社,2004 年 9 月版)第 1~7 页的内容。第四节,主要参考了余悦的《中国茶文化研究的当代历程和未来走向》(《江西社会科学》2005 年第 7 期)一文的部分内容。

然,以及人与人之间产生的各种理念、信仰、思想感情、意识形态的总和。所以,茶文化是人类在社会发展过程中所创造的有关茶的物质财富和精神财富的总和。它以茶为载体,反映出明确的精神内容,是物质文明和精神文明高度和谐统一的产物。[①]

有学者从"大文化"观点出发,认为一切出自人类创造的物质现象和精神现象均称为"文化",认为茶文化的含义应包括茶业的物质生产、流通活动和人类各种饮茶方式的精神内涵,包含关于茶领域的物质和精神两个方面;也有学者认为,茶文化是以茶为题材的物质文化、制度文化和精神文化的集合;更有学者认为,茶文化应该是在研究茶和应用茶的过程中所产生的文化和社会现象。[②]

二、茶文化的内涵

茶文化内涵丰富,主要包括以下几个方面:茶的历史发展,茶的发现和利用,茶区人文环境,茶业科技,茶的生产和流通,茶类、茶具的发生和演变,饮茶习俗,茶道、茶艺、茶德,茶对社会生活的影响,茶事文学艺术,以及茶的传播等。茶文化的表现形式,可归纳为四个方面。

(一)物质形态

物质形态即茶的物态文化,例如:茶的历史文物,茶文化遗迹,各类茶书、茶画、茶事雕刻,茶类和各种茶具,茶歌、茶舞、茶戏,饮茶及茶艺表现,茶的种植和加工,茶制品等。

(二)制度形态

制度形态即茶的制度文化,如茶政、茶法、茶税、纳贡、茶马互市等。

(三)行为形态

行为形态即茶的行为文化,包括客来敬茶、婚嫁茶礼、丧葬茶事、以茶祭祀等。

(四)精神形态

精神形态即茶的心态文化,如茶禅一味、茶道、茶德、茶俗,以及以茶养性、以茶育德、以茶养廉等。

---

① 姚国坤.茶文化概论[M].杭州:浙江摄影出版社,2004:2.
② 姚国坤.茶文化概论[M].杭州:浙江摄影出版社,2004:2.

第二节 茶文化的性质和特点

研究茶文化,不但要从自然科学角度研究其自然属性,还要从社会科学角度研究其社会文化属性。茶文化已不局限于茶本身,而是围绕着茶所产生的一系列物质的、精神的、习俗的、心理的、行为的现象。所以,作为一种文化现象的茶文化,有其自身的性质和特点。

一、茶文化的性质

简单说来,茶文化就是人类在发展、生产和利用茶的过程中产生的各种观念形态。从"大文化"视角来看,与其他文化一样,茶文化作为一种文化现象,有其特性。大致说来,主要包括以下四个方面。

(一)茶文化的社会性

饮茶是人类美好的物质享受与精神品赏。随着社会文明的进步,饮茶文化已渗透到社会的各个领域、层次、角落以及生活的各个方面。富贵之家过的是"茶来伸手,饭来张口"的生活,贫穷人家过的是"粗茶淡饭"的日子,但都离不开茶。"人生在世,一日三餐茶饭"是不可省的,即便是祭天祀地拜祖宗,也得奉上茶与酒,把茶提到与饭等同的位置。"人不可无食,但也需要有茶",无论是皇族显贵,还是平民百姓,都离不开茶。所不同的只是对茶的要求和饮茶方式不同罢了,对茶的推崇和需求却是一致的。

唐代,随着茶业的发展,饮茶遍及大江南北、塞外边疆,茶已成为社会经济、社会文化中一门独立的学问。文成公主入藏,带去饮茶之风,使茶与佛教进一步融合,西藏喇嘛寺因此出现规模空前的盛会。宋代,民间饮茶之风大盛,宫廷内外到处"斗茶",为此朝廷重臣蔡襄写了《茶录》以公天下。宋徽宗赵佶也乐于茶事,写就《大观茶论》一册。皇帝为茶著书立说,这在中外茶文化发展史上是绝无仅有的。明代,太祖为严肃茶政,斩了贩运私茶出塞的爱婿欧阳伦。清代,八旗子弟饱食终日,无所事事,坐茶馆玩鸟成了他们消磨时间的重要方式。上述内容,道出了茶在皇室贵族中的重要位置。而历代文人墨客、社会名流以及宗教界人士,更是以茶洁身自好。他们烹茶煮水,品茗论道,吟诗作画,对茶文化的发展起了推波助澜的作用。至于平民百姓,居家茶饭不可或缺。即使是粗茶淡饭,茶也是必需品,"开门七件事,柴米油盐酱醋茶"说的就是这个意思。

(二)茶文化的广泛性

茶文化是一种范围广泛的文化,雅俗共赏,各得其所。茶文化的发展历史告诉我们:茶的最初发现,传说是"神农尝百草"后始知茶有解毒功能和治病作用,然后才为人们所利用。

西周时期,茶已成为贡品;秦汉时期,茶的种植、贸易和饮用已逐渐扩展开来;魏晋南北朝时期,出现了许多以茶为"精神"的文化现象;盛唐时期,茶已成为"不问道俗,投钱取饮"之物。唐代的物质生活相对丰富,使人们有条件以茶为本体,去追求更多的精神享受和营造更美的日常生活。随着茶的物质文化的发展,茶的精神文化和制度文化向着广度延伸和深度发展,逐渐形成了固有的道德风尚和民族风情,成为精神生活的重要组成部分。爱茶文人的创作,为后人留下了许多与茶相关的文学艺术作品。此外,茶还与宗教等学科紧密相关。茶文化是范围广阔的文化,浸润众多领域和方向,这是茶文化的一个重要特征。

(三)茶文化的民族性

据史料记载,茶文化始于中国古代的巴蜀地区,在发展过程中逐渐形成以汉族茶文化为主体的茶文化,并传播发展。每个国家、每个民族都有自己独特的历史、文化和个性,并通过其特殊的生活习俗表现出来,这就是茶文化的民族性。

中国是一个多民族的国家,五十六个民族大都有自己多姿多彩的茶俗。例如:蒙古族的咸奶茶、维吾尔族的香茶、苗族的八宝油茶,主要追求的是以茶作食和茶食相融;土家族的擂茶、纳西族的"龙虎斗",主要追求的是强身健体和以茶养生;白族的三道茶、苗族的三宴茶,主要追求的是借茶喻世和处世哲学;傣族的竹筒香茶、傈僳族的响雷茶、回族的罐罐茶,主要追求的是精神享受,重在饮茶情趣;藏族的酥油茶、布朗族的酸茶、鄂温克族的奶茶,主要追求的是以茶为引,意在示礼联谊。尽管各民族的茶俗有所不同,但按照中国人的习惯,凡有客人进门,不管是否需要饮茶,主人敬茶是少不了的,不敬茶往往被认为是不礼貌的。再从大范围来看,世界各国的茶艺、茶道、茶礼、茶俗,同样也是既有区别又有联系,所以说茶文化是民族的,也是世界的。

(四)茶文化的区域性

"十里不同风,百里不同俗。"中国地广人多,由于受历史文化、生活环境和社会风俗的影响,形成了中国茶文化的区域性。例如,在饮茶的过程中,以烹茶方法而论,有煮茶、点茶和泡茶之分;以饮茶方法而论,有品茶、喝茶和吃茶之别;以用茶目的而论,有生理需要、传情联谊和生活追求之说。再如,在中国的大部分地区,饮茶的基本方式是直接用开水冲泡茶叶,无须加入薄荷、葱姜等佐料,推崇的是清饮。另外,在对茶叶的品质要求方面,也有一定的区域性。如南方人喜欢喝绿茶,北方人崇尚花茶,福建、广东、台湾人青睐乌龙茶,西南地区推崇普洱茶,边疆兄弟民族爱饮黑茶紧压茶,等等。就世界范围而言,欧洲人钟情的是加奶加糖的红茶,西非和北非的人们最爱喝的是加薄荷或柠檬的绿茶。

二、茶文化的特点

茶文化的发展史告诉我们:茶文化总是先满足人们的物质生活需求,再满足其精神需要。在这个过程中,那些与社会不相适应的东西常常会被淘汰,但更多的是产生和发展。这不但使茶文化的内容得到不断充实和丰富,而且使茶文化由低级走向高级,进而形成自己的个性。所以,茶文化与其他文化相比,具有自身的一些特点,主要表现在以下四个"结合"上。

(一) 物质与精神的结合

茶作为一种物质,它的形态是异常丰富的;茶作为一种文化,有着深刻的内涵和文化的超越性。唐代卢仝认为,饮茶可以进入"通仙灵"的奇妙境地;北宋苏轼认为"从来佳茗似佳人";南宋杜耒说可以"寒夜客来茶当酒";明代顾恺之谓"人不可一日无茶";近代鲁迅说品茶是一种"清福"。科学家爱因斯坦组织的奥林比亚科学院每晚例会,用边饮茶休息、边学习议论的方式研究学问,被称为"茶杯精神";法国大文豪巴尔扎克赞美茶"精细如拉塔基亚烟丝,色黄如威尼斯金子,未曾品尝即已幽香四溢";日本高僧荣西禅师称茶"上通诸天境界,下资人伦";华裔英国籍女作家韩素音说,"茶是独一无二的真正文明饮料,是礼貌和精神纯洁的化身"。随着物质的丰富,精神生活也随之提升,经济的发展促进茶文化的流行,今天世界范围内出现的茶文化热就是最好的证明。

(二) 高雅与通俗的结合

茶文化是雅俗共赏的文化。在发展过程中,它表现出雅和俗两个方向,并在两者的统一中向前发展。历史上,王公贵族的茶宴、僧侣士大夫的斗茶、分茶是上层社会高雅的精致文化,而从中派生出茶的文学、戏曲、书画、雕塑等门类,产生了有很高欣赏价值的艺术作品,这是茶文化高雅性的表现。而民间的饮茶习俗具有大众化和通俗化的特点,老少咸宜,贴近生活,贴近社会,并由此产生了茶的神话故事、传说、谚语等,这是茶文化通俗性的表现。但精致高雅的茶文化,是通俗的茶文化经过吸收、提炼、升华而形成的。如果没有粗朴、通俗的民间茶文化土壤,高雅的茶文化也就失去了生存的基础。所以,茶文化是劳动人民创造的,但上层社会对高雅茶文化的推崇,又对茶文化的发展和普及起到了推进作用,并在很大程度上左右着茶和茶文化的发展。

(三) 功能与审美的结合

茶在满足人类物质生活方面表现出了广泛的实用性。在中国,茶是生活必需品之一,食用、治病、解渴与养生都需要用到茶。茶在多种行业中的广泛应用,更为世人瞩目。茶与文人雅士结缘:杯茶在手,观察颜色,品味苦劳,体会人生;或品茶益思,联想翩翩,文思泉涌。多少文人学士为得到一杯佳茗,宁愿"诗人不做做茶农"。由此可见,在精神需求方面,茶表现出了广泛的审美性。茶的绚丽多姿,茶文学艺术的五彩缤纷,茶艺、茶道、茶礼的多姿多彩,满足了人们的审美需要,它集物质与精神、休闲与娱乐、观赏与文化于一体,给人以美的享受。

(四)实用与娱乐的结合

茶文化的实用性,决定了茶文化的功利性。随着茶的深加工和综合利用的发展,茶的开发利用已渗透到多种行业。近年来,多种形式的茶文化活动展开,其最终目标就是"茶文化搭台,茶经济唱戏",促进地方经济的发展。其实,这也是茶文化实用性与娱乐性相结合的体现。

总之,茶文化蕴含着进步的历史观和世界观,它以平和的心态去实现人类的理想和目标。

第三节 茶对中外文化的影响

一、茶对中国文化的影响

茶又名"茗""荼",最早产于中国巴蜀地区,从南向北、从西向东传播,现已成为世界三大饮料之一。

我国早就有饮茶之风,茶文化源远流长。3 000多年前的周代,就已发现茶树并饮用茶水。在传说中的尧舜禹时代,茶被用作能解百毒的灵药。《神农本草经》记载:"神农尝百草,一日而遇七十毒,得荼以解之。"秦代以前,茶只是被当作一种药材,被称为"苦荼",它对人的大脑和心脏能起兴奋作用,并可清热解渴。到西汉,茶开始成为人们生活中的饮料。2016年1月,陕西省考古研究院发掘并经中国科学院鉴定,距今2150年前的汉景帝刘启的汉阳陵中发现的碳化物是顶级的芽茶。三国魏晋南北朝时,饮茶之风出现。到唐代,茶已成为人们生活的必需品,与柴米油盐酱醋一起成为人们日常生活的"开门七件事",正所谓"茶为食物,无异米盐"。一部茶文化史,就是中国文明发展的一个缩影。

(一)茶与日常生活

中国茶文化深邃久远、博大精深。以茶待客会友,以茶馈礼,以茶定亲,以茶贸易,以茶示廉明志,以茶养性怡情,民情风俗与茶不可分离。民间有待客敬茶、三餐泡茶、馈赠送茶、聘礼包茶、结婚大茶、斋月散茶、节日宴茶、喜庆品茶等茶俗,还有"早茶一盅,一天威风;午茶一盅,劳动轻松;晚茶一盅,提神去痛;一日三盅,雷打不动"的茶谚。茶是我国各族人民日常活动中不可或缺的物质,是民间礼俗、礼仪最重要的载体。它深深地植根于人们的生产生活、丧葬祭祀、人生伦理及日常交际之中,并被不断礼仪化,形成"以茶待客表敬意""以茶赠友寓情谊""以茶论婚嫁""以茶祭祀""以茶丧葬"等茶礼习俗。客来敬茶,是秦汉以来的礼俗。客人来了,可以不招待饭菜,但不能不泡茶。江西宜春地区流行"客来不筛茶,不是好人家"的俗谚。泰顺有"茶哥米弟,茶前酒后"的说法,把茶看得比米和酒还重要。藏族和蒙古族有"宁可一日无粮,不可一日无茶"之说。以茶祭祀的风俗,古已有之。据考证,它在魏晋南北朝时期就出现了。唐以后,历代朝廷荐社稷、祭宗庙神灵时必备茶。茶不仅被看作"礼敬"的表征,而且用来喻示友谊。茶用于交友赠友,是因为它被视为极纯之物,是坚贞、高尚、廉洁的象征,历代文人称其为"苦节君"。饮茶体现了一种和谐,成为礼敬、友谊和团结的象征。"吃讲茶"的风俗,据说起源于朱元璋起兵反元时期,双方发生争执就到茶馆或第三者家中,边喝茶边心平气和地评理,消除误会和矛盾。茶在民间礼俗中如此重要,其原因除了我国是茶的故乡外,更重要的是:首先,茶的特性及自然功用与我国传统文化、民间风俗的许多内容如"天人合一"思想相吻合,在民间风俗中同样强调"和谐""尊让";其次,茶能在民间生活中迅速礼俗化;再次,人们在礼俗化的过程中发现,茶是"礼"的最佳载体。茶礼俗是中国文化的历史沉淀。

茶文化是中国饮食文化之一。风情各异的茶俗、茶礼及制茶法,使人们的生活更加丰富多彩。苗族和瑶族有虫茶,苗族先用茶叶喂养大米中的米蛀虫,排出一粒粒黑色粪便,便是虫茶,虫茶已成为用于出口的特产茶;云南大理白族有三道茶,第一道是苦茶,第二道是甜茶,第三道是回味茶,寓意"吃苦在前,享乐在后,友情难忘";侗族有三杯茶,第一杯是糖果茶,第二杯是糖辣椒茶,第三杯是蜜饯茶;布依族有打油茶的习俗,将黄豆、玉米花、糯粑、芝麻放入油锅,用大火炒黄,后与炒好的茶叶一起配上清水、葱姜、盐等煮沸去渣成茶水饮用。还有拉祜族的竹筒茶,回族的八宝茶,布朗族的酸茶(入土发酵一个月),傣族的烤茶,畲族的新娘茶(新娘向宾客敬献新娘茶),彝族的盐巴茶和罐罐茶,蒙古族的奶茶,土家族的甜酒茶,撒拉族和回族的麦茶,藏族的酥油茶,四川成都的盖碗茶,广东潮汕地区的男子工夫茶和女子茶,等等。在茶文化的发展、进化过程中,制茶工序不断完善,产品质量不断提高,制茶法先后有唐饼茶、宋团茶、明叶茶等,可以制出绿茶、红茶、黄茶、黑茶、白茶和乌龙茶等。中国的茶文化,反映了不同民族、不同地区不同的思维方式和民族地域风情。

(二)茶与婚姻

茶文化在生活中的一个显著特征,就是茶在婚姻中起重要作用。在古代,人们把整个婚姻礼仪总称为"三茶六礼"。其中,"三茶"是指订婚时的"下茶"、结婚时的"定茶"、洞房时的"合茶"。所以,"三茶六礼"成为明媒正娶的代名词,茶为明媒正娶之信物。在不少地区,茶礼几乎成为婚俗的代名词,它象征纯洁、坚贞和多子多福。"茶性最洁"寓意爱情纯洁无瑕;"茶不移本"喻示爱情坚贞不移;"植必生子""茶树多籽"表示子孙繁盛、家庭幸福。"十里不同风,百里不同俗。"在浙江西部婚俗中,媒人说媒俗称"食茶"。在回族婚俗中,男方请媒人去说亲称"说茶",成功后拿茶叶等礼物去感谢媒人,称"谢媒茶"。定亲时,茶也为必备礼物,甘肃东乡族定亲时男方送给女方几包细茶作为定亲礼品,称"订茶"。拉祜族人订婚时,别的可以不带,唯有茶是万万不能少的,"没有茶就不能算结婚"。湖北的黄陂、孝感一带,男方的礼品中必须有茶和盐,因为茶产自山、盐出自海,表"山盟海誓"之意。在江苏的婚俗中,新郎需在堂屋饮茶三次方可接新娘上轿,此茶称"开门茶"。福建的畲族婚俗流行喝"宝塔茶",用红漆樟木八角茶盘捧出五碗茶,叠成宝塔形状。在青海、甘肃等地的撒拉族,迎娶新娘途经各个村庄时,曾与新娘同村的妇女们端出茯茶,盛情招待新娘及送亲者,称"敬新茶"。浙江南部的畲族有"吃蛋茶"的风俗。湖南醴陵等地方新娘、新郎要向长辈献茶,新婚夫妻入洞房要喝"合枕茶"。黄河流域,有的地区在男家托媒说亲过程中也有以茶待媒之俗,女子家若以茶招待,则是应允婚事的表示。贵州侗族中有"退茶"的婚娶习俗,姑娘若不愿意包办婚姻,选准时机和路线,带上茶叶放于未婚夫家堂屋桌上,表明意愿后转身就走,跑得脱就解除婚约。茶之所以在婚姻中有如此重要的地位,一是因为它气味芬芳,味道醇郁,预示着新婚夫妇生活美满、情致高雅;二是因为古人认为茶只能直播、不能移栽,所以又将茶称为"不迁","下茶"表示爱情专一,"一女不食两家茶";三是茶树开花结籽多,中国传统信奉多子多福,送茶礼则有预祝婚后多子多福之意。这些茶俗,反映了中华民族不同的审美观念和性格特征。

(三)茶与文学艺术

中国文学作品中有不少关于茶文化的描写,它们丰富了中国的文学艺术宝库,使中华茶文化更加璀璨夺目。历代文人墨客对茶情有独钟,一边品茶,一边著文吟诗作画。在明清小说中,关于品茶生活的描写比比皆是,《三国演义》《水浒传》《西游记》《红楼梦》《儒林外史》《老残游记》《镜花缘》等都记载有丰富多彩的茶事活动。这既是现实生活的一种反映,又是中国茶文化对文学创作产生重大影响的具体表现。白居易的"游罢睡一觉,觉来茶一瓯",表达了诗人的性格特征。他在《萧员外寄蜀新茶》中叹道,"蜀茶寄到但惊新,渭水煎来始觉珍",抒发了诗人对友谊的珍重。陆羽专心茶道,后人称赞他,卖茶者敬为茶神,饮茶者颂为茶仙,事茶者奉为茶圣。他在写罢《茶经》后感慨:"宁可终身不饮酒,不可三餐无饮茶。"乾隆皇帝说:"君不可一日无茶。"著名作家老舍也说:"品罢功夫茶几盏,只慕人间不慕仙。"苏轼一生酷爱酒茶,他于茶中求得清醒、清雅、清适和清高,深得茶之三昧:茶有君子之品格,佳人之妙质,离人之风度,诗禅之韵味。宋代茶词与其他众多的酒词、应歌词、节序词和寿词一样,具有社交、娱乐和抒情三种功能。茶词是一种词学现象,同时也成了宋代多姿多态的茶礼茶俗的有机组成部分,丰富了茶文化的表现形态与内涵。"酌泉煮茗"是金代文人雅士崇尚之举。麻九畴有《和伯玉食蒿酱韵》:"诘问冰茶者,何如羔酒乎?"元好问有《醉后走笔》:"建茶三碗冰雪香,离骚九歌日月光。"清朝黄炳的《采茶曲》犹如十二幅自然与人文景观交融的采茶水粉画,生动勾勒出一年各月的茶景、人景,散发着芬芳浓郁而又古朴亲切的茶文化气息,给人以充分的想象空间,并能借以抒发浪漫的生活情趣。

(四)茶与宗教信仰

茶自被人类发现以来,早已淡化了最初的药用和饮食意义。茶与宗教联系相当紧密,与中国的儒教、道教和佛教等联系起来,更加丰富了中华茶文化。如道教有以茶飨客的风尚,道士们说,由尹喜向老子献上一杯茶,就是最初的茶仪。中国伊斯兰教教徒生活在高原寒冷地带,认识到饮茶不仅能生津止渴,而且有解油腻、助消化的功能。佛教传入中国后,禅宗创造了饮茶文化的精神意境,即通过饮茶意境的创造,把禅宗的哲学精神与茶结合起来。茶具有提神止渴功能,很适合佛教徒守戒坐禅的需要。唐朝由于禅风甚烈,夜间不睡不食只许饮茶,禅门教徒们说,达摩在少林面壁时,为了使自己在默祷时不打瞌睡,保持头脑清醒,割下眼皮扔到远处坠地而成茶树。

茶文化萌芽于生产力低下、生活单调的古代中国,从茶的发现与利用开始就带有神秘色彩。茶作为我国传统文化缩影的一种载体,主要表现为:中国传统文化精髓儒、道、佛与品茶相互融合,创立了我国的茶道精神,丰富了中国茶文化的思想内涵。在中国茶文化中,无论儒、道、佛何种信仰,都既有质朴、自然、清净、无私、平和的思想内涵,又具有浪漫色彩。人们品茶悟道,茶心、人心、道心相互交融在一起,形成一种超凡脱俗的茶文化灵性。茶能使人净化心灵,性情幽雅,提升人格。茶是儒,是仁、义、礼、智、信;茶是佛,是来世净土的精神寄托;茶是道,是乐天知足的自我心灵安慰;茶是和,充满着怡性温柔,至善至美;茶是静,蓄含着清淡天和,养精蓄锐。唐代僧人皎然的"三饮诗","一饮涤昏寐,情思爽朗满天地;再饮清我神,忽如飞雨洒轻尘;三饮便得道,何须苦心破烦恼",表现出"茶禅一味"。

在茶中"顿悟",在茶的"悟"中执着,在茶中寻求豁达、明朗、理智,达到"迷即众生,悟即是佛"的禅境。

茶,初由药用,后饮用,而后艺用,进而禅用,一边品茶,一边论道、讲法或清谈,成了一种时尚与习俗。以儒学为主体,构成中国传统的茶文化体系。儒家思想的核心是"尚仁贵中","中"即中庸,要求人们不偏不倚地看待世界,这恰是茶的本性,反映了中国人的性格,即努力清醒地、理智地看待世界,不卑不亢,执着持久;"仁"为仁爱,强调人与人相助相依,多友谊与理解。将儒家思想引入茶道,主张以茶为媒,沟通思想,创造和睦气氛,同时平和地认识世界,追求精神上的和谐与平静。道家虽强调"无为"、"避世"思想,将空灵贯穿于茶文化之中,注重茶的养生之法,使茶艺达到相当的境界,但其与儒家的"入世"思想是相辅相成的。

二、茶对外国文化的影响

中国茶文化以其特有的魅力向周边乃至世界辐射,对世界茶文化影响深远。

茶叶和饮茶习惯从5世纪起开始传播到国外,从17世纪起传遍全球,逐步发展成世界性茶文化。英语的"茶"(tea),发音来自福建方言"ti";而土耳其人的"茶"(cay),发音则源自中国北方方言。开始人们只喝"绿茶",即茶树的叶子。"红茶"(black tea)是一种欧美人喜欢的黑茶,据说是唐代的陆羽发明的。中国茶禅文化传入日本,于是有了日本"茶道";传入英国,产生了"下午茶";传入欧美,出现了"基督禅"。16世纪,欧洲天主教传教士葡萄牙神父克鲁士从中国返回欧洲后,介绍中国茶的饮用可以治病。意大利传教士利玛窦、法国传教士特莱康等也相继学得中国的饮茶习俗,向欧洲广为传播。荷兰是欧洲最早饮茶的国家之一,并称茶叶为"百草"(治百病的药)。茶成为中国对世界所做的一项重要贡献。

(一) 日本茶道

"茶道"(tea ceremony)是日本文化的代表与结晶,它起源于16世纪。富商千利休(1522—1591)集茶道各流派之大成,把饮茶习惯与禅宗教义相结合,发展成茶道。按其教义,茶道乃终生修养之道。千利休曾用"和敬清寂"四字来概括"茶道"精神。"和",就是人们相互友好,彼此合作,保持和平;"敬",指尊敬老人和爱护晚辈;"清",即清洁、清净,不仅眼前之物要清洁,而且心灵要清净;"寂",就是达到茶道的最高审美境界——幽闲。"和敬清寂"为日本茶道的理念,是从佛教的茶礼中演化出来的。日本茶道崇尚的"和敬清寂",是沿袭中国宋徽宗《大观茶记》提出的"清和淡静"。《大观茶记》以"清和淡静"为品茶的境地。"清和淡静"与日本茶道的"和敬清寂"相比,两者都崇尚"清和",不同之处是日本茶道的"敬寂"反映了日本人的道德观念和审美意识。而《大观茶记》的"淡静",即淡泊明志、宁静致远,符合中华文化的传统精神。可以说,日本的茶道是在中国茶文化的基础上,融合了日本自己的民族精神发展起来的。中国茶文化从奈良时代(710—794)开始传播到日本,当时是将茶作为药品使用。805年,日本僧人最澄、空海留学唐朝,将茶籽和饮茶习惯带回日本。日本嵯峨天皇815年6月命令畿内、近江(滋贺)、丹波(京都)、播磨(兵库)等地种茶,发展茶文化。

日本入宋僧人荣西大力提倡禅宗,是日本禅宗的始祖。他撰写了《吃茶养生记》(1211),推广饮茶风尚,其目的是给日本人提供防治疾病、养生延年的知识。他认为,中国医学理论有五味入五脏之说,而日本人的饮食习惯大多只有酸、甘、辛、咸四味,缺苦味。苦入心,心为五脏之主,缺苦味则心有所伤。茶味苦,故为养生之仙丹、延年之妙药。茶道强调严格的程序和规范。根据举行时间,一般分为四种茶道,即朝茶(上午7时)、饭后茶(上午8时)、清昼茶(中午12点)和夜话茶(下午6点)。茶道包括主人迎客、客人进茶、主人烧茶、主客饮茶、客人谢茶、主人送客等程序。茶会是茶道的主要组成部分,茶会有各种各样的名称:立冬时品尝本年度内采的茶,这种茶会称"新茶品茗会";每逢夜长的季节,在微暗的灯光下举行的茶会,称"夜话";在下了一场雪的情况下举行的茶会,称"赏雪";新春时节举行的茶会,称"初釜";立春之日举办的茶会,称"节分釜";到樱花林中去举办的茶会,称"赏花";立夏时,关闭茶席上的地炉,改用茶炉,这时的茶会称"初茶鼎";早晨举行的茶会,称"晨茶";以赏月为主要目的的茶会,称"赏月";晚秋时节使用旧茶举办的茶会,称"余波茶"。茶道很注重器具的艺术欣赏,茶道用器具可分为四类,即接待用器具、茶席用器具、院内用器具和洗茶器用器具。日本茶道对国民素质的培养和提高大有裨益,众所周知,日本礼仪多,日本女性温柔贤淑,这种性格有茶道教育和熏陶的功劳。品茶的人置身于一种极其安静的环境之中,注视着茶道师的一道道程序,嗅闻着淡淡的幽香,品尝着又苦又甜的茶和点心的滋味,认真地欣赏茶碗的精湛工艺,虽然不能超凡脱俗、绝尘出世,但至少因茶道的静谧收敛起浮躁的心绪,在平和之中经受一次短暂的灵魂洗礼。

(二)英美茶俗

中国茶叶于17世纪传入英国,从此,饮茶习俗逐渐在英国形成。多年来,英国社会无不深受茶的影响。茶在英国具有特殊的地位,至今人们对茶的喜欢胜于咖啡,茶是英国人消耗量最大的饮料,平均每个英国人每天至少要喝3杯半的茶,全国每天要喝掉近2亿杯茶。茶不但是英国人主要的饮料,也在历史文化中扮演了重要角色。英国在1644年开始有茶的记录。当初英国水手自东方回国时,都会带几包"奇怪的树叶"回去馈赠亲友,茶因此进入伦敦的咖啡馆。在英国,因茶而产生的传统有许多,像"茶娘"(teamaiden)、"喝茶时间"(tea time)、"下午茶"(afternoon tea)、"茶座"(tea house)及"茶舞"(tea dancing)等。"茶娘"的传统源自300多年前东印度公司一位管家的太太,当时该公司每次开会都由她泡茶服侍,这一传统模式持续下来。"喝茶时间"已有200多年历史,起初是老板让上早班的工人在上午略事休息,并供应一些茶点,有的老板甚至下午也提供,这个传统就一直流传下来。"下午茶"起源于19世纪初期,据说由一位名叫柏福德的公爵夫人首创,后来上流社会纷纷仿效,遂成习俗。几乎同一时期,三明治也开始问世,这两样东西便结合起来。另外,英国还有一种high tea或 meat tea,是指下午五时至六时有肉食、冷盘的正式茶点。茶馆自1864年成立后开始风靡英国,成为另一项传统。

中国茶叶传播到世界其他地区,成为人们生活中重要的饮料之一。生活在极地的爱斯基摩人是美洲饮茶最多的居民。在北极漫长的白昼,办事饮茶,客人来了也饮茶,茶成了爱斯基摩人不可或缺的生命食粮和精神食粮。现在有不少美国人也喜爱饮茶,他们最爱喝的是"冰茶",美国人饮茶力求快速,"速溶茶"便应运而生。"速溶茶"是把茶汁、柠檬汁和白糖混合,经喷雾干燥或在真空中冰冻结晶升华而成的"茶精"。美国是世界上"速溶茶"消费量最大的国家。在美国,茶会作为一种"与众不同的聚会",因具有"不寻常改变的效果"而受商界人士的青睐。尽管美国人最喜欢喝的饮料是咖啡而不是茶,但是茶在美国历史上有着相当重要的一页。"波士顿倾茶案"引发了美国独立战争。在加勒比海的巴巴多斯,因盛产甘蔗而享有"甜蜜之岛"的美名。人们吃厌了甜食,于是出现了一种略带薄荷清凉的饮料,即在西印度群岛负有盛名的"莫比"茶,它是用一种名叫"莫比"的树叶泡制而成的。南美的"马蒂茶"是世代相传的最佳饮料。它产于阿根廷和乌拉圭,主要成分是咖啡因,可增强大脑皮层活力,并消除疲劳。近年来,巴西等国也大量种植茶叶,它与此地传统的"马蒂茶"平分秋色。由此可见,茶对中国文化乃至世界文化产生了深远的影响。

第四节 当代中国茶文化研究的历程

自20世纪80年代以来的30多年,是中国茶文化研究最为兴盛的时期。

这些年来,中国茶文化研究不仅因专著数量众多、论文大量涌现而为学界所注目,更因其学科意识的自觉、论述域界的扩大、学术深度的拓进而成为里程碑。

中国传统茶学围绕着茶的著述,内容较为驳杂;而在现代,以茶的育种、栽培、制作等科学技术内容为主的研究,形成了从属于农业学科的茶学。新时期以来的三十多年间,这种情况发生了根本性的变化。以人文社会科学为主要内容的部分,逐步从茶学的构架中脱颖而出,演进成具有独特个性的茶文化学。而且,随着茶叶加工的精致、市场销售的变化,也促成了茶业学(亦称茶业经营学或茶叶商品学)的出现。可以说,这种三个子学科三足鼎立的状况,是中国茶文化研究当代历程最重要、最具变革性的事件,也为其未来走向规范了最基本、最核心的路径,中国茶文化学科的构建从可能变成现实。

当代中国茶文化研究是历史的继承和发展,是在前人基础上的累积和前行,也是从传统学术向当代学术形态的变革与演进。2002年,余悦先生把茶文化论文的写作粗略地分为三个阶段:一是传统论说文体,即从唐代至清代的漫长时期;二是现代茶学论文,即1912年1月至1978年底;三是新时期以来的茶文化论文,即1978年底至今,这个过程还在延续中。[①]这种划分,也大体适用于中国茶文化研究的进程。

按照这种划分,第一阶段可以说是中国茶文化研究的奠基期。世界上第一本茶书——唐代陆羽《茶经》——的问世,成为中国茶文化确立期的标志之一,也成为中国茶文化研究进入学术视野的标杆。先秦和其后虽有一些关于茶和茶事的文字,但基本上是零散记述,直到陆羽《茶经》问世才形成体系和规模。这本只有7 000多字的茶书,由于其原创性和系统性,也由于其传布广和影响大,至今被视为茶方面的"百科全书式"的著作,也是研究茶史者和茶文化者绕不开的经典。从唐代到清末,我们能够见到和已知的茶书约有100种。这些茶书,有综合性的,也有专题性的,内容相当繁杂。除此之外,还有数量较多的茶文,以论说、序跋、

---

① 余悦.含英咀华现茶魂——茶文化论文综说[J].农业考古,2002(2).

奏议居多，而纯学术意义上的较少见。比较而言，清代赵懿《蒙顶茶说》、震钧的《茶说》、《时务报》的《论茶》则颇有学术意味。

现代茶的研究，主要集中于对茶学、茶业的探索。以1949年为界，无论前期还是后期，都没能突破这一构架。为中国茶业奋斗70余年的吴觉农先生从1921年起就发表论文，但在新中国成立前，除茶树原产地问题因谈茶史可列入茶文化外，其余多为中国茶业改革、华茶贸易、祁红茶复兴计划、茶树栽培及茶园经营管理等；而新中国成立后，则只有《湖南茶叶史话》（1964年）和《四川茶叶史话》（1978年）也因是茶史，可纳入茶文化研究范畴。而晚年大力倡导"中国茶德"的庄晚芳先生，1936—1978年所发表的论文，也大多关注茶树品种改良、茶叶专卖、毛茶评价与检验、茶叶贸易、茶树栽培等方面，直到1978年才发表《陆羽和〈茶经〉》与《略谈王褒的〈僮约〉》等茶文化研究论文。至于茶的著作，新中国成立前的10多种茶书中，仅有胡山源编写的《古今茶事》录入了一些古代茶文化的内容；新中国成立后至1978年的30余种茶书，偶有一二可见茶文化内容，其余均为茶学和茶业的范畴。

新时期以来的茶文化研究，细究起来，大致可划分为三个阶段。

茶文化的复兴和茶文化研究的重视，是随着社会经济的变化而变化的。1977年，在中国台湾地区出现第一家茶艺馆，中国茶艺热兴起，因应大众对茶文化知识的需要，一些茶文化的普及图书包括一些研究性的著作随之出现。例如，张宏庸的《陆羽全集》《陆羽茶经译丛》《陆羽研究资料汇编》《陆羽图录》《陆羽书录》《茶艺》，吴智和的《中国传统的茶品》《中国茶艺》《中国茶艺论丛》《明清时代饮茶生活》，廖宝秀的《从考古出土饮器论唐代的饮茶文化》《宋代吃茶法与茶器之研究》等，都有相当的学术价值。同时，台湾地区还出版了一些大陆学者撰写的茶书，例如，李传轶编选的《中国茶诗》，吕维新、蔡嘉德合著的《从唐诗看唐人茶道生活》，朱自振、沈汉合著的《中国茶酒文化史》等。而在香港，相当一部分有影响的茶书系由内地学人撰写，例如，陈彬藩的《茶经新篇》《古今茶话》，陈文怀的《茶的品饮艺术》，韩其楼的《紫砂壶全书》等。

20世纪80年代以来，随着经济建设和茶产业的需要以及中国传统文化的复兴与弘扬，茶文化在国内引起关注并逐渐兴起。1980年后，庄晚芳等编著的《饮茶漫话》、吴觉农主编的《茶经述评》、张芳赐等译释的《茶经浅释》、陈椽编著的《茶业通史》、刘昭瑞著作的《中国古代饮茶艺术》、陆羽研究会编写的《茶经论稿》等，都是新时期茶文化复兴初期有一定影响的研究和普及之作，特别是吴觉农主编的《茶经述评》，更是权威之作。此外，庄晚芳先生还发表了《中国茶文化的发展与传播》（1982）、《日本茶道与径山茶宴》（1983）、《茶叶文化和清茶一杯》（1986）、《中国茶德》（1989）、《略谈茶文化》（1989）等论文或短论，为新时期茶文化研究推波助澜。这一阶段，茶文化研究者大多是茶学与茶业界人士，主要是从茶史、茶艺等层面切入研究。

20世纪八九十年代，是新时期茶文化研究的重要转型期。1989年9月，在北京举办的

"茶与中国文化展示周",有33个国家和地区的人士参加活动;1990年9月,"茶人之家基金会"在杭州成立,旨在弘扬茶文化,促进茶文化、科技、教育、生产和贸易的发展;1990年10月,设在杭州的中国茶叶博物馆基本建成并开放;1990年起,首届"国际茶文化学术研讨会"召开并形成每两年举行一次国际性的茶文化研讨会的惯例,与此同时还抓住契机,先设立国际茶文化学术研讨会常设委员会,后在此基础上成立中国国际茶文化研究会,从此,全国各地种种国际性、全国性或专题性的茶文化活动及学术研讨会纷纷举行,极大地推动了茶文化研究的开展。1991年4月,由王冰泉、余悦主编的《茶文化论》和王家扬主编的《茶的历史与文化——'90杭州国际茶文化研讨会论文选》分别出版,集中发表了一批有影响的茶文化论文。同年,由江西省社科院主办、陈文华主编的《农业考古》杂志推出《中国茶文化专号》,此后每年出版两期,成为国内唯一公开出版的茶文化研究刊物。茶文化有分量的学术论文,大多刊登在这份杂志上。适逢其时,社会科学院系统和高等院校的一些人文社会科学研究人员,长期坚持茶文化研究,运用哲学、文学、艺术、历史、文化、民俗、民族、文献、考古等多学科的知识和多角度的研究,拓展了中国茶文化研究的领域和视野,撰写和发表了许多有独到见解、有影响力的茶文化论文与著作。如余悦主编的"中华茶文化丛书"(10本)、"茶文化博览丛书"(5本)及沈冬梅撰写的《宋代茶文化》等,都是这一阶段有代表性的著作。

这一阶段研究的亮点之一,是一批颇有价值的、为研究者带来便利的资料性著作与工具书问世。1981年11月由农业出版社出版的陈祖椝、朱自振汇编的《中国茶叶历史资料选辑》,虽然仅有40多万字,却因应一时之需受到欢迎。而陈彬藩主编的《中国茶文化经典》,洋洋250万字,成为收录古代茶文化资料最全面的资料集。国内茶学界唯一的中国工程院院士陈宗懋先生,以茶叶研究享誉海内外,他以极大的热情主编了《中国茶经》和《中国茶叶大辞典》。这两部大型工具书虽然由茶学家主持,却有相当部分关于茶文化的内容与研究成果。此外,还有朱世英主编的《中国茶文化辞典》等。

21世纪到来之后,中国茶文化研究进行了深入的反思。凯亚先生曾就研究状况分析利弊得失,不无担忧地提出要改变"我国现代茶学在理论探索上的贫困现象"[①]。提升茶文化研究的整体水平,加强茶文化学科建设,成为新世纪的重要历史使命。近十多年来,突破性的研究成果少见,但偶尔也有耀眼的光芒。例如,陈文华的《长江流域茶文化》,关剑平的《茶与中国文化》,滕军的《日本茶道文化概论》《中日茶文化交流史》,朱自振、沈冬梅等的《中国古代茶书集成》,周圣弘的《中国茶文学的文化阐释》,均为厚重之作。中国国际茶文化研究会也意识到加强学术研究的重要,故于2005年成立茶文化研究专业委员会,有组织、有计划地完成一批研究课题。江西省社会科学院也把"中国茶文化研究"作为重点学科,集中力量和经费进行学术研究攻关。"板凳要坐十年冷,文章不写一句空。"也许这一段时间相对空寂,

---

① 凯亚.略论我国现代茶学在理论探索上的贫困现象[J].农业考古,1999(4).

但中国茶文化研究正在重新集聚力量,在进行一场带有战略性的前哨战。这一阶段,正是中国茶文化研究的突破期。

小结

茶文化是人类在社会发展过程中所创造的有关茶的物质财富和精神财富的总和。它以茶为载体,反映出明确的精神内容,是物质文明和精神文明高度和谐统一的产物。

茶文化内涵丰富,主要包括:茶的历史发展,茶的发现和利用,茶区人文环境,茶业科技,茶的生产和流通,茶类、茶具的发生和演变,饮茶习俗,茶道、茶艺、茶德,茶对社会生活的影响,茶事文学艺术,茶的传播,等等。茶文化的表现形式,可归纳为四个方面,即物质形态、制度形态、行为形态、精神形态。

茶文化作为一种文化现象,有其普遍属性,即茶文化的特性。大致说来,主要包括社会性、广泛性、民族性、区域性四个方面。

茶文化的特点主要表现在四个"结合"上:物质与精神的结合、高雅与通俗的结合、功能与审美的结合、实用与娱乐的结合。

思考题

1. 茶文化的内涵主要包括哪些内容?
2. 茶文化的特点主要表现在哪几个方面?

第二章 茶叶的基本知识

  茶是大自然送给中华民族最珍贵最健康的礼物,偶然被神农氏发现。这种神奇的东方树叶,从它被发现时起,就展现了非凡的功能,成就了中华民族的农业之祖和医药之祖,从此中国人开始了对茶的利用及栽培。茶同时也赋予了中国人神圣的使命,那就是将这种灵叶传遍世界各地,保护全世界人民的健康。中国人不负所托,在经历了从咀嚼鲜叶、生煮羹饮、晒干收藏到蒸青做饼之后,茶不只是一种简单的饮料了,除了能解渴能养身,还能给人以美的享受。就是这种美丽吸引了各国的旅游者、使者和商贸家,他们在回国时就将茶叶、茶籽和茶的做法带回了自己的国家,然后再通过各国商贸往来传至世界各国,所以说世界各国的茶树和饮茶风俗都是直接或间接起源于中国。

第一节 中国:世界茶树的发源地

一、世界茶树起源争论阶段

  20世纪60年代以前,对于茶树起源于哪里一直是学术界争论不休的问题,大家各自持有自己的观点,都有理论和事实上的依据,所以谁也说服不了谁,于是就产生了四种观点:原产印度说,二元论,多元论,原产中国说。

  (一)原产印度说

  1824年,驻印度的英国少校勃鲁士在印度的阿萨姆发现了野生茶树,树高10米。国外有的学者以此为凭对"中国是茶树的原产地"提出了异议,他们认为印度才是茶树的原产地,其依据除了野生大茶树的发现,还有印度也是文明古国之一,当时印度茶叶的名气比中国茶还要响。

  这是一场由英国人引发的争论,印度的茶叶就是由于英国才有大的发展。早在印度成为英国的殖民地之前,英国就盛行饮茶之风,1757—1849年英国政府通过东印度公司进行了一系列侵略印度的战争。为了满足英国对茶叶的大量需求,东印度公司于1780年把中国茶籽传入印度种植,并从中国聘请技术人员,在印度大力发展茶业。至19世纪后叶,印度已成为世界茶叶大国,茶叶产量和出口排名世界第一,以红茶为主,所产红茶品质优异,20世纪初世界四大著名红茶(祁门红茶、阿萨姆红茶、大吉岭红茶、锡兰高地红茶)中印度占了两席。所以,英国人引发这样一场争论是必然也是偶然,必然是茶树原产印度说有助于进一步提升印度茶叶的国际地位,而英国可以从中获利,偶然是野生大茶树的发现给了其这样的契机。

(二) 二元论

部分学者提出印度是茶树原产地的观点后,遭到我国和其他国家一些学者的反驳,依据是我国是最早有关于茶的文字记载的国家,并引发原地产争论。1919年印尼植物学家科恩·司徒在乔治·瓦特分类的基础上将茶树分为4个变种,即武夷变种、中国大叶变种、掸邦变种、阿萨姆变种,在此基础上提出茶树起源的二元论说,即茶树在形态上的不同可分为两个原产地:一为大叶种,原产于中国西藏高原的东部(包括四川和云南)一带,以及越南、缅甸、泰国、印度阿萨姆等地;二为小叶种,原产于中国东部和东南部。

(三) 多元论

1935年,威廉·乌克斯提出多元论,认为凡是自然条件适合而又有野生植被的地方都是茶树原产地,包括泰国北部、缅甸东部、越南、中国云南、印度阿萨姆。威廉·乌克斯在他的《茶叶全书》(1937)的第一章《茶之起源》里开篇便这样写道:"茶之起源,远在中国古代,历史既久,事迹难考。"此话看似是作者对中国茶叶的发展历史做了大量研究才得出的结论,实则不然,作者既没有对中国茶叶做切实研究,也没有对云南境内的生态气候做过考察。在本章的后面作者又这样叙述道:"自然茶园在东南亚洲之季候风区域,至今多数野生植物中,尚可发现野生茶树,暹罗北部之老挝(Laos-State 或 Shan)、东缅甸、云南、上交趾支那及英领印度之森林中,亦尚有野生或原始之茶树。因此茶可视为东南亚洲(包括印度与中国在内)部分之原有植物,在发现野生茶树之地带,虽有政治上之境界,别为印度、缅甸、暹罗、云南、交趾支那等,但终究系一种人为界线。在人类未虑及划分此界线以前,该处早成为一原始之茶园,其茶叶气候及雨量状况,均配合适当,以促进茶树之自然繁殖。"[1]

(四) 原产中国说

自古以来世界各国大多数学者认为茶是原产于中国的,对于这种公认的事情大家觉得似乎没有研究的必要和价值,所以在茶树原产地引起争论前,大家从没想过要去寻找茶树原

---

[1] 凯亚.世界茶坛上一幕极端之怪状——兼评(美)威廉·乌克斯《茶叶全书》中关于茶树溯源的偏见与妄说[J].农业考古,2001(2):274-279.

产中国的证据和理论。1824年茶树原产印度的观点被提出来并拥有一大批追随者后，国人才感觉到一向认可的真理遭到了前所未有的挑战，有的学者遂开始翻阅史料典籍，到云贵高原实地考察，为茶树原产中国找出确切依据。

1. 严谨的学术论文

当代茶圣吴觉农先生在这方面做出了巨大贡献。1919年，吴觉农留学日本期间就注意收集资料，回国后专心研究，于1923年撰写了《茶树原产地考》，该文对茶树起源于中国做了论证。这是自有文献记载以来第一篇运用史实驳斥勃鲁士"茶树原产于印度"的观点；该文同时也批判了1911年出版的《日本大辞典》关于"茶的自生地在印度阿萨姆"的错误解释。1979年，吴觉农等人发表了《我国西南地区是世界茶树的原产地》一文，作者认为，茶树原产地"是茶树在这个地区发生发展的整个历史过程，既包括它的远祖后裔，也包括它的姊妹兄弟"。因此，他应用古地理、古气候、古生物学的观点研究得出，我国西南地区原处于劳亚古北大陆的南缘，面临泰提斯海。在地质史上的喜马拉雅运动以前，这里气候温热，雨量充沛，地球上种子植物发生滋长、不断演化，是许多高等植物的发源地。"茶树属于被子植物纲Angiospermae，双子叶植物亚纲Bicotyledoneae，山茶目Theales，山茶科Theaceae，茶属Camillia，茶种C. Sinensis。通过植物分类学的关系，可以找到它的亲缘。"山茶科植物共有23属，380余种，分布在我国西南的有260多种。就茶属来说，已发现的约100种，我国西南地区即有60多种，符合起源中心在某一地区集中的立论。吴觉农等人认为，喜马拉雅运动开始，我国西南地区形成了川滇纵谷和云贵高原，分割出许多小地貌区和小气候区，原来生长在这里的茶种植物被分别安置在寒带、温带、亚热带和热带气候中，并各自向着与环境相适应的方向演化。位置在河谷下游、多雨炎热地带的，演化成为掸部种；适应河谷中游亚热带气候的，演化成云南—川黔大叶种；处于河谷斜坡、温带气候的，则逐步筛选出耐寒、耐旱、耐荫的小叶种。只有我国西南地区才具备引起种内变异的外部条件，但都是同一个祖先传下来的后代。①

2. 野生大茶树

我国野生大茶树有4个集中分布区：一是滇南、滇西南；二是滇、桂、黔毗邻区；三是滇、川、黔毗邻区；四是粤、赣、湘毗邻区，少数散见于福建、台湾和海南。主要集结在北纬30°线以南，其中尤以北纬25°线附近居多，并沿着北回归线向两侧扩散。这与山茶属植物的地理分布规律是一致的，它对研究山茶属的演变途径有着重要的价值。据不完全统计，现在全国已有10个省区198处发现有野生大茶树。其中，云南省树干直径在100厘米以上的就有10多株，普洱市镇沅县千家寨发现野生茶树群落数千亩。

下面就介绍几株非常著名的野生大茶树。①1961年在海拔1 500米的云南省勐海县巴达的大黑山密林中，发现一株树高32.12米（前几年树梢已被大风吹倒，现高14.7米）、胸围

---

① 吴觉农，吕允福，张承春.我国西南地区是世界茶树的原产地[J].茶叶，1979(1).

2.9米的野生大茶树,估计树龄已达1700年左右。②在云南省澜沧县帕令山原始森林中,有一株树高21.6米、树干胸围1.9米的野生大茶树。③镇沅古茶树(见图2-1),所在地海拔2450米,乔木树型,树姿直立,分枝较稀,树高25.6米,树幅22米,基部干径1.12米,胸径0.89米。④邦崴过渡型古茶树(见图2-2),生长在海拔1900米的澜沧县富东乡邦崴村,树高11.8米,树幅9米,树干基部1.14米,年龄在1000年左右。经多位专家鉴定,这株既有野生大茶树花果形态特征又有栽培茶树芽叶枝梢特点的茶树为野生型与栽培型之间的过渡型古茶树,这一发现填补了茶叶演化史上的一个重要缺环,同时也是中国是世界茶叶起源地和发祥地、云南普洱是世界最早种茶之地的最为有力的证据。

图2-1　镇沅古茶树

图2-2　邦崴过渡型古茶树

二、世界茶树起源中国说

当世界茶树起源于中国的观点被绝大多数人认可后,中国各地却开始了原产于中国哪里的争论。一致对外胜利后开始的"内战",主要有五种观点:西南说、四川说、云南说、川东鄂西说、江浙说。①

(一)西南说

我国西南部是茶树的原产地和茶叶发源地。这一说法所指的范围很大,所以正确性较高。

---

① http://zhidao.baidu.com/question/40344175.html.

（二）四川说

清代顾炎武在《日知录》中记载："自秦人取蜀而后,始有茗饮之事。"言下之意,秦人入蜀前,今四川一带已开始饮茶。其实四川就在西南,四川说成立,那么西南说就成立了。

（三）云南说

云南的西双版纳一带是茶树的发源地,这一带是植物的王国,有原生的茶树种类存在完全是可能的。但是,茶树是可以原生的,而茶则是活化劳动的成果。

（四）川东鄂西说

唐代陆羽在《茶经》中记载："其巴山峡川,有两人合抱者。"巴山峡川,即今川东鄂西。该地有如此茶树,是否有人将其利用制成了茶叶,没有见到相关证据。

（五）江浙说

近年来,有人提出茶树始于以河姆渡文化为代表的古越族文化。江浙一带目前是我国茶叶行业最为发达的地区,历史若能够在此生根,倒是很有意义的话题。

第二节　中国：饮茶历史悠久的国度

神农发现茶是因为茶的解毒作用,所以茶最初是作为药用的,后来逐步发展成食用,最后方以饮用为主。

一、药食同源阶段

"神农尝百草,日遇七十毒,得荼以解之"告诉我们,人们对茶最原始的利用方法是生吃鲜叶,是作为一种可以解毒治病的药为人们所利用。茶作为药用一段时间后,人们就发现茶与普通的药材不一样,久食、多食都不会引起不适,还会令人精神充沛,于是慢慢地将茶叶当作日常充饥的食物也就顺理成章了。茶作为食材有很多种吃法,可以直接生吃,可以凉拌生吃,可以腌熟再吃即腌茶,我国西南边境的少数民族仍保留了这种原始的吃茶法,也可以做成羹汤食用。

就目前已查到的文献可知,茶作食用始见于《晏子春秋》："婴相齐景公时,食脱粟之饭,炙三弋、五卵茗菜而已。"晋代郭璞(276—324)的《尔雅》中对"槚,苦荼"有这样的注释："树小如栀子,冬生叶,可煮羹饮。"也说明了茶可作羹饮。唐代时,虽然茶主要是作为饮料,但还保持着食茶的习俗。唐代诗人储光羲曾写诗描述夏日吃茗粥的情景,此诗为《吃茗粥作》:"当昼暑气盛,鸟雀静不飞。念君高梧阴,复解山中衣。数片远云度,曾不蔽炎晖。淹留膳茶粥,共我饭蕨薇。敝庐既不远,日暮徐徐归。"

二、文化茗饮阶段

茶叶从食用发展到饮用应该是社会进步的必然。在把茶叶做成羹汤食用时就有人发现汤汁的味道很好,而汤料吃起来会苦涩,在食物不够的情况下自然也要将汤料吃完充饥,那么当社会发展到有足够的食物可以解决饥饿后,很多人就只喝汤汁了。从某种程度上来说,这便是饮用了。从此,茶便以饮用为主出现在人们的日常生活里,最古老、最原始的饮茶方法是"焙茶",即将茶叶简单加工(放在火上烘烤成焦黄色)后放进壶内煮饮。为了改善这种饮料的风味,便开始了茶叶的加工制作,从加工方式、茶叶形状、成茶风味等方面不断加以研究改进,使茶叶加工获得了很大发展,从蒸青到炒青,从饼茶到散茶,最终演化出六大茶类。

(一)蒸青作饼

三国时期已有蒸茶作饼并将茶饼干燥贮藏的做法,张揖《广雅》中记载:"荆巴间采茶作饼,叶老者饼成以米膏出之。欲煮茗饮,先炙令赤色,捣末置瓷器中,以汤浇覆之,用葱、姜、桔子芼之。其饮醒酒,令人不眠。"到了唐代,蒸茶作饼逐渐完善,陆羽《茶经·三之造》中记载:"晴,采之。蒸之,捣之,拍之,焙之,穿之,封之,茶之干矣。"

宋代仍然以蒸青作饼为主,且由于贡茶的兴起,制茶技术不断创新。宋代熊蕃的《宣和北苑贡茶录》记:"采茶北苑,初造研膏,继造蜡面。"宋徽宗的《大观茶论》记载:"岁修建溪之贡,龙团凤饼,名冠天下。"赵汝砺在《北苑茶录》中详细记载了龙凤团茶的制作之法:"分蒸茶、榨茶、研茶、造茶、过黄、烘茶等工序。"

(二)从蒸青到炒青

炒青技术在唐代已有之,但不多见。刘禹锡的《西山兰若试茶歌》记载:"山僧后檐茶数丛,春来映竹抽新茸。宛然为客振衣起,自傍芳丛摘鹰嘴。斯须炒成满室香,便酌沏下金沙水……"诗中"斯须炒成满室香"便体现了诗人当时所喝之茶并非蒸青茶,而是炒青茶。"炒青"一词最早出现于陆游的《安国院试茶》的注释中:"日铸则越茶矣,不团不饼,而曰炒青,曰苍鹰爪,则撮泡矣。"唐宋关于炒青之法的记载很少,而明代的多部茶书中均有炒青之法的记载,如张源的《茶录》、许次纾的《茶疏》、罗廪的《茶解》,可见炒青在明代时逐步取代了蒸青。

(三)从饼茶到散茶

元代以前的文献中对茶叶加工制作的描述中几乎都是饼茶,虽有少量散茶,但不是主流。后来人们逐渐意识到做饼不仅麻烦,还损茶味,所以开始做散茶。如王祯《农书》中有一段关于制茶的记载:"采讫,以甑微蒸,生熟得所。生则味硬,熟则味减。蒸已,用筐箔薄摊,乘湿略揉之,入焙匀布火烘令干,勿使焦。编竹为焙。裹箬复之,以收火气。"从这段话我们可以看出,蒸青后轻揉,然后烘干,并没有做饼造型的过程。但是元代饮茶之风不是很浓,所以散茶的影响力不是很大,因此,大部分学者认为散茶代替饼茶成为主流是在明代。明太祖朱元璋在洪武二十四年九月十六日下了一道诏令,废龙团贡茶而改贡散茶,以芽茶进贡,于是散茶便迅速取代了饼茶的地位。据说朱元璋很喜欢喝茶,但他出身农民,觉得唐宋的煎茶和点茶太烦琐,最方便的就是一泡就喝("一瀹而啜"),但他又不愿承认自己玩不来高雅的东西,于是下令改饼茶为散茶。此令虽出于皇帝面子而下诏,但意义甚大,不仅使散茶成为主流,而且使直接冲泡散茶代替了宋代的点茶法,将中国的茶饮推向一个新的阶段。

(四)从绿茶到其他茶类[①]

1. 黄茶的起源

绿茶的基本工艺是杀青、揉捻、干燥,制成的茶绿汤绿叶,故称"绿茶"。如果绿茶炒制工艺掌握不当,如炒青、杀青温度低,蒸青、杀青时间过长,或杀青后未及时摊凉、揉捻,或揉捻后未及时烘干、炒干,堆积过久,都会使叶子变黄,产生黄叶黄汤,类似后来出现的黄茶。因此,黄茶的产生可能是从绿茶制法掌握不当演变而来。明代许次纾在《茶疏》(1597)中也记载了这种演变的历史:"顾彼山中不善制法,就于食铛火薪炒焙,未及出釜,业已焦枯,讵堪用哉。兼以竹造巨笥乘热便贮,虽有绿枝紫笋,辄就萎黄,仅供下食,奚堪品斗。"

2. 黑茶的起源

绿毛茶堆积后发酵,渥成黑色,这是产生黑茶的过程。明代嘉靖三年(1524),御史陈讲疏就记载了黑茶的生产:"以商茶低伪,征悉黑茶,产地有限,乃第为上中二品,印烙篦箘上,书商名而考之。每十斤蒸晒一篦箘,运至茶司,官商对分,官茶易马,商茶给卖。"当时湖南安化生产的黑茶,多销运边区以换马。

《明会典》载:"穆宗朱载垕隆庆五年(1571)令买茶中与事宜,各商自备资本……收买珍细好茶,毋分黑黄正附,一例蒸晒,每篦(密箬篓)重不过七斤……运至汉中府辨验真假黑黄斤篦。"当时四川黑茶和黄茶是经蒸压成长方形的篦包茶,每包7斤,销往陕西汉中。崇祯十五年(1642),太仆卿王家彦的疏中也说:"数年来茶篦减黄增黑,敝茗羸驴,约略充数。"上述记载表明,黑茶的制造始于明代中期。

3. 白茶的起源

明末清初周亮工《闽小记》中介绍:清嘉庆初年(1796),福鼎人用菜茶(有性群体种)的壮芽为原料,创制白毫银针。约在1857年,福鼎大白茶茶树品种从太姥山移植到福鼎县点头

[①] 周巨根,朱永兴.茶学概论[M].北京:中国中医药出版社,2008.

镇。由于福鼎大白茶芽壮、毫显、香多,所制成品不论是外形还是品质都远胜"菜茶",故福鼎人改用福鼎大白茶为原料加工"白毫银针"。

4. 红茶的起源

最早的红茶生产是从福建崇安的小种红茶开始的。邹新求在《解密世界红茶起源》一文中推断红茶应起源于明朝末年,即1567—1610年。清代刘靖在《片刻余闲集》(1732)中记述:"山中之第九曲尽处有星村镇,为行家萃聚所也。外有本省邵武、江西广信等处所产之茶,黑色红汤,土名江西乌,皆私售于星村各行。"自星村小种红茶创造以后,逐渐演变产生了工夫红茶。因此,工夫红茶创造于福建,以后传至安徽、江西等地。安徽祁门生产的红茶,就是1875年安徽余干臣从福建罢官回乡将福建红茶制法带去的,他在至德尧渡街设立红茶庄试制成功,翌年在祁门历口又设分庄试制,以后逐渐扩大生产,从而产生了著名的"祁门工夫"红茶。

5. 乌龙茶的起源

对于乌龙茶的起源,学术界尚有争议,有的推论出现于北宋,有的推定始于明末,但都认为最早在福建创制。关于乌龙茶的制造,据清代陆延灿《续茶经》所引述的王草堂《茶说》记载:"武夷茶……茶采后,以竹筐匀铺,架于风日中,名曰晒青,俟其青色渐收,然后再加炒焙。阳羡芥片,只蒸不炒,火焙以成。松萝、龙井,皆炒而不焙,故其色纯。独武夷炒焙兼施,烹出之时,半青半红,青者乃炒色,红者乃焙色也。茶采而摊,摊而撼(摇的意思),香气发越即炒,过时不及皆不可。既炒既焙,复拣去其中老叶、枝蒂,使之一色。"《茶说》成书时间在清代初年,因此武夷岩茶独特工艺的形成被确定是在此时间之前。现福建崇安武夷岩茶的制法,仍保留了这种乌龙茶传统工艺的特点。

第三节　茶叶品类与中国十大名茶

经过几千年的发展,中国的茶叶品类和品种都十分丰富,有绿茶、黄茶、白茶、青茶、红茶和黑茶六大基本茶类,是世界上茶叶种类最齐全、品种花色最多的国家。中国有句老话,"茶叶喝到老,茶名记不了",就很形象地反映了中国茶叶种类之多。

一、茶叶的分类

茶叶分类很多,分类依据主要包括发酵程度、茶叶形状、茶叶色泽、茶叶产地、茶叶加工、销售市场、栽培方法、茶树品种、窨花种类、包装种类等等。在目前普遍认可的分类法出现之前,出现过以下几种分类法:①分全发酵茶、半发酵茶和不发酵茶三类;②分不发酵茶、微发酵茶、半发酵茶、全发酵茶、后发酵茶、特制茶六类;③分不发酵茶、半发酵茶、全发酵茶、提炼茶、草果茶五类;④分绿茶、黄茶、黑茶、白茶、青茶、红茶六类;⑤将上述六类茶归入两个"门",即"非酶性氧化门"和"酶性氧化门";⑥分非氧化茶和氧化茶两类。氧化茶又分酶性氧化茶与非酶性氧化茶两类,酶性氧化茶又分全发酵茶、半发酵茶、微发酵茶三类。对于再加工茶,又另外分香味茶、压制茶、速溶茶、保健茶四类。

综合上述各分类方法,虽然各有一定的理由和依据,但欠完善,难以自圆其说,有必要进一步商讨。如①②③主要是按发酵程度来分类的,存在三方面的问题:不能体现各类茶的特色;有的茶类无法按那些分法归类;将特制茶和草果茶与不发酵茶、微发酵茶等并列不妥。④⑤⑥的分法跟不上时代脚步,也太笼统。

由著名茶叶专家陈椽先生提出的第四种分法虽然在现在看来是跟不上时代脚步,但是对于1979年的茶叶市场来说是一种很科学合理的分类法,既体现了茶叶制法的系统性,又体现了茶叶品质的系统性。现在普遍使用的茶叶分类法就是在此基础上完善的,依据茶叶加工原理、加工方法、茶叶品质,并参考贸易习惯,将茶分为两大部分十二大茶类,如图 2-3 所示。

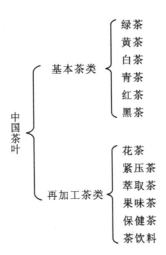

图 2-3 中国茶叶的分类

二、六大茶类的分类及品质特征

(一)绿茶的分类及品质特征

绿茶是我国产量最大、种类最多的茶类。按杀青方式不同,可将绿茶分为四类:炒青绿茶、烘青绿茶、蒸青绿茶和晒青绿茶(见图 2-4)。绿茶总的特征是清汤绿叶或者绿汤绿叶,但各类绿茶又都有自己的特色。

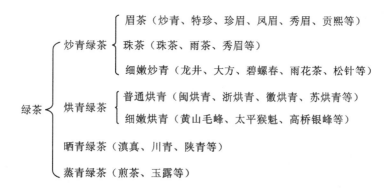

图 2-4 绿茶的分类

炒青绿茶：条索紧结绿润,汤色绿亮,香气高鲜持久,滋味浓厚而富有收敛性,耐冲泡。

烘青绿茶：外形条索紧直、完整,显锋毫,色泽深绿油润；内质香气清高,汤色清澈明亮,滋味鲜醇。

蒸青绿茶：干茶色泽深绿,茶汤浅绿,香气略带青气,茶汤苦涩味较重,叶底青绿。

晒青绿茶（以滇青为例）：外形条索粗壮,有白毫,色泽深绿尚油润；内质香气高,汤色黄绿明亮,滋味浓尚醇,收敛性强。

（二）黄茶的分类及品质特征

黄茶可分为黄芽茶(君山银针、蒙顶黄芽、霍山黄芽等)、黄小茶(鹿苑茶、北港毛尖、沩山毛尖等)和黄大茶(霍山黄大茶、广东大叶青等)三类,总的品质特征是黄汤黄叶。下面介绍几种黄茶的品质特征。

君山银针：芽头肥壮挺直匀齐,满披茸毛,色泽金黄光亮；内质香气清鲜,汤色浅黄明亮,滋味清甜爽口。

蒙顶黄芽：形状扁直,肥嫩多毫,色泽金黄；香气清纯,汤色黄亮,滋味甘醇。

鹿苑茶：条索紧直略弯,显毫,色金黄；汤色杏黄,香幽味醇。

霍山黄大茶：外形叶大梗长,梗叶相连,色泽黄褐鲜润；香气高爽有焦香似锅巴香,汤色深黄明亮,滋味浓厚。

（三）白茶的分类及品质特征

白茶可分为白毫银针、白牡丹、贡眉和寿眉,总的品质特征是白毫明显。

白毫银针：芽头肥壮,满披白毫,色泽灰绿；香气清淡,汤色浅杏黄明亮,滋味清鲜爽口。

白牡丹：外形素雅自然,色泽灰绿；毫香高长,汤色黄亮,滋味鲜醇清甜。

（四）青茶的分类及品质特征

青茶又叫乌龙茶,主要分布在福建、广东和台湾,所以按地域可分为闽北乌龙、闽南乌龙、广东乌龙和台湾乌龙。

闽北乌龙：外形条索紧结壮实，色泽乌褐或带墨绿，或带沙绿，或带青褐；花果香馥郁，清远悠长，滋味醇厚、滑润、甘爽。

清香型铁观音：外形颗粒紧结重实，色泽翠绿油润；花香浓郁，汤色绿黄清澈明亮，滋味醇和清甜，叶底肥厚柔软，黄绿明亮。

传统型铁观音：外形颗粒紧结重实，内质香气具天然兰花香，汤色金黄明亮，滋味醇厚鲜爽回甘，叶底肥厚柔软，绿叶红镶边。

广东乌龙：条索状结匀整，色泽黄褐或灰褐，内质香气具花香，有蜜韵，滋味浓醇鲜爽。

台湾乌龙有包种（文山包种、冻顶乌龙）和乌龙（台湾铁观音、白毫乌龙），其品质特征如下。①文山包种：外形紧结呈条形状，整齐，墨绿油润；内质香气清新持久有自然花香，汤色蜜绿，滋味甘醇鲜爽。②冻顶乌龙：外形颗粒紧结整齐，白毫显露，色泽翠绿有光泽；香气有自然花果香，汤色蜜黄，滋味醇厚甘润，回韵强。③台湾铁观音：外形紧结卷曲成颗粒状，白毫显露，色褐油润；香气浓带坚果香，汤色呈琥珀色，滋味浓厚甘滑，收敛性强；叶底淡褐嫩柔，芽叶成朵。④白毫乌龙：外形芽毫肥壮，白毫显露，色泽鲜艳带红、黄、白、绿、褐五色；香气具熟果香和蜂蜜香，汤色呈深琥珀色，滋味圆滑醇和，叶底淡褐有红边。

（五）红茶的分类及品质特征

红茶可分为工夫红茶、小种红茶和红碎茶三类，总的特征是红汤红叶。

工夫红茶：条索细紧匀齐，色泽乌润，内质、汤色、叶底红艳明亮，香气鲜甜，滋味甜醇。

小种红茶：条索肥壮，紧结圆直，色泽褐红润泽；汤色深红，香气高爽、有纯松烟香，滋味浓而爽口，活泼甘甜，似桂圆汤味。

红碎茶：大叶种——颗粒紧结重实，有金毫，色泽乌润或红棕，香气高，汤色红艳，滋味浓强鲜爽；中小叶种——颗粒紧实，色泽乌润或棕褐，香气高鲜，汤色尚红亮，滋味欠浓强。

（六）黑茶的分类及品质特征

黑茶主要产于云南、湖南、湖北和四川，以云南的普洱茶和湖南的千两茶最为有名，主要特色是有陈香。

普洱茶：干茶色泽褐红，呈猪肝色；内质、汤色红浓明亮，具独特陈香，滋味醇厚回甜。

千两茶：外表古朴，形如树干，采用花格篾篓捆箍包装，成茶结构紧密坚实，色泽黑润油亮；汤色红黄明净，滋味醇厚，口感纯正，常有篾叶、竹黄、糯米香气，热饮略带红糖姜味，凉饮却有甜润之感。

三、中国十大名茶

中国是茶叶大国，其中一个表现就是茶的品种特别多，现在全国能够叫得出名的茶叶就有1 000多种。在这些林林总总的茶叶中,不少是名气很大的,如果要给它们排一下名次,不同的人会排出不同的名单来,以下我们仅罗列一种说法。

(一)西湖龙井

龙井,本是一个地名,也是一个泉名,而现在主要是茶名。龙井茶产于浙江杭州的龙井村,历史上曾分为"狮、龙、云、虎"四个品类,其中多认为狮峰龙井的品质最佳。龙井属炒青绿茶,以"色绿、香郁、味醇、形美"四绝著称于世。外形光扁平直,色翠略黄似糙米色,滋味甘鲜醇和,香气幽雅清高,汤色碧绿黄莹,叶底细嫩成朵,见图2-5。好茶还需好水泡,"龙井茶、虎跑水"被并称为"杭州双绝"。冲泡龙井茶可选用玻璃杯,因其透明,茶叶在杯中逐渐伸展,一旗一枪,上下沉浮,汤明色绿,历历在目,仔细观赏,真可说是一种艺术享受。

图 2-5　西湖龙井

(二)洞庭碧螺春

洞庭碧螺春产于江苏吴县太湖之滨的洞庭山,条索紧结,卷曲如螺,白毫显露,银绿隐翠,见图2-6。冲泡后茶味徐徐舒展,上下翻飞,茶汤银澄碧绿,清香袭人。口味凉甜,鲜爽生津,早在唐末宋初便被列为贡品。

(三)黄山毛峰

黄山毛峰产于安徽黄山,主要分布在桃花峰、云谷寺、松谷庵、钓桥庵、慈光阁及半山寺周围。外形细扁微曲,状如雀舌,绿中泛黄,且带有金黄色鱼叶(俗称黄金片),见图2-7。汤色清碧微黄,香如白兰,滋味醇甘,味醇回甘,叶底黄绿,匀亮成朵。

(四)庐山云雾

庐山云雾产于江西庐山,以"味醇、色秀、香馨、汤清"而著名。芽壮叶肥,白毫显露,色泽翠绿,幽香如兰,见图2-8。滋味深厚,鲜爽甘醇,耐冲泡,汤色明亮,饮后回味香绵。

图 2-6　洞庭碧螺春

图 2-7　黄山毛峰

图 2-8　庐山云雾

（五）六安瓜片

六安瓜片产于皖西大别山茶区，其中以六安、金寨、霍山三县所产品类最佳。六安瓜片每年春季采摘，成茶呈瓜子形，因而得名，色翠绿，香清高，味甘鲜，耐冲泡，见图 2-9。

图 2-9　六安瓜片

(六) 君山银针

君山银针产于岳阳洞庭湖的君山岛,是十大名茶中唯一的黄茶。此茶芽头肥壮,长短大小均匀,茶芽内面呈金黄色,外层白毫显露完整,而且包裹坚实,雅称"金镶玉",见图2-10。汤色杏黄,香气清鲜,叶底明亮。冲泡时尖尖向水面悬空竖立,继而徐徐下沉,头三次都如此。竖立时如鲜笋出土,沉落时像雪花下坠,具有很高的欣赏价值。

图 2-10　君山银针

(七) 信阳毛尖

信阳毛尖产于河南信阳大别山,外形条索细秀,绿润圆直而多毫,内质香气清高,见图2-11。汤色明净,滋味醇厚,叶底嫩绿,饮后回甘生津。冲泡四五次,尚保持有长久的熟栗子香。

(八) 武夷岩茶

武夷岩茶产于福建省武夷山市(原崇安县),主要品种有"大红袍""白鸡冠""水仙""肉

图 2-11 信阳毛尖

桂"等。外形条索紧结壮实,色泽乌褐,或带墨绿,或带沙绿,或带青褐,内质香气花果香馥郁、清远悠长,滋味醇厚、滑润、甘爽,韵味明显,俗称"岩韵",见图 2-12。

图 2-12 武夷岩茶

(九) 安溪铁观音

安溪铁观音产于福建安溪,外形颗粒紧结重实,内质香气具天然兰花香。汤色金黄明亮,滋味醇厚鲜爽回甘,叶底肥厚柔软,绿叶红镶边,七泡有余香,俗称"音韵",见图 2-13。

(十) 祁门红茶

祁门红茶产于安徽省西南部黄山支脉的祁门县一带。简称"祁红",素以"香高形秀"享誉国际,为世界四大高香红茶之一。"祁红"外形条索紧细匀整,锋苗秀丽,色泽乌润;内质清芳并带有蜜糖香味,上品茶更蕴含着兰花香,馥郁持久;汤色红艳明亮,滋味甘鲜醇厚,叶底红亮,见图 2-14。

图 2-13 安溪铁观音

图 2-14 祁门红茶

第四节 茶叶在中国和世界的传播

中国是茶树的原产地,然而,并不是所有的产茶地都是茶树的发源地,那么茶叶是怎样在国内和国外传播的呢?

一、茶在我国的传播

(一)秦汉以前:巴蜀是中国茶业的摇篮

顾炎武曾道,"自秦人取蜀而后,始有茗饮之事",认为饮茶最初是在巴蜀发展起来的,秦统一巴蜀之后才开始传播开来。这一说法,已被现在绝大多数学者认同,这也和西南地区是我国茶树原产地的说法相符合。西汉王褒的《童约》有"烹茶尽具"及"武阳买茶"的记载,反映西汉时成都一带不仅饮茶成风,而且出现了专门用具和茶叶市场,从后来的文献记载看,很可能也已形成最早的茶叶集散中心。

(二)三国两晋:长江中游成为茶业发展壮大的重要区域

秦汉时期,茶叶随巴蜀与各地经济文化的交流而传播。首先向东部、南部传播,如湖南在西汉时设了一个以茶陵为名的县,说明当时茶已传至湖南,茶陵邻近江西、广东边界,表明西汉时期茶的生产已经传到了湘、粤、赣毗邻地区。

三国西晋时期,随着荆楚茶叶在全国的日益发展,也由于具备有利的地理条件和较好的经济文化水平,长江中游或华中地区逐渐取代巴蜀而成为茶的重要发展区。三国时,孙吴据有东南半壁江山,这一地区也是当时我国茶业传播和发展的主要区域,同时,南方栽种茶树的规模和范围有很大的发展,而茶的饮用也流传到了北方。西晋时期《荆州土地记》就记载了当时长江中游茶业的发展优势,"武陵七县通出茶,最好",说明荆汉地区的茶业有明显发展,巴蜀独冠全国的优势似已不复存在。

西晋南渡之后,北方豪门过江侨居,建康(今南京)成为我国南方的政治中心。这一时期,由于上层社会崇茶之风盛行,南方尤其是江东饮茶和茶叶文化有了较大的发展,也进一步促进了我国茶业向东南推进。这一时期,我国东南植茶由浙西进而扩展到了现今温州、宁波沿海一线。不仅如此,如《桐君录》所载,"西阳、武昌、晋陵皆出好茗",晋陵即常州,其茶出宜兴。由此可见,东晋和南朝时长江下游宜兴一带的茶业也闻名起来。三国两晋之后,茶业重心东移的趋势更加明显。

(三)唐代:长江中下游地区成为茶叶生产和技术中心

六朝以前,茶在南方的生产和饮用已有一定发展,但北方饮者还不多。及至唐朝中后期,如《膳夫经手录》所载:"今关西、山东,闾阎村落皆吃之,累日不食犹得,不得一日无茶。"中原和西北少数民族地区,都嗜茶成俗,市场需求大增使南方茶业得到蓬勃发展,尤其是与北方交通往来便利的江南、淮南茶区,茶的生产更是得到了空前发展。唐代中叶后,长江中下游茶区不仅茶产量大幅度提高,就连制茶技术也达到了当时的最高水平。湖州紫笋和常州阳羡茶成为贡茶,就是集中体现。茶叶生产和技术中心已经转移到了长江中游和下游,江南茶叶生产集一时之盛。据当时史料记载,安徽祁门周围,千里之内,各地种茶,山无遗土。同时,由于贡茶设置在江南,大大促进了江南制茶技术的提高,也带动了全国各茶区的生产和发展。由《茶经》和唐代其他文献记载来看,这一时期茶叶产区已遍及今之四川、陕西、湖北、云南、广西、贵州、湖南、广东、福建、江西、浙江、江苏、安徽、河南十四个省区,几乎达到了与我国近代茶区约略相当的局面。

(四)宋代:茶业重心由东向南移

从五代和宋朝初年起,全国气候由暖转寒,致使中国南方南部的茶业较北部更加迅速发展了起来,并逐渐取代长江中下游茶区,成为茶业的重心。主要表现在贡茶从顾渚紫笋改为福建建安茶,唐时还不曾形成气候的闽南和岭南一带的茶业明显地活跃和发展起来。宋朝茶业重心南移的主要原因是气候的变化,长江一带早春气温较低,茶树发芽推迟,不能保证茶叶在清明前进贡到京都,而福建气候较暖,正如欧阳修所说:"建安三千里,京师三月尝新茶。"宋朝的茶区,基本上已与现代茶区范围相符,明清以后茶区基本稳定,茶业的发展主要体现在茶叶制法和各茶类兴衰演变方面。

二、茶叶向国外的传播

当今世界广泛流传的种茶、制茶和饮茶习俗,都是由我国向外传播出去的。据推测,中国茶叶传播到国外已有2 000多年的历史,约于5世纪南北朝时我国的茶叶就开始陆续输出至东南亚邻国及亚洲其他地区。

(一)向日本的传播

805年,最澄禅师在中国学成归国时,将浙江天台山的茶籽带回日本,并种植在日吉神社的旁边,成为日本最古老的茶园,至今在京都比睿山的东麓还有"日吉茶园"之碑。806年,空海法师也从中国将茶籽、饮茶方法带回日本,还带了唐代的制茶工具"条石臼"。陈椽教授编著的《茶业通史》中记载:"平城天皇大同元年(公元806年),空海弘法大师又引入茶籽及制茶方法。茶籽播种在京都高山寺和宇陀郡内牧村赤埴,带去的茶臼保存在赤埴隆寺。"815年,曾在中国学习、生活30年的都永忠在崇福寺亲自煎茶供奉嵯峨天皇,并受到天皇的赞赏和推崇,于是中国唐代的煎茶法在日本流行开来。最澄、空海和都永忠也经常在一起研习"茶道",形成日本古代茶文化的黄金时代,学术界称之为"弘仁茶风"。[①] 由此可见,日本的"煎茶道"起源于我国唐朝陆羽所创的煎茶法。

到了宋代,日本禅师荣西于1168年和1187年两度来到中国学道。当时正值宋代点茶风靡时期,荣西潜心研究总结了宋代的饮茶文化及其功效,回国时也携带了很多茶籽,还将茶籽赠送给明惠上人,明惠将其种植在自然条件优越的拇尾山寺,此地所产茶因味道纯正被称为"本茶"。荣西还写成了日本第一部茶书——《吃茶养身记》,从书中的调茶法和饮茶法中可以看出,荣西将宋代的点茶法引进日本,日本的"抹茶道"由此发展起来。还值得一提的是,荣西从夹山寺索得《碧崖录》和大师的"茶禅一味"手迹带回日本,在日本广为流传,并被尊奉为"日本茶道之魂"。如今,大师手书"茶禅一味"四字真迹仍供奉于日本奈良大德寺,成

---

① 徐晓村.中国茶文化[M].北京:中国农业大学出版社,2005.

为日本茶道的稀世珍宝,日本茶道亦尊奉石门夹山寺为"茶禅祖庭"。

(二)向朝鲜的传播

据文献记载,中国茶叶传入朝鲜的时间与传入日本的时间差不多,都是在唐朝初年。朝鲜高丽时代金富轼《三国史记·新罗本纪》(第十)"兴德王三年(828)十二月"条记载:"冬十二月,遣使入唐朝贡,唐文宗召见于麟德殿,宴赐有差。入唐回使大廉持茶种来,王使植地理(亦称智异)山。茶自善德王有之,至此盛焉。"朝鲜史书《东国通鉴》也记载:"新罗兴德王之时,遣唐大使金氏,蒙唐文宗赐予茶籽,始种于金罗道之智异山。"

从第一段记载可知,善德王年间朝鲜已有茶,朝鲜善德年间正值中国唐初。唐初年间,新罗有大批僧人入唐学佛,其中有 30 人被载入《高僧传》,这 30 人中的大部分在中国的学习生活时间长达 10 年之久,他们在此期间必定经常饮茶并养成了饮茶的习惯,回国时将中国的茶和茶籽带回也就是顺理成章的事了。所以,尽管没有具体翔实的文献记载,茶叶在唐初从中国传入朝鲜也是有理可循的。

曾在大唐为官的崔致远,有次得到上司赏赐给他的新茶后专门为此写了一篇《谢新茶状》,其中有"所宜烹绿乳于金鼎,泛香膏于玉瓯",可见他对唐代的煎茶法相当熟悉。回国之时(884 年)他带了很多中国的茶叶和中药,回国之后热心推广饮茶活动,在他为真鉴国师撰写的碑文中有这样一段:"复以汉茗为供,以薪爨石釜,为屑煮之,曰:'吾未识是味如何?惟濡腹尔!',守真忤俗,皆此之类也。"真鉴国师也曾留学于唐,对唐茶深爱之,而且将唐朝的煎茶法带回国,并煎茶礼佛。

中国宋代时,朝鲜进入高丽王朝时期,宋代的点茶法也传到了高丽。宋使徐兢在《宣和奉使高丽图经》一书中记载了高丽的茶事:"土产茶,味苦涩不可入口,惟贵中国腊茶并龙凤赐团。自锡赉之外,商贾亦通贩。故迩来颇喜饮茶,益治茶具,金花乌盏、翡色小瓯、银炉、汤鼎,皆窃效中国制度。"高丽时代李奎报的两首著名茶诗里描述的饮茶方式也是指点茶法,其一是《谢人赠茶磨》:"琢石作孤轮,回旋烦一臂。子岂不茗饮,投向草堂里。知我偏嗜眠,所以见寄耳。研出绿香尘,亦感吾子意。"其二是《仿严师》:"僧格所自高,惟是茗饮耳。好将蒙顶芽,煎却惠山水。一瓯辄一话,渐入玄玄旨。此乐信清淡,何必昏昏醉。"作者在《仿严师》一诗里还用了中国茶文化的典故。高丽时期是朝鲜茶文化最辉煌的时期,朝鲜人在长期学习中国饮茶方式的过程中,将茶饮与民族文化相融合而形成朝鲜茶文化,茶礼就是代表。

朝鲜的《李朝实录》"太宗二年(1402)五月壬寅"条记载,赠给明朝使臣的茶叶是雀舌茶。雀舌茶是散茶里原料较嫩的好茶,可见当时散茶冲泡法已由中国传到了朝鲜。散茶冲泡法为茶礼所吸收,据《李朝实录》记载:凡是明朝使者来朝时,一般要举行茶礼,从持瓶、泡茶、敬茶、接茶、饮茶等都有规定的程序,最后以互赠茶叶而结束。朝鲜时代中期,朝鲜茶文化一度衰落,幸有草衣禅师等人为茶礼的振兴做出重大贡献。草衣禅师研究中国茶书,并摘其要点编成《茶神传》一书,他的另一本书《东茶颂》显示了韩国茶礼的"中正"精神,这种"中正"精神正是他多年研习茶道和悟禅的结晶。

(三)向其他地区的传播

10世纪时,蒙古商队来华从事贸易时,将中国砖茶从中国经西伯利亚带至中亚以远。

15世纪初,葡萄牙商船来中国进行通商贸易,茶叶对西方的贸易开始出现。而荷兰人在1610年左右将茶叶带至了西欧,1650年后传至东欧,再传至俄、法等国。17世纪时,传至美洲。

17世纪后半叶,中国茶叶随葡萄牙公主嫁到英国而引发英国饮茶风。

1684年,印度尼西亚开始从我国引入茶籽试种,以后又引入中国、日本茶种及阿萨姆茶种试种,历经坎坷,直至19世纪后叶开始才有明显成效。第二次世界大战后,加速了茶的恢复与发展,并在国际市场居一席之地。

1780年,印度由英属东印度公司传入我国茶籽种植。至19世纪后叶,已是"印度茶之名,充噪于世"。今日的印度,是世界上茶的生产、出口、消费大国。

17世纪开始,斯里兰卡开始从我国传入茶籽试种,复于1780年试种,1824年以后又多次引入中国、印度茶种扩种并聘请技术人员。所产红茶质量优异,为世界茶创汇大国。

1833年,俄国从我国传入茶籽试种,1848年又从我国输入茶籽种植于黑海岸。1893年,聘请中国茶师刘峻周带领一批技术工人赴格鲁吉亚传授种茶、制茶技术。

1888年土耳其从日本传入茶籽试种,1937年又从格鲁吉亚引入茶籽种植。

1903年肯尼亚首次从印度传入茶种,1920年开始商业性开发种茶,规模经营则是1963年独立以后。

20世纪20年代以后,中国茶种和制茶技术传入阿根廷、几内亚、巴基斯坦、阿富汗、马里、玻利维亚等国。

目前,我国茶叶已行销世界五大洲上百个国家和地区,世界有50多个国家引种了中国的茶籽、茶树,茶园面积247万多公顷,有160多个国家和地区的人民有饮茶习俗,饮茶人口20多亿。

(四)中国茶向外传播的途径

从前面三部分可知,经过1 000多年的经贸往来和文化交流,我国茶叶已经传遍世界各地,主要是通过陆路和水路进行传播。其主要路线有三条:东传路线,由中国传向日本、韩国;西传路线,由福建、广州通向南洋诸国,然后经马来半岛、印度半岛、地中海走向欧洲各国;北传路线,传入土耳其、阿拉伯国家、俄罗斯。

小结

  中华民族是世界上最早发现、利用和栽培茶树的民族,也是第一个将茶与民族文化相结合而形成茶文化的民族。目前全球约有60个国家种植茶叶,160多个国家和地区有茶叶消费的习惯,但只有中国才是茶树的原产地,其他国家的茶叶都是直接或间接由中国传入。茶叶传入这些国家时,中国茶文化里的很多元素也为他们所吸收,最直接的就是饮茶方式。随着茶叶在这些国家的发展,茶叶也渐渐成为他们生活的一部分,逐渐渗透进他们的文化里,形成了具有各国特色的茶文化。已有1 000多年历史的韩国、日本茶道均源于中国,而且比较完整地保留了我国唐宋饮茶文化的遗风,所以说中国茶文化是世界茶文化的摇篮,是世界文化中的一颗璀璨明珠。

 思考题

1. 关于茶树的起源,你赞同哪种观点?为什么?
2. 请简要概述中国六大茶类及其品质特征。
3. 中国十大名茶有哪些?分别产自何处?分属何种茶类?
4. 简述中国茶业对世界茶业的影响。

第三章 中国茶文化简史

茶的发现和利用,是中华民族为世界所做的一项重大贡献。茶文化是以茶为载体,并通过这个载体来传播各种文化,是茶与文化的有机融合。中国茶文化,植根于悠久的中华民族传统文化中,在形成和发展的过程中,逐渐由物质文化上升到精神文化的范畴,是博大精深的中华文化的一个重要分支,对促进社会进步起到了巨大的作用。

第一节 秦代以前:中国茶文化的萌芽时期

巴蜀是一个有不同界定的地域概念,通常用巴蜀代指古代四川,其实巴蜀地区远不止四川一省,还包括四川邻近的广大地区。"古代的巴蜀地区东起华山之南,西至黑水流域,大概包括今天的四川和重庆,以及云南、贵州、甘肃、陕西和湖北的部分地区。"[1]

"自秦人取蜀而后,始有茗饮之事。"清初学者顾炎武在其《日知录》中指出,各地对茶的饮用,是秦国吞并巴蜀后才慢慢传播开来的,表明中国和世界的茶文化最初是在巴蜀发展起来的。顾炎武的这一结论,统一了中国历代关于茶事起源的种种说法,也为现在绝大多数学者所接受。因此,常称"巴蜀是中国茶业或茶叶文化的摇篮"。

一、茶叶的发现和利用

秦代以前,是我国发现和利用茶的初始阶段,即从最早发现和利用茶发展到开始人工栽培茶树的阶段。茶的生产和利用局限于巴蜀地区,但茶作为贡品已有记载。

我国是世界上最早发现和利用茶的国家。陆羽《茶经》称:"茶之为饮,发乎神农氏,闻于鲁周公。"神农是中国5 000年前发明农业的传说人物,相传"神农尝百草,一日而遇七十毒,得荼以解之"(荼,即今之茶)。茶是中国原始先民在寻求各种可食之物、治病之药的过程中发现的,

---

[1] 谢晋洋,胡美会.巴蜀神话的影响及研究价值[J].经济研究导刊,2009(4):228-229.

先为药用,后发展为食用和饮用。① 因此,中国发现与利用茶的历史已有 5 000 多年了。

茶叶用于祭祀,早在西周时即有所记载。《周礼·掌荼》中说:"掌荼,掌以时聚荼以供丧事。"掌荼是一个专设部门,其职责是及时收集茶叶以供朝廷祭祀之用。当时执掌这一部门的人员数量还不少,《周礼·地官司徒》中记载:"掌荼,下士二人,府一人,史一人,徒二十人。"可见在周代,朝廷对以茶祭祀之事的重视。

茶叶作为贡品,在《华阳国志·巴志》中有记载:公元前 1 000 多年前周武王伐纣之后,巴蜀一带已用民族首领所产的茶叶"纳贡"。这是茶作为贡品的最早记述。

二、"茶"字的起源

古代文献中关于"茶"的最早记述,可追溯到《诗经》中的"荼"字。《诗经》成书于春秋时期,收录了自周初至春秋中期的诗歌 305 篇。在《诗经》的诗篇中,共有 7 处出现了"荼"字:"谁谓荼苦,其甘如荠"(《邶风·谷风》);"周原膴膴,堇荼如饴"(《大雅·绵》);"采荼薪樗,食我农夫"(《豳风·七月》);"予所捋荼,予所蓄租"(《豳风·鸱鸮》);"出其闉阇,有女如荼"(《郑风·出其东门》);"民之贪乱,宁为荼毒"(《大雅·桑柔》);"其镈斯赵,以薅荼蓼。荼蓼朽止,黍稷茂止"(《周颂·良耜》)。

关于《诗经》中的"荼"字,有人认为指的是茶,也有人认为指的是"苦菜",至今看法不一,难以统一。

有学者认为:《诗经》成书时,我国的政治、文化、经济中心在北方。《诗经》中所记载的传说、故事、神话等大多源于北方。《诗经》是对以黄河流域为中心的社会文化的描述,而茶是南方木本植物,茶树发源地在当时属于未开化区域,因此《诗经》中的"荼"字不可能指茶。

陈椽先生认为"荼"在古代是多义字,并不专指茶。辨别古书记载,必须依据当时情形而判定所指为何物。荼除指茶外,还指苦菜、茅莠、蓼荞荼、神名、荆荼等。②

朱自振先生在《茶史初探》中,从音节角度进行分类,即单音节和双音节两种。先从茶字起,对槚、蔎、荈、櫙、茗进行考证,论证我国早期文献中的双音节的茶名和茶字出自巴蜀,而且也相当肯定,我国茶的单音节名和文,极有可能也源于巴蜀双音节茶名的省称和音译的不同用字。证明了《茶经》之名荼、槚、蔎、茗、荈等字源于巴蜀上古茶的双音节方言。我国乃至全世界的茶名茶字都源于巴蜀,巴蜀是我国和世界茶业和茶文化的摇篮。③

三、茶业的发展

巴国之西的蜀国,其境内当时亦有茶叶的生产。西汉扬雄的《方言》载:"蜀人谓茶曰葭

---

① 王东明,张苏丹.中国茶文化形成过程研究[J].黄冈职业技术学院学报,2009(2):33-35.
② 陈椽.茶业通史[M].2 版.北京:中国农业出版社,2008:12-15.
③ 朱自振.茶史初探[M].北京:中国农业出版社,2008:23-28.

萌。"而《华阳国志·蜀志》中提到"蜀王别封弟葭萌于汉中,号苴侯,命其邑曰葭萌",可以说蜀王之弟不仅以茶作名,还以茶名其封邑,足见这个后来盛产茶叶的地区早在先秦时代已经有了茶事活动,而且影响很大。据《蜀志》记载,"什邡县,山出好茶",南安(今四川乐山市)、武阳(今四川省眉山市彭山区)"皆出名茶",可知该地当时已有茶叶栽培之事。

秦统一中国以前,巴蜀一直是我国茶叶生产、消费和技术中心。秦灭巴蜀之后,黄河流域才受到影响,饮茶之风遂开始流行。

第二节 秦汉南北朝:中国茶文化的发展时期

从秦汉到魏晋南北朝,是我国茶业的发展时期。这一时期,我国茶叶的栽培区域逐渐扩大,并向东转移;茶叶亦成为商品向全国各地传播,且作为药物、饮料、贡品、祭品等被广泛应用;饮茶之风,遍及南方。

公元前59年,西汉蜀人王褒所写的《僮约》是反映我国古代茶业的最早记载。内有"武阳买茶"及"烹茶尽具"之句,武阳即今四川省眉山市彭山区,说明在秦汉时期,四川产茶已初具规模,制茶方面也有改进,茶叶具有色、香、味的特色,并分为药用、丧用、祭祀用、食用,或为上层社会的奢侈品,像武阳那样的茶叶集散市场已经形成了。[①]

秦统一全国后,随着巴蜀与各地经济、文化交流的增强,茶的加工、种植首先向东部和南部渐次传播开来。[②] 据《路史》引《衡州图经》载,"茶陵者,所谓山谷生茶茗也",也就是以其地出茶而名县的。

汉代,人们对茶的保健作用、药用功效已经有了相当的了解。东汉华佗《食论》载:"苦茶久食益思。"[③]东汉增广《神农本草》的《神农本草经》载:"茶味苦,饮之使人益思、少卧、轻身、明目。"西汉文学家司马相如的《凡将篇》记载了当地21味中草药材,"乌喙、桔梗、芫华、款冬、贝母、木蘖、蒌芩、芩草、芍药、桂、漏芦、蜚廉、雚菌、荈诧、白敛、白芷、菖蒲、芒消、莞、椒、茱萸",其中"荈诧"就是指茶。

三国时,荆楚一代的茶类生产基本达到和巴蜀相同的程度或水平,魏人张揖在《广雅》中记载:"荆巴间采茶作饼,成以米膏出之,若饮,先炙令色赤,捣末置瓷器中,以汤浇覆之,用葱姜橘子芼之,其饮醒酒,令人不眠。"这里将当时的采茶、制茶、煮茶和茶的功效做了说明。

---

① 吴英藩.我国茶史考略[J].蚕桑茶叶通讯,1996(1):37-39.
② 陈宗懋.中国茶经[M].上海:上海文化出版社,2008:12.
③ 王绩叔,王冰莹.茶经·茶道·茶药方[M].西安:西北大学出版社,1996:253-284.

"采茶作饼,成以米膏出之"应该视为我国最早有关制茶的记载,也表明三国及以前我国所制茶叶为饼茶。

进入三国两晋南北朝时期,饮茶之风在长江流域有了更大的发展,有关文献记载也逐渐增多,出现了以茶为专门对象的文学作品,如西晋文学家左思的《娇女诗》中"心为茶荈剧,吹嘘对鼎䥶"和张载《登成都白菟楼》中的"芳茶冠六清,溢味播九州"等诗句。此外,饮茶之风渐渐深入各阶层人们的日常生活,饮茶已不仅仅是为了解渴,它开始产生社会功能,成为宴会、待客、祭祀的工具,同时成为表达情操、精神的手段。

西晋时,皇家和世家大族斗奢比富,腐化到了极点。流亡到江南以后,有些人鉴于过去失国的教训,一改奢华之风,倡导以简朴为荣。[①] 如《晋中兴书》记载,吴兴太守陆纳招待卫将军谢安,"所设惟茶果而已",他侄子陆俶怕太过寒酸,就自作主张准备了丰盛的酒菜,破坏了陆纳表示廉洁的意图,结果被陆纳打了四十大板。

魏晋以降,天下纷乱,文人学士尚玄论清谈之风。这些清谈家从最初的品评人物到后来的以谈玄为主,终日谈说,以茶助兴,产生了许多茶人。至东晋后,佛学盛行,玄、佛趋于合流。而玄学从以老庄思想糅合儒家经义发展成糅合了儒、道、佛三者的思想体系。茶以其清淡、虚静的本性和抗睡疗病的功能,广受宗教徒的青睐。可见,玄学在奠定中国茶道思想体系方面有着不可忽略的作用。

第三节 唐宋:中国茶文化的兴盛时期

历史上的隋、唐、宋、元是我国封建社会的鼎盛时期,也是我国茶业的兴盛时期。栽茶规模和范围不断扩大,生产贸易中心转移到长江下游的浙江、福建一带,饮茶风气在全国普及,有关茶书著作相继问世。

一、唐代茶文化

唐朝是茶文化历史变迁的一个划时代的时期,茶史专家朱自振写道:"在唐一代,茶去一划,始有茶字;陆羽作经,才出现茶学;茶始收税,才建立茶政;茶始边销,才开始有边茶的生产和贸易。"总而言之,直至唐代,茶叶生产才发展壮大,茶文化也才真正形成。唐代茶文化在我国茶文化发展史上占有重要的地位,主要表现在以下方面。

---

① 陈宗懋.中国茶经[M].上海:上海文化出版社,2008:13.

（一）全民饮茶蔚然成风

隋唐初期，茶事活动得到进一步发展，饮茶之风在北方地区传播开来，王公贵族开始以饮茶为时髦。封演《封氏闻见记》记载："开元中，泰山灵岩寺有降魔师，大兴禅教，学禅务于不寐，又不夕食，皆许其饮茶。人自怀挟，到处煮饮。从此转相仿效，遂成风俗。自邹、齐、沧、棣，渐至京邑，城市多开店铺，煎茶卖之。不问道俗，投钱取饮。其茶自江淮而来，舟车相继。所在山积，色额甚多。"就是说，到盛唐，由于佛教禅宗允许僧人饮茶，而此时又正是禅宗迅速普及的时期，世俗社会的人们对僧人的饮茶也加以仿效，从而加快了饮茶的普及，并很快成为流行于整个社会的习俗。[1]

（二）茶学著作相继问世

唐德宗建中元年（780），陆羽将其所著之《茶经》修订出版，这是世界上第一部茶叶专著。千百年来，历代茶人对茶文化的各个方面进行了无数次的尝试和探索，直至《茶经》诞生后茶方大行其道，饮茶也才由南方特有的一种区域性文化现象变成全国性的"比屋之饮"，因此《茶经》的出现具有划时代的意义。

首先，《茶经》用"茶"这一统一名称取代了以往各时代、各地区对茶的诸多称谓；其次，在《茶经》中陆羽概括了茶的自然和人文科学双重内容，从品茶名、论茶具、采茶法、煮茶水、煎茶术、饮茶法、茶产地等几个方面总结了中国自周秦至唐千百年来的饮茶经验，探讨了中国特有的饮茶艺术。同时，陆羽首次把我国儒、道、佛的思想文化与饮茶过程融为一体，首创中国茶道精神，这一点在"茶之器"中反映十分突出，一炉一釜，皆深寓我国传统文化之精髓。[2] 更重要的是，《茶经》不仅阐发了饮茶的养生功用，而且明确地将它提升到精神文化层次，开中国茶道之先河。[3]《茶经》的出现，使天下人皆知茶，对于茶叶知识的广泛传播、茶叶生产的大力发展都起到了很大的推动作用。

自陆羽之后，唐人又发展了《茶经》的思想，如苏廙的《十六汤品》、张又新的《煎茶水记》、温庭筠的《采茶录》等。

（三）产茶区域辽阔

进入唐代以后，茶叶生产迅速发展，茶区进一步扩大，仅陆羽《茶经》就记载有42州1郡产茶。[4] 另据其他史料补充记载，还有30多个州也产茶，由此可见，唐代已约有80个州产茶。[5] 产茶的区域遍及今天的川、渝、陕、鄂、皖、赣、浙、苏、湘、黔、桂、粤、闽、滇14个省区，与

---

[1] 何哲群.唐代茶文化的形成与兴盛[J].辽宁行政学院学报，2008(3)：169-170.
[2] 王玲.中国茶文化[M].北京：外文出版社，1998.
[3] 尹邦志，杨俊.茶道"四谛"略议[J].成都理工大学学报（社会科学版），2007(3)：12-16.
[4] 刘勤晋.茶文化学[M].北京：中国农业出版社，2005：22.
[5] 程启坤.中国茶文化的历史与未来[J].中国茶叶，2008(7)：8-10.

今日茶区的范围大体相当,已初步形成我国茶叶生产的格局。

(四)大宗茶市应运而生

唐朝时茶叶的产销中心已逐步从巴蜀转移到长江下游地区的浙江、江苏。而南方所产的茶叶大多先集中在广陵(扬州),然后通过运河或两岸的"御道"转运到四方各地。《封氏闻见记》载,"茶自江淮而来,舟车相继,所在山积,色额甚多",反映了当时南茶北运的热闹场面。此外,各地所产茶叶大多有其固定的销售市场。

唐代茶叶不仅在遍及南北的广大市场上运销交易,还进入了西北边疆少数民族地区,逐渐成为他们日常生活的必需品。

(五)茶税制度的建立

唐德宗建中三年,户部侍郎赵赞以"常赋不足"为借口建议开征茶、漆、竹、木税,税率从价征十分之一,自此开了茶叶征税的先例,但到了贞元九年张滂倡发的茶税课征才是真正为茶专门设立的税种。① 据唐宣宗时所载,"大中初(847年),天下税茶增倍贞元",收入不少于80万贯。茶税之丰厚和茶税的财政地位由此可见一斑,这也是唐政府对茶税课征首倡的原因之一。②

二、唐代茶文化形成的社会原因

(一)佛教的盛行

我国佛教自汉时起,经南北朝发展,至唐朝达到了极其兴盛的阶段。佛教盛行,僧侣种茶饮茶,对饮茶之风起到了推波助澜的作用。寺院以茶供佛,以茶译经,以茶待僧,以茶应酬文人、待俗人、馈赠,茶叶消费量很大,因此寺僧必须亲自植茶、制茶。许多名茶都是首先由寺院创制,然后再流出至民间。唐代僧人数十万,寺僧饮茶成为饮茶族中的重要人员。③

(二)唐代诗风大兴

唐代是诗歌的黄金时代,也是茶之盛世,几乎所有的中、晚唐诗人都对茶有不同程度的嗜好,把品茶、咏茶作为赏心乐事。著名诗人李白、杜甫、白居易、杜牧、柳宗元、卢仝、皎然、齐己、皮日休、元稹等都曾留下脍炙人口的涉及茶事的诗歌。唐代咏茶诗中最著名并为后世所熟知的当属卢仝的《走笔谢孟谏议寄新茶》,该诗不仅再现了当时赠茶、煮茶、饮茶的情景,而且直抒胸臆,把茶之功效及饮茶的快感描述得淋漓尽致。诗中对连喝七碗茶不同感受的描写脍炙人口,被公认为历代饮茶诗中的经典之句,为后世所称道。

---

① 孙洪升.唐宋茶叶经济[M].北京:社会科学文献出版社,2001.
② 郭旸,李华罡.茶税研征——唐代税榷制度下的茶政经济思想分析[J].上海财经大学报,2006(4):26-31.
③ 陶德臣.唐宋饮茶风习的发展[J].农业考古,2001(2):256-260.

此外，唐代还首次出现了描绘饮茶场面的绘画，著名的有阎立本的《萧翼赚兰亭图》、张萱的《烹茶仕女图》《明皇和乐图》、周昉的《调琴啜茗图》、佚名氏的《宫乐图》等。

（三）贡茶开始发展

唐代的贡茶产地有四川蒙山、江苏宜兴、浙江长兴、陕西安康等。唐代宗大历五年（770）开始在顾渚山建立贡茶院，每年春分至清明节官府派出要员上山督造南茶，"役工三万，累月方毕"，生产专供皇室饮用的"顾渚紫笋"贡茶，而且要求首批贡茶必须在清明节前制造好并快马加鞭送达长安，以便皇室每年清明宴时举办品尝新茶聚会。①

（四）唐代茶文化的形成与科举制度关系密切

唐朝用严格的科举制度来选才授官，非科第出身者不得为宰相。每当会试，不仅举子被困考场，连值班的翰林官也劳乏得不得了。于是，朝廷特命将茶送考场，以茶助考，以示关怀，因而茶被称为"麒麟草"。②举子们来自四面八方，都以能得到皇帝的赐茶而无比自豪，这种举措在当时社会上有着很大的轰动效应，也直接推动了茶文化的发展。

三、两宋时期：茶业中心转移至福建，斗茶成风

"茶兴于唐而盛于宋"，两宋时期中国的茶区继续扩大，制茶技术进一步改进，贡茶和御茶精益求精，饮茶之风更加普及，斗茶之风盛行，塞外的茶马交易和茶叶对外贸易逐渐兴起。

（一）产茶区域辽阔

宋朝时期，中国的茶区继续扩大。《宋代经济史》指出，南宋绍兴末年，东南十路产茶地计有66州242县，其中不包括川峡诸路。③乐史《太平寰宇记》中记载，江南东道、江南西道、岭南道产茶的州，就有福州、南剑州、建州、漳州、汀州、袁州、吉州、抚州、江州、鄂州、岳州、兴国军、潭州、衡州、涪州、夷州、播州、思州、封州、邕州、容州等。就全国而言，到了南宋时期，产茶地区已由唐代的43个州，扩展为67个州242个县，足见宋茶之盛。

（二）茶叶生产和贡茶的发展

宋朝建立不久，因太宗于太平兴国二年（977）诏令建州北苑专造贡茶，渐渐形成了一套空前的贡茶规制。社会各阶层的人们对茶也随之变得须臾不能离之，即时人所谓"君子小人靡不嗜也，富贵贫贱靡不用也"，"夫茶之为民用，等于米盐，不可一日以无"。④

宋朝建立起北苑贡焙后，建安一带茶叶采制精益求精，贡品名目繁多、标新立异。北苑

---

① 王东明，张苏丹.中国茶文化形成过程研究[J].黄冈职业技术学院学报，2009(2)：33-35.
② 何哲群.唐代茶文化的形成与兴盛[J].辽宁行政学院学报，2008(3)：169-170.
③ 漆侠.宋代经济史（下册）[M].上海：上海人民出版社，1988：746.
④ （北宋）王安石.王文公集·议茶法（卷三一）[Z].上海：上海人民出版社，1974：366.

贡焙专门生产仅供皇宫饮用的龙凤茶,这是一种饼茶,因在模具上刻有龙凤图案,压制成形后的饼茶上有龙凤图案,故称龙凤茶,在宋代又称团茶、片茶。丁谓、蔡襄这两位贡茶使君,先后创制了大、小龙团,更使龙凤团茶名闻于世,当时即有"建安茶品甲天下"之称。宋代贡茶,以建安北苑贡茶为主,每年制造贡茶数万斤,除福建外,在江西、四川、江苏等省都有御茶园和贡焙。

（三）茶类的演变

宋茶以片茶为主,其中尤以建州北苑所产之龙凤团饼茶最为著名,且品类繁多,最多时达到12纲47目,总数不下百数十个。龙凤团饼茶的制作技术非常复杂,据宋代赵汝砺《北苑别录》记载就有蒸茶、榨茶、研茶、造茶、过黄、烘茶等几道工序。龙凤团饼茶虽制作精良,但工艺烦琐,价格昂贵,煮饮费事,只有皇室及王公贵族方可享用,寻常百姓消费不起,于是生产上对团饼茶的加工工艺进行了简化,出现了蒸而不碎、碎而不拍的蒸青和末茶,称为散茶。到了宋末元初,散茶在全国范围内逐渐取代了饼茶,占据主导地位。

（四）斗茶

斗茶是一种试茶汤质量的活动,又称茗战。兴于唐代,盛行于北宋。宋人的斗茶之风很盛行,由于受到朝廷的赞许,连皇帝也大谈斗茶之道,因此举国上行下效,从富豪权贵、文人墨客到市井庶民,皆以此为乐。宋徽宗的《大观茶论》中说:"天下之士励志清白,竟为闲暇修索之玩,莫不碎玉锵金,啜英咀华,较筐箧之精,争鉴裁之别。"文学家范仲淹《和章岷从事斗茶歌》中就描述了当时斗茶的情形:"北苑将期献天子,林下雄豪先斗美。鼎磨云外首山铜,瓶携江上中泠水。黄金碾畔绿尘飞,碧玉瓯中翠涛起。斗茶味兮轻醍醐,斗茶香兮薄兰芷。其间品第胡能欺,十目视而十手指。胜若登仙不可攀,输同降将无穷耻。"

宋代斗茶崇尚"茶色贵白",因此斗茶的茶具以青、黑瓷为好。蔡襄在奉旨修撰的《茶录》一书中,对黑瓷兔毫盏同品茶、斗茶的关系说得很明确:"茶色白,宜黑盏,建安所造者绀黑,纹如兔毫,其坯微厚,最为要用。出他处者,火薄或色紫,皆不及也。其青白盏,斗试家之不用。"这也带动了建窑青黑瓷的发展。

（五）茶业贸易

随着茶叶生产和饮茶风气的发展以及商品经济的活跃,宋代茶叶贸易因此而十分发达。透过南宋诗人范成大的《春日田园杂兴》,我们就可以看到一幅茶商下乡收茶的画面:"蝴蝶双双入菜花,日常无客到田家。鸡飞过篱犬吠窦,知有行商来买茶。"当然,宋代茶叶基本上施行专卖制度,其茶叶专卖首先推行于东南地区。宋代茶法也层出不穷,主要有三说法、通商法和茶引法,其中,茶引法为后世茶叶经济政策提供了一个可以借鉴的制度和形式,在古代茶政史上占有重要的位置。

宋朝政府还实行以茶易马的茶马互市。茶马互市虽然始于唐朝,但真正形成制度是在宋代。作为中原汉族农业区与西北少数民族游牧区经济交往的一种重要形式,茶马交易在客观上符合各族人民的共同利益。在长期的发展过程中,它对于促进国家统一和稳定,对于加强西北边疆与内地友好往来和经济交流,都具有积极的意义。

(六)茶馆文化的形成

宋代城市集镇大兴,各行各业遍布街市,商贾云集,酒楼、食店因此应运而生,茶坊也乘机兴起。虽然茶馆早在唐代就已经出现,如《封氏闻见记》载"……京邑,城市多开店铺,煎茶卖之,不问道俗,投钱取饮",但茶馆到了宋代才真正发达起来。北宋汴京有茶坊,南宋临安有茶楼教坊、花茶坊等:"大凡茶楼多有富室子弟、诸司下直等人会聚,司学乐器,上教曲赚之类,谓之'挂牌儿'";"大街有三五家开茶肆,楼上专安著妓女,名曰'花茶坊'"。① 在汴京与临安的诸多茶肆,不仅是歌妓云集的歌馆②,而且往往是"士大夫期朋约友会聚之处"。两宋时期的茶馆,完成了中国茶馆由低层次的饮茶接待向较高层次的休闲娱乐等多功能服务发展变化的过程。③

(七)茶诗、茶书、茶画众多

宋朝时期,茶不仅是"开门七件事,柴米油盐酱醋茶"之一,而且还步入"琴棋书画诗酒茶"之列。宋代诗人欧阳修、苏轼、黄庭坚、陆游、范成大、杨万里等所作茶诗内容广泛、数量颇多。陆游就有茶诗 300 多首,范仲淹《和章岷从事斗茶歌》可以和卢仝的"七碗茶歌"相媲美,苏轼的诗更是意境深远。④

至于茶画,刘松年的《碾茶图》、赵原的《陆羽烹茶图》、钱选的《卢仝烹茶图》、宋徽宗赵佶的《文会图》、张择端的《清明上河图》等流传至今,是我国茶文化的重要艺术品。

第四节 明清:中国茶文化的鼎盛时期

元代,蒙古人入主中原成为统治者,北方民族虽然嗜茶,但无心像宋代那样追求茶品的精致、程式的烦琐。因而,茶文化在上层社会那里得不到倡导。宋代的文人由于国亡家破的

---

① (南宋)吴自牧.梦粱录・"茶肆"条(卷一六)[M].北京:中国商业出版社,1982:130.
② (南宋)周密.武林旧事・"歌馆"条(卷六)[M].北京:中国商业出版社,1982:120.
③ 徐柯.宋代茶馆研究[D].开封:河南大学,2009:72.
④ 宛晓春.中国茶谱[M].北京:中国林业出版社,2006:35.

状况无心茶事,因此到了元代茶文化也无从发展。

明清时期是我国茶业从兴盛走向鼎盛的时期,栽培面积、生产量曾一度达到了有史以来的最高水平,茶叶生产技术和传统茶学发展到了一个新的高度,散茶成为生产和消费的主要茶类。

一、明朝时期:茶业全面发展

(一)明代产茶区域继续外扩

明代茶叶生产的地域分布,较之前代又有所扩展,除北直隶、山东、山西布政司的生态环境不宜种茶外,南直隶及其他11个布政司均有生产;而且在秦岭、淮河以南广阔的茶区内,许多原不产茶的地方开始引种茶叶,出现了全面发展、名品纷呈的繁荣景象。

(二)茶书的大量撰写

明代,传统茶学发展到了最高峰,茶书的刊行数量也是历代最多的。据万国鼎《茶书总目提要》中介绍,中国古代茶书共有98种,其中明代就有55种。而明代茶书中,明初仅2种,明中叶10种,明后期43种。阮浩耕等在《中国古代茶叶全书》中收录现存古茶书64种,佚失古茶书60种,共124种,其中明代62种,占中国古茶书总量的50%。这些茶书对我国劳动人民在茶园管理、茶树栽培、茶类制作等方面做了全面、系统的总结。

明代的茶诗词虽不及唐宋,但在散文、小说方面有所发展,如《闵老子茶》《兰雪茶》《金瓶梅》对茶事的描写。此外,茶事书画也有超越唐宋,代表性的作品有徐渭的《煎茶七类》、文征明的《惠山茶会图》、唐伯虎的《事茗图》等。

(三)散茶的饮用渐盛

自宋末至元朝,饮用散茶的风气越来越盛,到了明朝这种现象更加普遍。明太祖朱元璋是一个从茶区走出来的皇帝,他深刻理解农民的辛苦和团饼茶制作的复杂,认为团饼茶生产太"重劳民力",在洪武二十四年便下令"罢造龙团,惟采芽茶以进"。明朝能采取这种休养生息、减轻人民负担、专门发展边茶生产的有效办法是积极有益的,且见效于后世。至此,饮用散茶的风气开始蔚然成风,散茶的生产技术也得到全面发展,同时生产的茶类也开始多样化,除蒸青以外,也有炒青茶,还产生了黄茶、白茶和黑茶。明末清初,还出现了乌龙茶、红茶和花茶。[①]

(四)各地名茶竞起

明朝散茶的全面发展,还表现在各地名茶的竞起上。宋朝时,散茶的名品只有日铸、双

---

① 程启坤.中国茶文化的历史与未来[J].中国茶叶,2008(7):8-10.

井和顾渚等少数几种。但至明代后,如黄一正在《事类绀珠》中所记,其时比较著名的就有雅州的雷鸣茶,荆州的仙人掌茶,苏州的虎丘茶、天池茶,长兴和宜兴的罗茶,以及西山茶、渠江茶、绍兴茶等,共98种之多。

(五) 饮茶风尚的变革

明代散茶的盛行,导致饮茶风尚也发生了划时代的变革。明人饮茶崇尚自然,流行品饮简便的条形散茶,将沸水直接冲泡存有茶叶的器具里直接饮用,或使用茶壶泡茶然后把茶汤注入茶碗中饮用。明代中期以后,从炒青茶揉、炒、焙的加工方法,到冲泡芽茶、叶茶的饮用方法,都相对简便。在这种情况下,与之相配套的茶具,无论是在种类上还是在形式上都更加简便,贮藏用的茶叶罐,泡茶叶的壶,沏茶水的碗、盏、杯,就构成全套的饮茶用具了。① 明代朱权《茶谱》记载的全套茶具为:炉、磨、灶、碾、罗、架、匙、筌、瓯、瓶。但是,简便不等于粗制滥造。明代饮茶时不仅重视茶汤、茶芽和茶叶色泽的显现,而且重视茶味,讲究茶趣,因此十分强调茶具的选配得体,对茶具特别是对壶的色泽给予了较多的注意,追求壶的"雅趣",茶具的发展也经历了艺术化、人文化的过程。

(六) 明代茶楼文化的发展

明代茶楼,比宋代更甚。《杭州府志》载:"嘉靖二十一年三月,有李姓者忽开茶坊,饮客云集,获利甚厚。远近效之,旬月之间开五十余所。"而明代小说中所见的茶坊就更多了,被誉为"十六世纪社会风俗画卷"的《金瓶梅》中,谈到茶者多达629处,谈到茶坊的也很多。此外,随着曲艺、评话等的兴起,茶馆又成了艺人献艺的场所。

(七) 明代茶税、茶法

明代的茶税、茶法基本承袭宋元制,贡茶初时承袭元制,后明太祖罢团茶改散茶,遂改贡芽茶,这种贡茶制度一直沿袭到清代。元代取消茶马政策,注重课征重税,施行官卖商销制度。明太祖朱元璋恢复茶马交易,换军马以巩固边防,控制边茶贸易,也实施"以茶治边"的政策。②

二、清朝:茶业由繁荣走向衰落,茶文化走向民间

清代茶业以鸦片战争为界,分为前清和晚清两个时期。前清茶叶市场遍布全国,茶叶外贸发展很快,但随着政局的动荡,经济的衰退,帝国主义的扼杀,国际市场竞争的加剧,英国在印度和斯里兰卡引种茶叶获得成功,遂开始减少从中国进口茶叶,中国逐渐失去了国际茶业中心的地位,这种衰落的局面,一直持续到1949年新中国成立为止。清代茶文化发展过程中的主要特点表现在以下几个方面。

---

① 陈俊巧.中国古代茶具的历史时代信息[D].上海:上海师范大学,2005:31.
② 宋丽.《茶业通史》的研究[D].合肥:安徽农业大学,2009:30.

(一) 茶区的扩大及茶叶生产的进一步发展

清代,茶叶外销的增加必然刺激茶叶生产的进一步发展,茶叶产区也进一步扩大。咸丰年间全国栽植茶地估计有 600 万至 700 万亩(1 亩=667 平方米),创历史最高纪录。[1]

(二) 各地名茶涌现

由于茶叶生产技术的提高和茶类的新发展,清代各地涌现出品种繁多的各类名茶。据陈宗懋主编的《中国茶经》记载,清代名茶约有 40 种,主要包括武夷岩茶、西湖龙井、洞庭碧螺春、黄山毛峰、新安松罗、云南普洱、闽红工夫茶、祁门红茶、婺源绿茶、石亭豆绿等。上述这些名茶,不少是在清后期逐步定型和命名的。

(三) 宫廷茶文化的兴盛

清宫的饮茶习俗以调饮(奶茶)与清饮并用。清初以饮奶茶为主,清朝后期逐渐改为以清饮为主。除常例用御茶之外,朝廷举行大型茶宴与每岁新正举行的茶宴,在康熙后期与乾隆年间曾极盛一时。宴会后,按常例有一部分官员及出席者会得到皇帝赏赐御茶、茶具等殊荣。

(四) 贡茶的发展

清朝时期,贡茶产地进一步扩大,江南、江北著名产茶地区都有贡茶,有一部分贡茶是由皇帝亲自指封的,如洞庭碧螺春茶、西湖龙井、蒙顶甘露。浙江杭州西湖村,至今还保存着当年乾隆皇帝游江南时封为御茶的 18 棵茶树,见图 3-1。

图 3-1 十八棵御茶树

---

[1] 陈椽.茶业通史[M].2 版.北京:中国农业出版社,2008:53-54.

（五）茶具的变革

清代，茶具品种增多，形状多变，色彩多样，再配以诗书画雕等艺术，从而把茶具制作推向新的高度。而多茶类的出现，又使人们对茶具的种类与色泽，质地与式样，以及茶具的轻重、厚薄、大小等，提出了新的要求。[①] 主要有五类：花茶，用壶泡茶，后斟入瓷杯饮用，有利于香气的保持；大宗红茶和绿茶，用有盖的壶、杯或碗泡茶，注重茶的韵味；乌龙茶，重在"啜"，则用紫砂茶具；红碎茶与工夫红茶，用瓷壶或紫砂壶泡茶，然后将茶汤倒入白瓷杯中饮用；西湖龙井、洞庭碧螺春等细嫩名茶，则需用玻璃杯。

（六）茶肆、茶馆的发展

清代茶肆、茶馆遍布大江南北、长城内外，到茶馆喝茶的茶客，上至达官贵人、富商士绅，下至车夫脚役、工匠苦力，谈生意、做买卖、说媒拉纤、买房卖地和古董交易等活动在这里进行，非常热闹。[②] 当代作家老舍在《茶馆》中对晚清茶馆中的形形色色的具体描写，让我们对晚清茶馆有了更深刻的了解。茶馆发展到晚清，已成为人们日常生活中不可缺少的活动场所和交际娱乐中心，已被深刻地社会化了。

（七）茶马贸易的终结

唐宋以来，茶马互市一直是中原与西北少数民族之间经济交往的一种重要形式，至元时暂停，明代又趋于鼎盛。清初时统治者出于军事政治的需要对茶马贸易极为重视，但由于清朝察哈尔及西北牧马场的建立，康熙初年茶马贸易便开始衰落，雍正十三年(1735)清廷停止以茶易马，唐宋以来近千年的茶马贸易便告终结。[③]

（八）茶诗、茶事小说众多

清代写茶诗的诗人数量众多，如曹廷栋、曹雪芹、郑板桥、高鹗、陆廷灿、顾炎武等。清代乾隆皇帝曾数次下江南，四次到过龙井茶产地，观看采茶、制茶，品尝龙井茶，每次都作诗一首，并封龙井茶为御茶。

清代小说也有大量的茶事描写，如曹雪芹的《红楼梦》、蒲松龄的《聊斋志异》、李汝珍的《镜花缘》、吴敬梓的《儒林外史》、刘鹗的《老残游记》、李绿园的《歧路灯》、文康的《儿女英雄传》、西周生的《醒世姻缘传》等著名作品。尤其是曹雪芹的《红楼梦》，谈及茶事的就有近300处，描写之细腻、生动及审美价值之丰富，都是其他作品无法企及的。

清朝中期和鸦片战争以后，虽然因西方茶叶特别是红茶消费的持续跃增，中国茶叶出口和茶叶生产呈显著上升的势头，但这时中国传统茶学和茶叶加工技术已进入了萎靡和不再

---

① 陈俏巧.中国古代茶具的历史时代信息[D].上海：华东师范大学，2005：8.
② 阮耕浩.茶馆风景[M].杭州：浙江摄影出版社，2003：24-25.
③ 李绍祥.论明清时期的茶叶政策[J].东岳论丛，1998(1)：70-74.

有生气的阶段。所以,对清朝咸同年间我国茶业的较大发展,我们曾形象地称其为我国古代或传统茶业的"回光返照"。1887年以后,我国茶叶出口连年递减,茶叶市场一天天被印度、锡兰挤占,我国茶文化也无从发展,从此走向了坎坷之途。

第五节 1978年后:中国茶文化的复兴时期

新中国成立后的前30年,茶业处于恢复和发展阶段。改革开放以后,茶业经济迅速发展了起来,人们将注视的目光又投向了茶文化,在各界人士的努力下,茶文化重新登上了历史舞台,焕发出生机与活力。其主要表现如下。

一、各地纷纷举办茶文化节、国际茶会和学术讨论会

定期举行的"国际茶文化研讨会",目前已经连续举办了十四届。另外,如中国茶叶博物馆主办的"西湖国际茶会"、武夷山市主办的"武夷岩茶节"、云南普洱市主办的"中国普洱茶叶节"、上海市主办的"上海国际茶文化节"、陕西法门寺博物馆主办的"法门寺唐代茶文化研讨会暨法门寺国际茶会"等,都已经举办过多届,且影响深远。

二、茶文化社团组织不断涌现

(一)国家级茶叶团体组织

(1)中国茶叶学会:1964年在浙江省杭州市成立,1966年中国茶叶学会工作暂停,直到1978年恢复活动。

(2)中华茶人联谊会:简称"茶联",1980年在北京正式成立,是我国从事茶叶事业的人士和团体自愿参加组成的民间团体。

(3)中国国际茶文化研究会:是由中华人民共和国农业部主管,经中华人民共和国民政部登记的全国性茶文化研究团体。

(二)民间茶叶团体组织

(1)华侨茶叶发展研究基金会:1981年由爱国华侨人士关奋发倡议,并捐款300万港币组建成立。

(2)中国社科院茶业研究中心:2000年6月经有关主管部门批准成立的非营利性学术研究机构。

（3）陆羽研究会：1983年正式成立，由在天门县文史部门工作多年、酷爱"陆学"的欧阳勋和刘安国同志共同发起。

（4）杭州"茶人之家"：1985年4月在庄晚芳教授的倡议下，得到当代茶圣吴觉农暨国内外茶界人士的支持，由浙江省茶叶公司投资兴建。

（5）陆羽茶文化研究会：1990年在湖州成立，并举行首次学术讨论会。

（6）吴觉农茶学思想研究会：2004年在吴觉农的故乡浙江上虞市成立。

（7）张天福茶叶发展基金会：2008年9月在福州成立。该基金会旨在弘扬张天福茶学创新精神，立足福建、面向全国，促进茶叶生产、科研、教育和茶文化的持续发展。

三、茶文化教育研究机构相继建立

目前全国已有十余所高等院校设立了茶学系或茶文化专业，如浙江大学茶学系、安徽农业大学茶学系、湖南农业大学茶学系、华南农业大学茶学系、西南大学茶学系及高职教育茶文化专业、福建农林大学茶学系、云南农业大学茶学系、四川农业大学茶学系、华中农业大学茶学系、浙江树人大学应用茶文化专业、浙江农林大学茶文化学院、武夷学院茶与食品学院、广西职业技术学院茶叶专业、漳州科技职业学院、湖北三峡旅游职业技术学院茶文化专业等。有些高校中还设立了茶文化研究中心，招收硕士、博士研究生。另外，中国农业科学院茶叶研究所、中华全国供销合作总社杭州茶叶研究所、北京大学东方茶文化研究中心、江西社会科学院中国茶文化研究中心、陕西法门寺中国茶文化研究中心以及各地省级茶叶研究所等，也都是把研究和繁荣中国茶文化事业作为己任的研究机构。

四、茶文化展馆纷纷建成开放

除了北京故宫博物院、台北故宫博物院，以及各省、市综合性博物馆有茶文化的展示外，20世纪80年代以来专门性展馆纷纷建成开放：1981年，香港特别行政区建立了香港茶具馆；1987年，上海创办了四海茶具馆；1988年，四川蒙山建立了名山茶叶博物馆；1991年，中国最大的综合性茶叶博物馆——中国茶叶博物馆在浙江杭州建成开放；1997年，台湾地区首家茶叶博物馆——坪林茶业博物馆建成开放；2001年，福建漳州天福茶博物院建成；2003年，重庆永川建立了巴渝茶俗博物馆并对外开放；2008年，孔子茶文化主题展馆在济南成立；2010年，中国茶市茶文化展览馆在新昌成立。这些茶文化展馆展示并宣传了中国茶文化，对国民茶文化素质的培养具有现实意义。

五、茶艺馆的兴起

茶艺馆自1975年在台湾地区诞生之后，很快在北京、上海、福建以及杭州、南昌、广州等地普及。据不完全统计，中国目前有大大小小的各种茶馆、茶楼、茶坊、茶社、茶苑5万多家。

1998年,劳动和社会保障部(2008年改称人力资源和社会保障部)将茶艺师列入国家职业大典。2010年,人力资源和社会保障部颁布了《茶艺师国家职业标准》来规范茶馆服务行业。

六、茶艺表演事业蓬勃发展

随着茶文化活动的广泛开展,简单的传统茶艺已经不能满足群众的需求,许多茶艺专家编创了富有新意和特色的新型茶艺节目。著名的有:江西的文士茶、农家茶、禅茶、将进茶,上海的三清茶、太极茶,陕西的仿唐清明宴、陆羽茶道,北京的清代宫廷茶,湖南的清明雅韵,珠海的一脉情和珠海渔女,杭州的龙井问茶、九曲红梅等。

七、茶文化书籍、影视的繁荣

茶文化蓬勃兴起还体现在茶文化书籍、影视的繁荣。自20世纪80年代以来,有关茶文化的书籍不断出版,内容涉及茶的历史、品茗艺术、茶与儒释道的关系、茶具等方面。据不完全统计,20世纪八九十年代新出版的有关茶文化的专著有150多本。[①] 作家王旭峰创作的长篇小说《南方有嘉木》《不夜之侯》《筑草为城》茶人三部曲,其中两部获得茅盾文学奖,并被改编成电视连续剧,产生了广泛的影响。

八、茶文化景点成为旅游亮点

随着茶文化热的兴起以及旅游农业的发展,各产茶区都积极开发茶文化旅游资源,充分利用当地的茶叶旅游资源,挖掘当地特色,以其特有的风情吸引着各地游客。当前茶文化旅游的发展类型可分为以下几种:①生态观光茶园,如广东英德的"茶趣园"和"茶叶世界";②茶文化公园,如杭州的龙井山园等;③观光休闲茶场,如上海的闸北茶公园、台湾的龙头休闲农场;④茶乡风情游,如福建的"八闽茶乡风情旅游"活动。

九、茶文物古迹的保护

近30年来,茶文物和茶文化古迹不断被发掘并得到保护。在福建建瓯发现了记载宋代"北苑贡茶"的摩崖石刻;在浙江长兴顾渚山发现了唐代贡茶院遗址、金沙泉遗址及唐时的茶事摩崖石刻;在陕西扶风法门寺地宫出土了一套唐代宫廷金银茶具;在云南西双版纳的寺院发现了用傣文写就的《茶事贝叶经》;在云南南部考证滇藏茶马古道时,发现了许多与茶相关的古代茶事文物,并在滇南原始森林深处发现了大片的野生茶树部落;在河北宣化的几座古墓道中发现了大量辽代饮茶壁画和数量不等的辽代茶具。

---

① 陈宗懋.中国茶叶大辞典[M].北京:中国轻工业出版社,2001.

十、民族茶文化异彩纷呈

中国有 55 个少数民族,由于所处的地理环境、历史文化以及生活风俗的不同,形成了不同的饮茶风俗,如藏族的酥油茶、回族的刮碗茶、维吾尔族的香茶、白族的三道茶等等。少数民族较集中的省(自治区)成立了茶文化协会。中国茶叶流通协会、中国国际茶文化研究会和云南省思茅市(2007 年更名为普洱市)人民政府联合举办了三届全国民族茶艺大赛,民族茶文化异彩纷呈。

小结

我国是茶的原产地,亦是世界饮茶文化的起源地。陆羽在《茶经》中指出:"茶之为饮,发乎神农氏,闻于鲁周公。"在漫长的历史岁月中,我国的茶文化发展史大致经历了以下 5 个阶段:秦代以前——萌芽时期,是我国发现和利用茶的初始阶段;秦汉南北朝——发展时期,这一时期我国茶叶的栽培区域逐渐扩大,并向东转移,茶叶亦成为商品向全国各地传播,且作为药物、饮料、贡品、祭品等被广泛应用;唐宋——兴盛时期,该时期我国栽茶规模和范围不断扩大,生产贸易中心转移到长江下游的浙江、福建一带,饮茶风气在全国普及,有关茶书著作相继问世;明清——鼎盛时期,这一时期散茶兴起,茶文化走向民间;1978 年后——复兴时期,茶文化重迈历史舞台,中国茶业再现辉煌。我国茶文化作为博大精深的中华文化的一个重要分支,对促进社会进步起到了巨大的作用。

思考题

1. 《茶经》的作者是谁?《茶经》的诞生对我国的茶业发展有何意义?
2. "斗茶"的习俗萌芽于哪个朝代?兴盛于哪个朝代?

第四章 中国茶艺

茶艺,是指如何泡好一壶茶的技术和如何享受一杯茶的艺术。日常生活中,虽然人人都能泡茶、喝茶,但要真正泡好茶、喝好茶却并非易事。泡好一壶茶和享受一杯茶也要涉及广泛的内容,如识茶、选茶、泡茶、品茶、茶叶经营、茶文化、茶艺美学等。因此,泡茶、喝茶是一项技艺,也是一门艺术。泡茶可以因时、因地、因人的不同而有不同的方法。泡茶时涉及茶、水、茶具、时间、环境等因素,把握这些因素之间的关系是泡好茶的关键。

第一节 茶的冲泡与品饮

一、茶的冲泡

茶叶中的化学成分是组成茶叶色、香、味的物质基础,其中多数能在冲泡过程中溶解于水,从而形成了茶汤的色泽、香气和滋味。

泡茶时,应根据不同茶类的特点,调整水的温度、浸润时间和茶叶用量,从而使茶的香味、色泽、滋味得以充分地发挥。

综合起来,泡好一壶茶,主要有四大因素:第一是茶水比例,第二是泡茶水温,第三是浸泡时间,第四是冲泡次数。

(一) 茶的品质

茶叶中各种物质在沸水中浸出的快慢,与茶叶的老嫩和加工方法有关。氨基酸具有鲜爽的性质,因此,茶叶中氨基酸含量多少直接影响着茶汤的鲜爽度。名优绿茶滋味之所以鲜爽、甘醇,主要是因为氨基酸的含量高和茶多酚的含量低。夏茶氨基酸的含量低而茶多酚的含量高,所以茶味苦涩,故有"春茶鲜、夏茶苦"的谚语。

(二) 茶水比例

茶叶用量应根据不同的茶具、不同的茶叶等级而有所区别。一般而言,水多茶少,滋味淡薄;茶多水少,茶汤苦涩不爽。因此,细嫩的茶叶,用量要少;较粗的茶叶,用量可多些。普通的红茶、绿茶类(包括花茶),可掌握在 1 克茶冲泡 50～60 毫升水。如果是 200 毫升的杯(壶),那么,放上 3 克左右的茶,冲水至七八成满,就成了一杯浓淡适宜的茶汤。若饮用云南普洱茶,则需放茶叶 5～8 克。乌龙茶因适宜浓饮,注重品味和闻香,故要汤少味浓,用茶量以茶叶与茶壶比例来确定,投茶量大致是茶壶容积的 1/3～1/2。在广东潮汕地区,投茶量达到茶壶容积的 1/2～2/3。

茶、水的用量,还与饮茶者的年龄、性别有关。大致说来,中老年人比年轻人饮茶要浓,男性比女性饮茶要浓。如果饮茶者是老茶客或是体力劳动者,一般可以适量加大茶量;如果饮茶者是新茶客或是脑力劳动者,可以适量少放一些茶叶。

一般来说,茶不可泡得太浓,因为浓茶有损胃气,对脾胃虚寒者更甚。茶叶中含有鞣酸,太浓太多可收缩消化黏膜,妨碍胃吸收,引起便秘和牙黄。古人谓饮茶"宁淡勿浓"是有一定道理的。同时,太浓的茶汤和太淡的茶汤都不易体会出茶香嫩的味道。

(三)冲泡水温

据测定,用 60 ℃ 的开水冲泡茶叶与等量 100 ℃ 的水冲泡茶叶相比,在时间和用茶量相同的情况下,前者茶汤中的茶汁浸出物含量只有后者的 45%～65%。这就是说,冲泡茶的水温高,茶汁就容易浸出;冲泡茶的水温低,茶汁浸出速度慢。"冷水泡茶慢慢浓",说的就是这个意思。

泡茶的茶水一般以沸水为好,而冲泡绿茶的水温约 85 ℃。滚开的沸水会破坏维生素 C 等成分,而咖啡碱、茶多酚很快浸出,会使茶味变得苦涩;水温过低则茶叶浮而不沉,内含的有效成分浸泡不出来,茶汤滋味寡淡,不香不醇,淡而无味。

泡茶水温的高低,还与茶的老嫩、松紧、大小有关。大致说来,茶叶原料粗老、紧实、整叶者,要比茶叶原料细嫩、松散、碎叶者,茶汁浸出要慢得多,所以,冲泡水温要高。

水温的高低,还与冲泡的品种花色有关。具体说来,高级细嫩名茶,特别是高档名绿茶,开香时水温为 95 ℃,冲泡时水温为 80 ℃～85 ℃。只有这样泡出来的茶汤色清澈不浑,香气纯正而不杂,滋味鲜爽而不熟,叶底明亮而不暗,使人饮之可口,视之动情。如果水温过高,汤色就会变黄;茶芽因"泡熟"而不能直立,失去观赏性;维生素遭到大量破坏,降低营养价值;咖啡碱、茶多酚很快浸出,又使茶汤产生苦涩味,这就是茶人常说的把茶"烫熟"了。反之,如果水温过低,则渗透性较低,茶叶往往浮在表面,茶中的有效成分难以浸出,结果茶味淡薄,同样会降低饮茶的功效。大宗红、绿茶和花茶,由于茶叶原料老嫩适中,故可用 90 ℃ 左右的开水冲泡。冲泡乌龙茶、普洱茶和沱茶等特种茶,由于原料并不细嫩,加之用茶量较大,所以,需用刚沸腾的 100 ℃ 开水冲泡。特别是乌龙茶,为了保持和提高水温,要在冲泡前用滚开水烫热茶具;冲泡后用滚开水淋壶加温,目的是增加温度,使茶香充分发挥出来。

至于边疆兄弟民族喝的紧压茶,要先将茶捣碎成小块,再放入壶或锅内煎煮后,才供人们饮用。判断水的温度可先用温度计和定时器测量,等掌握之后就可凭经验来断定了。当然,所有的泡茶用水都得煮开,以自然降温的方式来达到控温的效果。

(四) 冲泡时间

茶叶冲泡时间差异很大,与茶叶种类、泡茶水温、用茶数量和饮茶习惯等都有关。

如用茶杯泡饮普通红、绿茶,每杯放干茶 3 克左右,用沸水 150～200 毫升,冲泡时宜加杯盖,避免茶香散失,时间 3～5 分钟为宜。时间太短,茶汤色浅淡;茶泡久了,增加茶汤涩味,香味还易丧失。不过,新采制的绿茶可冲水不加杯盖,这样汤色更艳。另外,用茶量多的,冲泡时间宜短,反之则宜长;质量好的茶,冲泡时间宜短,反之宜长。茶的滋味,是随着时间延长而逐渐增浓的。据测定,用沸水泡茶,首先浸出的是咖啡碱、维生素、氨基酸等,大约到 3 分钟时前述物质含量较高。这时饮起来,茶汤有鲜爽醇和之感,但缺少饮茶者需要的刺激味。以后,随着时间的延续,茶多酚浸出物含量逐渐增加。因此,为了获取一杯鲜爽甘醇的茶汤,对大宗红、绿茶而言,头泡茶以冲泡后 3 分钟左右饮用为好,若想再饮,到杯中剩有 1/3 茶汤时,再续开水,以此类推。

对于注重香气的乌龙茶、花茶,泡茶时,为了不使茶香散失,不但需要加盖,而且冲泡时间不宜长,通常 2～3 分钟即可。由于泡乌龙茶时用茶量较大,因此,第一泡 1 分钟就可将茶汤倾入杯中,自第二泡开始,每次应比前一泡增加 15 秒左右,这样就使茶汤浓度不会相差太大。

白茶冲泡时,要求沸水的温度在 70℃ 左右,一般是 4～5 分钟后浮在水面的茶叶才开始徐徐下沉,这时,品茶者应以欣赏为主,观茶形,察沉浮,从不同的茶姿、茶色中使自己的身心得到愉悦,一般到 10 分钟时方可品饮茶汤。否则,不但失去了品茶艺术的享受,而且饮起来淡而无味,这是因为白茶加工未经揉捻,细胞未曾破碎,茶汁很难浸出,以至浸泡时间需相对延长,同时只能重泡一次。

另外,冲泡时间还与茶叶老嫩和茶的形态有关。一般说来,凡原料较细嫩、茶叶松散的,冲泡时间可相对缩短;相反,原料较粗老、茶叶紧实的,冲泡时间可相对延长。

总之,冲泡时间的长短,最终还是以适合饮茶者的口味来确定为好。

(五) 冲泡次数

据测定,茶叶中各种有效成分的浸出率是不一样的,最容易浸出的是氨基酸和维生素C,其次是咖啡碱、茶多酚、可溶性糖等。一般茶冲泡第一次时,茶中的可溶性物质能浸出 50%～55%;冲泡第二次时,能浸出 30% 左右;冲泡第三次时,能浸出约 10%;冲泡第四次时,只能浸出 2%～3%,此时几乎是白开水了。所以,通常以冲泡三次为宜。

如饮用颗粒细小、揉捻充分的红碎茶和绿碎茶,由于这类茶的内含成分很容易被沸水浸出,一般都是冲泡一次就将茶渣滤去,不再重泡。速溶茶,也是采用一次冲泡法。

工夫红茶、条形绿茶(如眉茶、花茶)通常只能冲泡2～3次,而白茶和黄茶一般只能冲泡1次,最多2次。

品饮乌龙茶多用小型紫砂壶,在用茶量较多(约半壶)时,可连续冲泡4～6次,甚至更多。

(六)泡茶用水的选择

水为茶之母,器为茶之父。虎跑水,龙井茶,被称为杭州"双绝"。可见,用什么水泡茶,对茶的冲泡及效果起着十分重要的作用。

水是茶叶滋味和内含有益成分的载体,茶的色、香、味和各种营养保健物质都要溶于水后才能供人享用。而且水能直接影响茶质,清人张大复在《梅花草堂笔谈》中说:"茶情必发于水,八分之茶,遇十分之水,茶亦十分矣;八分之水,试十分之茶,茶只八分耳。"因此,好茶必须配以好水。

1. 古人对泡茶用水的看法

最早提出水标准的是宋徽宗赵佶,他在《大观茶论》中写道:"水以清、轻、甘、冽为美。轻甘乃水之自然,独为难得。"后人在他提出的"清、轻、甘、冽"的基础上又增加了个"活"字。

古人大多选用天然的活水,如泉水、山溪水;无污染的雨水、雪水是其次;接着是清洁的江、河、湖、深井中的活水。唐代陆羽在《茶经》中指出:"其水,用山水上,江水中,井水下。其山水,拣乳泉石池漫流者上,其瀑涌湍漱勿食之。"用不同的水冲泡茶叶的结果是不一样的,只有佳茗配美泉才能体现出茶的真味。

2. 现代人对泡茶用水的看法

现代人认为,"清、轻、甘、冽、活"五项指标俱全的水才称得上宜茶美水。

其一,水质要清。水清则无杂、无色、透明、无沉淀物,最能显出茶的本色。

其二,水体要轻。北京玉泉山的玉泉水比重最轻,故被乾隆皇帝御封为"天下第一泉"。水的比重越大,说明溶解的矿物质越多。实验结果表明,当水中的低价铁超过 0.1 ppm 时,茶汤发暗,滋味变淡;铝含量超过 0.2 ppm 时,茶汤便有明显的苦涩味;钙离子达到 2 ppm 时茶汤带涩,而达到 4 ppm 时茶汤变苦;铅离子达到 1 ppm 时,茶汤味涩而苦,且有毒性。所以,水以轻为美。

其三,水味要甘。"凡水泉不甘,能损茶味。"所谓水甘,即一入口舌尖顷刻便会有甜滋滋的美妙感觉,咽下去后喉中也有甜爽的回味。用这样的水泡茶,自然会增茶之美味。

其四,水温要冽。冽即冷寒之意,因为寒冽之水多出于地层深处的泉脉之中,所受污染少,泡出的茶汤滋味纯正。

其五,水源要活。流水不腐,现代科学证明了在流动的活水中细菌不易繁殖,同时活水有自然净化作用,在活水中氧气和二氧化碳等气体的含量较高,泡出的茶汤特别鲜爽可口。

3. 我国饮用水的水质标准

感官指标:色度不超过 15 度,浑浊度不超过 5 度,不得有异味、臭味,不得含有肉眼可见物。

化学指标:pH 值为 6.5～8.5,总硬度不高于 25 度,铁不超过 0.3 毫克/升,锰不超过 0.1 毫克/升,铜不超过 1.0 毫克/升,锌不超过 1.0 毫克/升,挥发酚类不超过 0.002 毫克/升,阴离子合成洗涤剂不超过 0.3 毫克/升。

毒理指标:氟化物不超过 1.0 毫克/升,适宜浓度 0.5～1.0 毫克/升,氰化物不超过 0.05 毫克/升,砷不超过 0.05 毫克/升,镉不超过 0.01 毫克/升,铬(六价)不超过 0.05 毫克/升,铅不超过 0.05 毫克/升。

细菌指标:细菌总数不超过 100 个/毫升,大肠菌群不超过 3 个/升。

以上四个指标,主要是从饮用水最基本的安全和卫生方面考虑,作为泡茶用水,宜茶用水可分为天水、地水、再加工水三大类。再加工水即城市销售的"太空水""纯净水""蒸馏水"等。

(七)泡茶用水

1. 自来水

自来水是最常见的生活饮用水,其水源一般来自江河、湖泊,是属于加工处理后的天然水,为暂时硬水。因其含有用来消毒的氯气等,在水管中滞留较久,还含有较多的铁质,所以当水中的铁离子含量超过万分之五时,会使茶汤呈褐色,而氯化物与茶中的多酚类作用又会使茶汤表面形成一层"锈油",喝起来有苦涩味。所以,用自来水沏茶,最好用无污染的容器先贮存一天,待氯气散发后再煮沸沏茶,或者采用净水器将水净化,这样就可成为较好的沏茶用水。

2. 纯净水

纯净水是蒸馏水、太空水的合称,是一种安全无害的软水。纯净水是以符合生活饮用水卫生标准的水源,采用蒸馏法、电解法、逆渗透法及其他适当的加工方法制得,纯度很高,不含任何添加物,是可直接饮用的水。用纯净水泡茶,不仅因为净度好、透明度高而沏出的茶汤晶莹透彻,而且香气、滋味纯正,无异杂味,鲜醇爽口。市面上纯净水品牌很多,大多数都适宜泡茶,其效果还是相当不错的。

3. 矿泉水

我国对饮用天然矿泉水的定义是:从地下深处自然涌出的或经人工开发的、未受污染的地下矿泉水,含有一定量的矿物盐、微量元素或二氧化碳气体,在通常情况下其化学成分、流量、水温等动态指标在天然波动范围内相对稳定。矿泉水与纯净水相比,矿泉水含有丰富的锂、锶、锌、溴、碘、硒和偏硅酸等多种微量元素,饮用矿泉水有助于人体对这些微量元素的摄入,并调节机体的酸碱平衡,但饮用矿泉水应因人而异。由于矿泉水的产地不同,其所含微量元素和矿物质成分也不同,不少矿泉水含有较多的钙、镁、钠等金属离子,是永久性硬水,虽然水中含有丰富的营养物质,但用于泡茶效果并不佳。

4. 活性水

活性水,包括磁化水、矿化水、高氧水、离子水、自然回归水、生态水等品种。这些水均以自来水为水源,一般经过滤、精制、杀菌、消毒处理制成,具有特定的活性功能,并且有相应的渗透性、扩散性、溶解性、代谢性、排毒性、富氧化和营养性功效。由于各种活性水内含微量元素和矿物质成分各异,如果水质较硬,泡出的茶水质量较差;如果属于暂时硬水,泡出的茶水品质较好。

5. 净化水

通过净化器对自来水进行二次终端过滤处理,净化原理和处理工艺一般包括粗滤、活性炭吸附和薄膜过滤等三级系统,能有效地清除自来水管网中的红虫、铁锈、浮物等机械成分,降低浊度,达到国家饮用水卫生标准。但是,净水器中的粗滤装置要经常清洗,活性炭也要经常换新,时间一久,净水器内胆易堆积污物,繁殖细菌,形成二次污染。净化水易取得,是经济实惠的优质饮用水,用净化水泡茶其茶汤质量是相当不错的。

6. 天然水

天然水,包括江、湖、泉、井及雨水。用这些天然水泡茶,应注意根据水源、环境、气候等因素判断其洁净程度。对取自天然的水经过滤、臭氧化或其他消毒过程的简单净化处理,既保持了天然又达到了洁净,也属天然水之列。在天然水中,泉水是泡茶最理想的水。泉水杂质少、透明度高、污染少,虽属暂时硬水,但加热后呈酸性碳酸盐状态的矿物质被分解并释放出碳酸气,口感特别。泉水煮茶,甘冽清芬俱备。然而,由于各种泉水的含盐量及硬度有较大的差异,也并不是所有泉水都是优质的,有些泉水含有硫黄,不能饮用。江、河、湖水属地表水,含杂质较多,浑浊度较高,一般说来,沏茶难以取得较好的效果;但在远离人烟又是植被生长繁茂之地,污染物较少,这样的江、河、湖水仍不失为沏茶好水,如浙江桐庐的富春江水、淳安的千岛湖水、绍兴的鉴湖水就是例证。这正如唐代陆羽在《茶经》中所言:"其江水,取去人远者。"唐代白居易在诗中说"蜀茶寄到但惊新,渭水煎来始觉珍",言下之意是渭水煎茶很好;唐代李群玉曰"吴瓯湘水绿花",意思是湘水煎茶也不差;明代许次纾在《茶疏》中更进一步说,"黄河之水,来自天上。浊者土色,澄之即净,香味自发",意思是即使浊混的黄河水,如果经澄清处理,同样也能使茶汤香高味醇。这种情况,古代如此,现代也同样如此。

雪水和天落水,古人称为"天泉",尤其是雪水更为古人所推崇。唐代白居易的"扫雪煎香茗",宋代辛弃疾的"细写茶经煮茶雪",元代谢宗可的"夜扫寒英煮绿尘",清代曹雪芹的"扫将新雪及时烹",都是赞美用雪水沏茶的。

至于雨水,一般说来,因时而异:秋雨,天高气爽,空中灰尘少,水味"清冽",是雨水中上品;梅雨,天气沉闷,阴雨绵绵,水味"甘滑",较为逊色;夏雨,雷雨阵阵,飞沙走石,水味"走样",水质不净。但无论是雪水还是雨水,只要空气不被污染,与江、河、湖水相比,总是相对洁净的,是沏茶的好水。

井水属地下水,悬浮物含量少,透明度较高,但多为浅层地下水,特别是城市井水,易受周围环境污染,用来沏茶,有损茶味。所以,若能汲得活水井的水沏茶,同样也能泡得一杯好茶。现代工业的发展导致环境污染,已很少有洁净的天然水了,因此泡茶只能从实际出发,选用适当的水。

二、茶的品饮

(一)品饮要义

品茶,是一门综合艺术。茶叶没有绝对的好坏之分,完全要看个人喜欢哪种口味而定。也就是说,各种茶叶都有它的高级品和劣等货。茶中有高级的乌龙茶,也有劣等的乌龙茶;有上等的绿茶,也有下等的绿茶。所谓的好茶、坏茶,是就比较质量的等级和主观的喜恶来说的。

目前的品茶用茶,主要集中在两类:一是乌龙茶中的高级茶及其名丛,如铁观音、黄金桂、冻顶乌龙及武夷名丛、凤凰单丛等;二是以绿茶中的细嫩名茶为主,以及白茶、红茶、黄茶中的部分高档名茶。这些高档名茶,或色、香、味、形兼而有之,它们都在一个因子或某一个方面有独特的表现。一般说来,判断茶叶的好坏,可以从察看茶叶、嗅闻茶香、品尝茶味和分辨茶渣入手。

(二)观茶

观茶,即察看茶叶。察看茶叶,就是观赏干茶和茶叶开汤后的形状变化。所谓干茶,就是未冲泡的茶叶;所谓开汤,就是指干茶用开水冲泡出茶汤的内质来。

茶叶的外形随种类的不同而有各种形态,有扁形、针形、螺形、眉形、珠形、球形、半球形、片形、曲形、兰花形、雀舌形、菊花形、自然弯曲形等,各具优美的姿态。而茶叶开汤后,茶叶的形态会产生各种变化,或快或慢,及至展露原本的形态,令人赏心悦目。

观察干茶,要看干茶的干燥程度,如果有点回软,最好不要购买使用;另外,看茶叶的叶片是否整洁,如果有太多的叶梗、黄片、渣沫、杂质,则不是上等茶叶;然后,要看干茶的条索外形,条索是茶叶揉成的形态,什么茶都有它固定的形态规格,像龙井茶是剑片状,冻顶茶揉成半球形,铁观音茶紧结成球状,香片则切成细条或者碎条。不过,光是看干茶顶多只能看出30%,并不能马上看出是否好茶。

由于制作方法不同、茶树品种有别、采摘标准各异,因而茶叶的形状显得丰富多彩,特别是一些细嫩名茶,大多采用手工制作,形态更加五彩缤纷,千姿百态。

(1) 针形:外形圆直如针,如南京雨花茶、安化松针、君山银针、白毫银针等。

(2) 扁形:外形扁平挺直,如西湖龙井、茅山青峰、安吉白片等。

(3) 条索形:外形呈条状稍弯曲,如婺源茗眉、桂平西山茶、径山茶、庐山云雾等。

(4) 螺形:外形卷曲似螺,如洞庭碧螺春、临海蟠毫、普陀佛茶、井冈翠绿等。

(5) 兰花形:外形似兰,如太平猴魁、兰花茶等。

(6) 片形:外形呈片状,如六安瓜片、齐山名片等。

(7) 束形:外形成束,如江山绿牡丹、婺源墨菊等。

(8) 圆珠形:外形如珠,如泉岗辉白、涌溪火青等。

此外,还有半月形、卷曲形、单芽形等等。

(三) 察色

品茶观色,即观茶色、汤色和底色。

1. 茶色

茶叶依颜色分有绿茶、黄茶、白茶、青茶、红茶、黑茶六大类(指干茶)。由于茶的制作方法不同,其色泽是不同的,有红与绿、青与黄、白与黑之分。即使是同一种茶叶,采用相同的制作工艺,也会因茶树品种、生态环境、采摘季节的不同,色泽上存在一定的差异。例如:细嫩的高档绿茶,色泽有嫩绿、翠绿、绿润之分;高档红茶,色泽又有红艳明亮、乌润显红之别。而闽北武夷岩茶的青褐油润,闽南铁观音的砂绿油润,广东凤凰水仙的黄褐油润,台湾冻顶乌龙的深绿油润,都是高级乌龙茶中有代表性的色泽,也是鉴别乌龙茶质量优劣的重要标志。

2. 汤色

茶叶冲泡后,内含物质溶解在沸水中的溶液所呈现的色彩,称为汤色。因此,不同茶类其汤色会有明显区别,而且同一茶类中的不同花色品种、不同级别的茶叶也有一定差异。凡上乘的茶品,都汤色明亮,有光泽。具体说来,绿茶汤色浅绿或黄绿,清而不浊,明亮澄澈;红茶汤色乌黑油润,若在茶汤周边形成一圈金黄色的油环,俗称金圈,更属上品;乌龙茶则以青褐光润为好;白茶,汤色微黄,黄中显绿,并有光亮。

将适量茶叶放在玻璃杯中,或者在透明的容器里用热水一冲,茶叶就会慢慢舒展开。通常可以同时冲泡几杯来比较不同茶叶的好坏,其中,舒展顺利、茶汁分泌最旺盛、茶叶身段最柔软飘逸的茶叶是最好的。观察茶汤要快要及时,因为茶多酚类溶解在热水中后与空气接触很容易呈氧化色,如绿茶的汤色氧化即变黄、红茶的汤色氧化变暗等。冲泡时间拖延过久,会使茶汤浑汤而沉淀,红茶则在茶汤温度降至 20 ℃以下后常发生凝乳混汤现象,俗称"冷后浑",这是红茶色素和咖啡碱结合产生黄浆状不溶物的结果。冷后浑出现早且呈粉红色者,是茶味浓、汤色艳的表征;冷后浑呈暗褐色,是茶味钝、汤色暗的表征。

茶汤的颜色,也会因为发酵程度的不同,以及焙火轻重的差别,而呈现深浅不一的颜色。但有一个共同的原则,不管颜色深或浅,一定不能浑浊、灰暗,清澈透明才是好茶汤应该具备的条件。

一般情况下,随着汤温的下降,汤色会逐渐变深。在相同的温度和时间内,红茶汤色变化大于绿茶,大叶种大于小叶种,嫩茶大于老茶,新茶大于陈茶。茶汤的颜色,以冲泡滤出后10分钟以内来观察,较能代表茶的原有汤色。不过千万要记住,在做比较的时候,一定要拿同一种类的茶叶做比较。

3. 底色

所谓底色,就是欣赏茶叶经冲泡去汤后留下的叶底色泽。除看叶底显现的色彩外,还可观察叶底的老嫩、光糙、匀净等。

(四) 赏姿

茶在冲泡过程中,经吸水浸润而舒展,或似春笋,或如雀舌,或若兰花,或像墨菊。与此同时,茶在吸水浸润过程中,还会因重力的作用,产生一种动感。太平猴魁舒展时,犹如一只机灵小猴,在水中上下翻动;君山银针舒展时,好似翠竹争阳,针针挺立;西湖龙井舒展时,活像春兰怒放。如此美景,真有茶不醉人自醉之感。

(五) 闻香

对于茶香的鉴赏一般要三闻。一是闻干茶的香气(干闻),二是闻开泡后充分显示出来的茶的本香(热闻),三是要闻茶香的持久性(冷闻)。

先闻干茶,干茶中有的清香、有的甜香、有的焦香,应在冲泡前进行,如绿茶应清新鲜爽,红茶应浓烈纯正,花茶应芬芳扑鼻,乌龙茶应馥郁清幽为好。如果茶香低而沉,带有焦、烟、酸、霉、陈或其他异味者为次品。将少许干茶放在器皿中,或直接抓一把茶叶放在手中,闻一闻干茶的清香、浓香、糖香,判断一下有无异味、杂味等。

闻香的方式,多采用湿闻,即将冲泡的茶叶按茶类不同经1~3分钟后将杯送至鼻端,闻茶汤面发出的茶香;若用有盖的杯泡茶,则可闻盖香和面香;若如台湾人冲泡乌龙茶用闻香杯作过渡盛器,还可闻杯香和面香。另外,随着茶汤温度的变化,茶香还有热闻、冷闻和温闻之分。热闻的重点是辨别香气的正常与否、香气的类型如何以及香气高低;冷闻则判断茶叶香气的持久度;而温闻重在鉴别茶香的雅与俗,即优与次。

一般来说,绿茶以有清香鲜爽感,甚至有果香、花香者为佳;红茶以有清香、花香为上,尤以香气浓烈、持久者为上乘;乌龙茶以具有浓郁的熟桃香者为好;而花茶则以清纯芬芳者为优。

透过玻璃杯只能看出茶叶表面的优劣,至于茶叶的香气、滋味并不能够完全体会,所以开汤泡一壶茶来仔细地品味是有必要的。茶泡好待茶汤倒出来后,可以趁热打开壶盖或端起茶杯闻闻茶汤的热香,判断一下茶汤的香型(如花香、果香、麦芽糖香),同时要判断有无烟味、油臭味、焦味或其他的异味。这样,可以判断出茶叶的新旧、发酵程度和焙火轻重。

在茶汤温度稍降后,即可品尝茶汤。这时,可以仔细辨别茶汤香味的清浊浓淡及闻闻中温茶的香气,更能认识其香气特质。等喝完茶汤、茶渣冷却之后,还可以回过头来欣赏茶渣的冷香,嗅闻茶杯的杯底香。如果劣等的茶叶,这个时候香气已经消失殆尽了。嗅香气的技巧很重要:在茶汤浸泡5分钟左右就应该开始嗅香气,最适合嗅茶叶香气的叶底温度为45 ℃~55 ℃,超过此温度时,会感到烫鼻;低于30 ℃时,茶香低沉,特别是染有烟气、木气等异气者,很容易随热气挥发而变得难以辨别。

嗅香气,应以左手握杯,靠近杯沿用鼻趁热轻嗅或深嗅杯中叶底发出的香气,也有将整个鼻部深入杯内,接近叶底以扩大接触香气面积,从而增加嗅感。为了正确判断茶叶香气的高低、长短、强弱、清浊及纯杂等,嗅时应重复一两次,但每次嗅时不宜过久,以免因嗅觉疲劳而失去灵敏感,一般是3秒左右。嗅茶香的过程是吸(1秒)—停(0.5秒)—吸(1秒),依照这样的方法嗅出的茶香是"高温香"。另外,可以在品味时嗅出茶的"中温香"。而在品味后,更可嗅茶的"低温香"或者"冷香"。好的茶叶,有持久的香气。只有香气较高且持久的茶叶,才有余香、冷香,也才会是好茶。

热闻的方法有三种:一是从氤氲的水汽中闻香,二是闻杯盖上的留香,三是用闻香杯慢慢地细闻杯底留香。安溪铁观音冲泡后,有一抹浓郁的天然花香;红茶具有甜香和果味香;绿茶则有清香;花茶除了茶香外,还有不同的天然花香。茶叶的香气,与所用原料的鲜嫩程度和制作技术的高下有关,原料越细嫩,所含芳香物质越多,香气也就越高。

冷闻,则在茶汤冷却后进行,这时可以闻到原来被茶中芳香物掩盖着的其他气味。

(六) 尝味

尝味,是指尝茶汤的滋味。茶汤滋味,是茶叶的甜、苦、涩、酸、辣、腥、鲜等多种呈味物质综合反映的结果。如果它们的数量和比例适合,就会变得鲜醇可口,回味无穷。茶汤的滋味以微苦中带甘为最佳。好茶喝起来甘醇浓稠,有活性,喝后喉头甘润的感觉持续很久。

一般认为,绿茶滋味鲜醇爽口,红茶滋味浓厚、强烈、鲜爽,乌龙茶滋味酽醇回甘,是上乘茶的重要标志。由于舌的不同部位对滋味的感觉不同,品尝滋味时,要使茶汤在舌头上循环滚动,才能正确而全面地分辨出茶味来。品味时,舌头的姿势要正确:把茶汤吸入嘴内后,舌尖顶住上层齿根,嘴唇微微张开,舌稍向上抬,使茶汤摊在舌的中部,再用腹部呼吸慢慢吸入空气,使茶汤在舌上微微滚动,连吸两次气后辨出滋味。若初感有苦味的茶汤,应抬高舌位,把茶汤压入舌根,进一步评定苦的程度。对有烟味的茶汤,应在茶汤入口后,闭合嘴巴,舌尖顶住上颚板,用鼻孔吸气,把口腔鼓大,使空气与茶汤充分接触后,再由鼻孔把气放出。这样重复两三次,对烟味的判别效果就会明确。

品味茶汤的温度以 40 ℃~50 ℃为最适合,如高于 70 ℃,味觉器官容易烫伤,进而影响正常的评味;低于 30 ℃时,味觉品评茶汤的灵敏度较差,且溶解于茶汤中与滋味有关的物质在汤温下降时逐渐被析出,汤味由协调变为不协调。

品味时,每一品茶汤的量以 5 毫升左右最适宜。过多时,感觉满嘴是汤,口中难以回旋辨味;过少时,会觉得嘴空,不利于辨别。每次在 3~4 秒内,将 5 毫升的茶汤在舌中回旋 2 次,品味 3 次即可,也就是一杯 15 毫升的茶汤分 3 次喝,就是"品"的过程。

品味要自然,速度不能快,也不宜大力吸啜,以免茶汤从齿隙进入口腔,使齿间的食物残渣被吸入口腔与茶汤混合而增加异味。品味,主要是品茶的浓淡、强弱、爽涩、鲜滞、纯异等。为了真正品出茶的本味,在品茶前最好不要吃会强烈刺激味觉的食物,如辣椒、葱蒜、糖果等;也不宜吸烟,以保持味觉与嗅觉的灵敏度。喝下茶汤后,喉咙感觉应软甜、甘滑,有韵味,齿颊留香,回味无穷。

(七) 各类茶的品饮

茶类不同,其质量特性各不相同。因此,不同的茶,品的侧重点不一样,由此导致品茶方法上也有所不同。

1. 高级细嫩绿茶的品饮

高级细嫩绿茶,色、香、味、形都别具一格,讨人喜爱。品茶时,先透过晶莹清亮的茶汤,观赏茶的沉浮、舒展和姿态;再察看茶汁的浸出、渗透,以及汤色的变幻;然后端起茶杯,先闻其香,再呷上一口,含在口中,慢慢在口舌间来回旋动,如此往复品赏。

2. 乌龙茶的品饮

重在闻香和尝味,不重品形。在茶事活动中,有闻香重于品味的,如我国台湾地区;也有品味更重于闻香的,如东南亚一带。潮汕一带强调热品,即洒茶入杯,以拇指和食指按杯沿,中指抵杯底,慢慢由远及近,使杯沿接唇,杯面迎鼻,先闻其香,而后将茶汤含在口中回旋,徐徐品饮其味,通常三小口见杯底,再嗅留存于杯中茶香。台湾地区采用温品,更侧重于闻香,品饮时先将壶中茶汤趁热倾入公道杯,而后分注于闻香杯中,再一一倾入对应的小杯内,而闻香杯内壁留存的茶香正是人们品乌龙茶的精髓所在;品啜时,先将闻香杯置于双手手心间,使闻香杯口对准鼻孔,再用双手慢慢来回搓动闻香杯,使杯中香气尽可能得到最大程度的享用;至于啜茶方式,与潮汕地区并无多大差异。

3. 红茶的品饮

红茶,人称"迷人之茶",不仅由于其色泽红艳油润、滋味甘甜可口,还因为品饮红茶除清饮外还可以调饮:酸的如柠檬,辛的如肉桂,甜的如砂糖,润的如奶酪。

品饮红茶重在领略它的香气、汤色和滋味,所以,通常多采用壶泡后再分洒入杯。品饮时,先闻其香,再观其色,然后尝味。饮红茶,须在"品"字上下功夫,缓缓斟饮,细细品味,方可获得品饮红茶的真趣。

4. 花茶的品饮

花茶,融茶之味与花之香于一体,构成茶汤适口、香气芬芳的特有韵味,故而人称花茶是"诗一般的茶叶"。

花茶常用有盖的白瓷杯或盖碗冲泡,高级细嫩花茶也可以用玻璃杯冲泡。高级花茶一经冲泡后,可立即观赏茶在水中的飘舞、沉浮、展姿,以及茶汁的渗出和茶汤色泽的变幻。当冲泡2~3分钟后,即可闻香。茶汤稍凉适口时,喝少许茶汤在口中停留,以口吸气、鼻呼气相结合的方法,使茶汤在舌面来回流动,口尝茶味和余香。

5. 细嫩白茶与黄茶的品饮

白茶属轻微发酵茶,制作时通常将鲜叶经萎凋后直接烘干而成,所以,汤色和滋味均较清淡。黄茶的质量特点是黄汤黄叶,制作时通常须经揉捻,因此,茶汁很难浸出。

由于白茶和黄茶特别是白茶中的白毫银针、黄茶中的君山银针具有极高的欣赏价值,所以两者都是以观赏为主的茶品。当然,悠悠的清雅茶香,淡淡的澄黄茶色,微微的甘醇滋味,也是品赏的重要内容。因此,在品饮前可先观干茶,或似银针落盘,或如松针铺地;再用直筒无花纹的玻璃杯以80℃左右的开水冲泡,观赏茶芽在杯水中上下浮沉、耸直林立的过程;接着,闻香观色;最后,通常要在冲泡后10分钟左右开始尝味。这些茶特重观赏,所以其品饮的方法带有一定的特殊性。

第二节 茶艺的分类

目前,文化界对茶艺的分类比较混乱,有以品饮群体为主体而分为宫廷茶艺、文士茶艺、宗教茶艺、民俗茶艺等,有以茶类为主体分为乌龙茶艺、绿茶茶艺、红茶茶艺、花茶茶艺等,还有以地区划分为某地茶艺,甚至还有以个人命名的某氏茶艺(道),不一而足。

如果我们承认茶艺就是茶的冲泡技艺和品饮艺术的话,那么以冲泡方式作为分类标准应该是较为科学的。考察中国的饮茶历史,茶的饮法有煮、煎、点、泡四类,形成艺的有煎法、点法、泡法。依艺而言,中国茶道先后产生了煎道、点道、泡道三种形式。

茶艺的分类标准首先应依据习法,茶道亦如此。依习法,中国古代形成了煎道(艺)、点道(艺)、泡道(艺)。日本在吸收中国茶道的基础上结合民族文化形成了"抹道""煎道"两大类,两类均流传至今,且流派众多。但中国的煎道(艺)亡于南宋中期,点道(艺)亡于明朝后期,仅有形成于明朝中期的泡道(艺)流传至今。从历史上看,中华茶艺则有煎艺、点艺、泡艺三大类。

在泡艺中,又因使用泡茶器具的不同而分为壶泡法和杯泡法两大类。壶泡法是在壶中泡,然后分斟到杯(盏)中饮用;杯泡法是直接在杯(盏)中泡并饮用,明代人称之为"撮泡",即撮入杯而泡。清代以来,从壶泡法茶艺又分化出专属冲泡青茶的工夫茶艺,杯泡法茶艺又可细分为盖杯泡法茶艺和玻璃杯泡法茶艺。工夫茶艺原特指冲泡青茶的茶艺,当代人又借鉴工夫茶具和泡法来冲泡非青类的,故另称之为"工夫法茶艺",以与"工夫茶艺"相区别。这样,泡艺可分为工夫茶艺、壶泡茶艺、盖杯泡茶艺、玻璃杯泡茶艺、工夫法茶艺五类。若算上少数民族和某些地方的茶饮习俗——民俗茶艺,则当代茶艺可分为工夫茶艺、壶泡茶艺、盖杯泡茶艺、玻璃杯泡茶艺、工夫法茶艺、民俗茶艺六类。民俗茶艺的情况特殊,方法不一,多属调饮,实难作为一类,这里姑且将其单列。

在当代的六类茶艺中,工夫茶艺又可分为武夷工夫茶艺、武夷变式工夫茶艺、台湾工夫茶艺、台湾变式工夫茶艺。武夷工夫茶艺是指源于武夷山的青茶小壶单杯泡法茶艺,武夷变式茶艺是指用盖杯代替壶的单杯泡法茶艺,台湾工夫茶艺是指小壶双杯泡法茶艺,台湾变式工夫茶艺是指用盖杯代替壶的双杯泡法茶艺。壶泡茶艺又可分为绿茶壶泡茶艺、红茶壶泡茶艺等;盖杯泡茶艺又可分为绿茶盖杯泡茶艺、红茶盖杯泡茶艺、花茶盖杯泡茶艺等;玻璃杯泡茶艺又可分为绿茶玻璃杯泡茶艺、黄茶玻璃杯泡艺等;工夫法茶艺又可分为绿茶工夫法茶艺、红茶工夫法茶艺、花茶工夫法茶艺等;民俗茶艺则有四川的盖碗、江浙的薰豆、江西修水的菊花、云南白族的三道等。中国茶艺的分类,如图4-1所示。

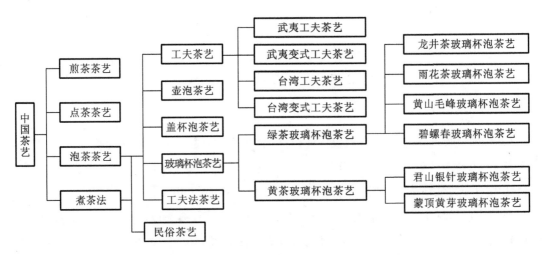

图4-1 中国茶艺分类

中国茶艺千姿百态,异彩纷呈,成为中华文明花园中的一支奇葩。茶艺作为冲泡一壶茶的技艺和品赏茶的艺术,其过程体现了形式和精神的相互统一,是饮茶活动中形成的文化现象。它起源久远,文化底蕴深厚,与宗教结缘。茶艺包括备茶具、选茗、择水、烹茶技术、茶席设计等一系列内容。茶艺背景是衬托主题思想的重要手段,它渲染茶性清纯、幽雅、质朴的气质,以增强艺术感染力。不同风格的茶艺有不同的背景要求,只有选对了背景才能更好地领会茶的滋味。根据茶叶、产地、冲泡方式等不同标准,可以分为以下几类。

一、按茶叶分类

按茶叶类别分类,茶艺可以分为以下六种。

(1) 绿茶茶艺,如龙井茶艺、碧螺春茶艺。

(2) 红茶茶艺,如小种工夫茶艺、宁红茶艺。

(3) 乌龙茶茶艺,如武夷大红袍茶艺、铁观音茶艺。

(4) 白茶茶艺,如福鼎白茶茶艺、政和白牡丹茶艺。

(5) 黄茶茶艺,如蒙顶黄芽茶茶艺。

(6) 黑茶茶艺,如云南普洱茶茶艺、湖南黑茶茶艺。

二、按地域分类

每一种茶艺所在地不同,茶艺表演内容、待客形式都会体现地方差异。如广东潮汕工夫茶茶艺就不同于武夷山工夫茶茶艺和台湾冻顶乌龙茶茶艺;又如云南普洱茶艺又与湖南黑茶茶艺不同,表现了地方民族特点。

三、按冲泡方式分类

根据冲泡茶叶所用器具不同进行分类,可分为工夫茶茶艺、盖碗茶艺、玻璃杯茶艺。一般而言,乌龙茶适合用紫砂小壶冲泡,注重闻香、赏汤和小口细啜,慢慢品味,如武夷工夫茶茶艺、安溪铁观音茶艺、广东潮汕工夫茶茶艺等。绿茶、花茶、红茶适合用白瓷或青花瓷盖碗冲泡,这样才有利于鉴赏汤色、品尝滋味。

根据待客形式又可分为:待客型茶艺和表演型茶艺两类。待客型茶艺注重茶事服务和沟通,解说词形式自由、活泼、运用灵活;表演型茶艺注重舞台艺术效果和茶艺氛围的营造,表演要结合插花、挂画、焚香、点茶和音乐的手段来表现文化内涵,具有较强的观赏性。

四、按茶艺表现内涵分类

(一) 宫廷茶艺

宫廷茶艺是我国古代帝王为敬神祭祖或宴赐群臣进行的茶艺,比较有名的有:唐代的清明茶宴、唐玄宗与梅妃斗茶、唐德宗时期的唐宫廷茶艺,宋代皇帝游观赐茶、视学赐茶,以及清代的太后三道茶茶艺等。宫廷茶艺的特点是：场面宏大，礼仪烦琐，气氛庄严，茶具奢华，等级森严，带有政治色彩。

（二）文士茶艺

文士茶艺是在历代儒士们品茗斗茶的基础上发展起来的茶艺，比较有名的有：唐代吕温笔下的三月三茶宴，颜真卿等名士在月下啜茶联句，白居易的湖州茶山境会，以及宋代文人在斗茶活动中所用的点茶法、瀹茶法等。文士茶艺的特点是：文化内涵厚重，品茗时注重意境，茶具精巧典雅，表现形式多样，气氛轻松怡悦，常和清谈、赏花、玩月、抚琴、吟诗、联句、鉴赏古董字画等相结合，深得怡情悦心、修身养性之真趣。

（三）民俗茶艺

我国是一个有56个民族的大家庭，各民族对茶虽有共同的爱好，但却有着不同的品茶习俗。在长期的茶事实践中，不少地方的老百姓都创造出了有独特韵味的民俗茶艺，如藏族的酥油茶、蒙古族的奶茶、白族的三道茶、畲族的宝塔茶、布朗族的酸茶、土家族的擂茶、维吾尔族的香茶、纳西族的"龙虎斗"、苗族的油茶、回族的罐罐茶以及傣族和拉祜族的竹筒香茶等。民俗茶艺的特点是：表现形式多姿多彩，清饮调饮不拘一格，具有广泛的群众基础。

（四）宗教茶艺

我国的佛教和道教与茶结有深缘，僧人羽士们常以茶礼佛、以茶祭神、以茶助道、以茶待客、以茶修身，所以形成了多种茶艺形式，目前流传较广的有禅茶茶艺和太极茶艺等。宗教茶艺的特点是：特别讲究礼仪，气氛庄严肃穆，茶具古朴典雅，强调修身养性或以茶释道。

第三节　茶艺的要素

茶艺的分类多种多样，表演形式变化万千。总的来说，茶艺由六要素组成，即茶叶、择水、备器、环境、技艺、品饮，简称"茶艺六要素"。

一、茶叶

茶叶是茶艺的第一要素，只有选好茶叶后才能选择泡茶之水、茶具，才能确定冲泡的方式和品饮的要领。不同的时代，制茶、泡茶方法均不同，故判断茶叶品质的标准也有差异。

最早提到茶叶选择标准的是唐代陆羽《茶经·一之源》:"野者上,园者次。阳崖阴林,紫者上,绿者次。笋者上,牙者次。叶卷上,叶舒次。"陆羽认为,野生的茶叶比园中人工栽培的茶叶要好,生长在向阳阴林中的茶叶紫色的比绿色的要好,呈笋状的茶芽尖比普通的茶芽要好,叶子卷的比叶子张开的要好。宋代蔡襄在《茶录》中也提出了择茶的标准:"色,茶色贵白";"香,茶有真香";"味,茶味主于甘滑"。他第一次将色、香、味作为评判茶叶品质优劣的标准。而宋徽宗则将味摆在首位,他在《大观茶论》中说:"味,夫茶以为上。香甘重滑为味之全。""香,茶有真香,非龙麝可拟。……色,点茶之色,以纯白为上,青白为次,灰白次之,黄白又次之。"明代盛行散茶冲泡,与今相同。明代张源在《茶录》中主张:"香,茶有真香,有兰香,有清香,有纯香。""色,茶以青翠为胜。""味,味以甘润为上。"到清代,六大茶类均已产生,绿茶、黄茶、青茶、红茶、白茶、黑茶等品种齐全,品质优异,风味独特,各具风韵,各地饮茶方式呈多样化。例如:北方地区人们喜爱茉莉花茶、绿茶,长江流域人们喜爱绿茶,闽粤地区人们偏爱乌龙茶,云南和四川地区人们喜爱黑茶、红茶和绿茶,西北地区少数民族则喜爱砖茶,全国各地饮茶方式百花齐放。

二、择水

历来茶人重视择水。茶的色香味,都需要通过水来充分展现。最早提到饮茶用水的是西晋杜育的《荈赋》:"水则岷方之注,挹彼清流。"意思是烹茶使用的水来自岷山的涌流,汲取清澈的流水。唐代陆羽在《茶经》中说:"其水山水上,江水中,井水下。"宋代文人苏轼总结泡茶的经验说,泡茶用水应选甘甜的活水——山泉水。历代茶人还到处察水、评泉,其中对"天下第一泉"的判断都有差异:陆羽认为江西庐山康王谷谷帘泉水第一,唐代刘伯刍认为江苏镇江中泠泉天下第一,清代乾隆皇帝认为北京玉泉山玉泉为天下第一泉。宋徽宗总结饮茶用水的基本标准是清、轻、甘、冽、活,这与现代科学实验检测的天然饮用软水水质的标准是一致的。

三、备器

准备泡茶的器具,是品茗的前提。明代许次纾在《茶疏》中说:"茶滋于水,水藉乎器。"茶具在茶艺要素中占据重要地位,不仅是技术上的需要也是艺术上的需要,是茶艺审美的对象之一。最早提出茶具审美的是西晋的杜育,他在《荈赋》中写道:"器择陶简,出自东隅。"这里叙写的是四川地区饮茶的情形,选水用岷山的清流,茶具却选择浙江的青瓷,看中的不仅是实用功能,更是青瓷的器形和釉色。唐代陆羽认为,"越州瓷、岳瓷皆青,青则益茶",并将浙江越窑青瓷与北方邢窑白瓷对比,认为白瓷"类银、类雪"而青瓷"类玉、类冰",而唐代越窑出产的"秘色瓷"则专供皇宫饮茶使用。宋代盛行斗茶,讲究茶汤泡沫越白越好,福建建窑出产的黑釉兔毫盏在当时很受欢迎。明代江西景德镇生产的青白瓷茶具名扬海内外。清代的粉彩、青花瓷、斗彩盖碗茶具从选料、上釉到绘图要求越来越高，茶具已经具有很高的艺术审美价值。现代工业技术不断进步，茶具的种类也越来越繁多。一般说来，冲泡名优绿茶可选用透明无刻花玻璃杯或白瓷、青瓷、青瓷盖碗；花茶可选用青花瓷、青瓷、斗彩、粉彩盖碗；普洱茶、乌龙茶可选用紫砂壶和小品茗杯；黄茶可选用白瓷、黄釉瓷杯或盖碗；红茶可选用白瓷壶、白底红花瓷壶和盖碗；白茶可选用白瓷茶具。

四、环境

品茗环境自古以来要求宁静、高雅，可以选竹林野外，也可以选寺院、书斋或陋室。总体来说，品茗环境分为野外环境、室内环境和人文环境三类。野外环境追求的是天人合一的哲学思想，追求人与自然的和谐，借景抒情，寄情于山水间，试图远离尘世，淡忘功利，净化心灵；室内环境更适合文人雅客，可以根据自己喜好布置成书斋式或茶馆、茶亭式，在宋代市井中就出现了很多集曲、艺为一体的茶馆，客人可以一边饮茶一边欣赏窗外美景和室内戏曲，起到放松休闲的目的；人文环境多注重好友相聚，品茗论道，写诗、作画、赏景，达到沟通心灵、联系友谊、启迪智慧的目的。当今生活中，人们可以不拘泥于形式，或选择青山绿水、鸟语花香的春暖时节与家人好友一边品茗一边叙谈吟诗，尽情享受高雅的生活艺术。

五、技艺

冲泡的技艺直接影响到茶的色、香、味，是品茗艺术的关键环节。泡茶的技艺，主要看煮水和冲泡。唐代陆羽认为："其沸，如鱼目微有声为一沸。边缘如涌泉连珠为二沸。腾波鼓浪为三沸。已上水老，不可食也。"这是符合唐代煮茶的煮水要求的。煮水还应当用燃烧出火焰而无烟的炭火，其温度高，烧水最好。古人对水温很重视，如果水温太低，茶叶中的有效成分就不能及时浸出，滋味淡薄，汤色不美；如果水温太高，水中的CO_2散尽，会减弱茶汤的鲜爽度，汤色不明亮，滋味不醇厚。这些都与现代科学研究结果相符。一般来说，冲泡红茶、绿茶、花茶，可用85℃～90℃开水冲泡；如果是高级名优绿茶，则用80℃的开冲泡；如果是乌龙茶，则用100℃的开水冲泡为宜。一般茶叶与水的比例是1∶50。

六、品饮

品尝茶汤滋味是茶艺过程中的主要环节，是判断茶叶优劣的关键因素。品茗重在意境的追求，可视为艺术欣赏活动，要细细品啜，徐徐体察，从茶汤美妙的色、香、味得到审美愉悦，引发联想，抒发感情，慰藉心灵。一般而言，品茗分为观色、闻香、品味三个过程。

观色，主要观看茶汤的颜色和茶叶的形态。绿茶有浅绿、嫩绿、翠绿、杏绿、黄绿之分，以嫩绿、翠绿为上；红茶有红艳、红亮、深红之分，以红艳为好；黄茶有杏黄、橙黄之分；乌龙茶有金黄、橙黄、橙红之分。这都需要仔细判断、综合比较。

闻香,是嗅觉上判断茶叶品质的重要步骤。好的茶香自然、纯真、沁人心脾、令人陶醉,低劣的茶香则有焦烟、青草等杂味。根据温度和芳香物质散发的不同,可察觉清香、花香、果香、乳香、甜香等香气,令人心情愉快。例如,乌龙茶属花香型,可以散发不同的香气,分为清花香和甜花香,其中,清花香有兰花香、栀子香、珠兰花香、米兰花香等,甜花香有玉兰花香、桂花香、玫瑰花香、紫罗兰香等。

品味,即观色、闻香后再品其味。茶汤的滋味也是复杂多样的。茶叶中对味觉起主要作用的是茶多酚、氨基酸,不同条件下这些物质含量比例呈现变化,表现出不同的滋味。因此,茶汤入口后不要急急咽下而是吸气,在口腔中稍作停留,使茶汤充分与味蕾接触,感受茶汤的酸、甜、咸、苦、涩等味,充分辨别茶汤的滋味特征并享受回味。一般来说,绿茶的滋味以鲜爽甘醇为主,红茶的滋味以甘醇浓厚为主,乌龙茶的滋味以浓醇厚重为主,陈茶还带有陈甜味。

第四节 茶艺表演

茶艺是泡茶和品茗的艺术,分为待客型与表演型两大类。待客型茶艺侧重于与宾客交流,鉴赏茶叶的品质。表演型茶艺讲究舞台艺术效果和茶艺的文化氛围,旨在通过茶艺表演的环境布置、音乐选择、服装、器具、解说词、焚香、挂画、插花等舞台艺术,展现人之美、器之美、茶之美、水之美、境之美和艺之美。只有各种因素都围绕主题和谐地组合,才能收到良好的效果。鉴赏茶艺,主要包括以下四个基本要点。

一看是否"顺和茶性"。通俗地说,就是按照这套程序来操作,是否能把茶叶的内质发挥得淋漓尽致,泡出一壶最可口的好茶来。各类茶的茶性(如粗细程度、老嫩程度、发酵程度、火功水平等)各不相同,所以泡不同的茶时所选用的器皿、水温、投茶方式、冲泡时间等也应不相同。表演茶艺,如果不能把茶的色、香、味充分地展示出来,如果泡不出一壶真正的好茶,就算不得好茶艺。例如:冲泡名优绿茶需要 80 ℃的水温,在绿茶茶艺表演中就有一道程序来表现冲泡技艺的科学性,通过凉汤使水温合适,不会造成熟汤失味。

二看是否"符合茶道"。通俗地说,就是看这套茶艺是否符合茶道所倡导的"精行俭德"的人文精神,以及"和静怡真"的基本理念。茶艺表演既要以道释艺又要以艺示道:以道释艺,就是以茶道的基本理论为指导编排茶艺的程序;以艺示道,就是通过茶艺表演来表达和弘扬茶道的精神。如在武夷工夫茶茶艺表演程序中,就有几道反映茶道追求真善美的表演设计,"母子相哺,再注甘露"反映的是人间亲情,"龙凤呈祥"反映的是爱情,"君子之交,水清味美"反映的是淡如水的友情,茶艺表演的十八道程序里充满了浓浓的真情。

三看是否科学卫生。目前,我国流传较广的茶艺多是在传统的民俗茶艺的基础上整理出来的。其中,有个别程序按照现代的眼光去看是不科学、不卫生的。有些茶艺的洗杯程序是把整个杯放在一小碗里洗,甚至是杯套杯洗,这样会使杯外的脏物粘到杯内,越洗越脏。对于传统民俗茶艺中不够科学、不够卫生的程序,在发掘整理时应当扬弃。

四看文化品位。主要是指各个程序的名称和解说词应当具有较高的文学水平,解说词的内容应当生动、准确,有知识性和趣味性,应能够艺术地介绍出所冲泡的茶叶的特点及历史。如武夷工夫茶茶艺表演程序,就借用了武夷山风景区九曲溪畔的一处摩崖石刻"重洗仙颜",来衬托富有修炼得道的道教文化的茶艺内涵,让茶艺与景致相互辉映,相得益彰。再如禅茶茶艺中"达摩面壁""佛祖拈花""普度众生"等程序,在茶艺表演的同时给人佛教教义和典故的洗礼,含义隽永,意味深长。

茶艺表演,按内容风格可分为文士茶艺、宫廷茶艺、民俗茶艺、禅茶茶艺等。各地可根据地方文化特色编排茶艺表演,从舞台背景、音乐、演员、道具、色调、讲解、服装、程序等方面综合表现茶文化的博大精深。如绿茶茶艺表演程序:焚香除妄念→冰心去凡尘→玉壶养太和→清宫迎佳人→甘露润莲心→凤凰三点头→碧玉沉清江→观音捧玉瓶→春波展旗枪→慧心闻茶香→淡中品至味→自斟乐无穷。无论是程序编排还是道具选择,内涵的解读都让人能全身心投入到感受绿茶那清雅质朴的茶韵之中,其乐无穷,将品茶生活升华为人与自然、人与人、人与社会身心交汇的艺术境界。

茶艺表演源于生活,更高于生活。它既是寻常百姓饮茶风俗的反映,又将饮茶与歌舞、诗画等融为一体,使饮茶方式艺术化而更具有观赏性,使人们从中得到艺术享受。如浙江德清向来有用咸茶敬客的风俗,咸味茶用橘子皮、烘青豆、芝麻、豆腐干、笋干等地方特产与茶一起冲泡而成,当地凡女儿出嫁、走亲访友必饮此茶,这种茶俗已成为当地的特色茶艺。再如云南白族同胞有饮用"三道茶"的习俗,将茶冲泡成一苦(沱茶原味)、二甜(加入白糖、清茶)、三回味(加入生姜、花椒、蜂蜜)茶奉给宾客,颇有民族特色。"三道茶"配上富含哲理的解说词和优美的乐曲,表演者身穿白族服装按客来敬茶的习俗与宾客品茶。观赏"三道茶"的茶艺表演,不仅可以领略独特的民俗茶艺、观赏优美的冲泡技艺,还能从中领悟人生"一苦、二甜、三回味"的深刻哲理,深受各地游客喜爱。

茶艺表演是生活的艺术,是艺术的生活,以茶示礼、以茶载道、以茶养廉、以茶明志是茶艺表演不变的主题,可以根据各地习俗、社会风尚并结合冲泡技艺不断创新,使之富有个性。

第五节　中国工夫茶

工夫茶流行于闽粤台一带,是中国茶道的一朵奇葩。工夫茶既是茶叶名,又是茶艺名。工夫茶的定义有一个演变发展的过程,起初指的是武夷岩茶,后被认为是武夷岩茶(青茶)泡饮法,现在泛指青茶泡饮法。

一、工夫茶源于武夷茶

工夫茶源于武夷茶,是武夷岩茶的上品,其史料根据有清代彭光斗的《闽琐记》、袁枚的《随园食单》、梁章钜的《归田琐记》、施鸿保的《闽杂记》、徐珂的《清稗类钞》、连横的《雅堂文集》等。关于工夫茶,不少学者、专家都做过探究,其中有庄晚芳的《中国茶史散论·乌龙茶史话》、姚月明的《武夷岩茶——姚月明论文集》、张天福等的《福建乌龙茶》、庄任的《闲话武夷茶、工夫、小种》、谢继东的《乌龙茶和工夫茶艺的历史浅探》、林长华的《闲来细品工夫茶》和曾楚楠的《潮州工夫茶刍探》等研究成果。[①]

(一) 从武夷茶到武夷岩茶[②]

研究武夷岩茶的始源,首先要明确武夷茶和武夷岩茶是两个不同范畴的概念。

武夷岩茶专家姚月明先生曾认为,在明末清初以前,武夷之茶只能称武夷茶而不能称武夷岩茶,因为两者有根本区别:前者是从古至今所有生长在武夷山地区的茶叶的总称,包括蒸青团饼茶、炒青散茶,以及小种红茶、龙须茶、莲心诸茶;后者是专指乌龙茶(青茶)类,即在武夷生产加工的半发酵茶。

其实,早在20世纪80年代,著名茶学专家陈椽教授在《中国名茶研究选集》中便指出:"目前,茶业学术界,有人把武夷茶与武夷岩茶划等号,甚至说驰名国际茶叶市场的星村正山小种称武夷茶,也是属武夷岩茶。是不知武夷岩茶是武夷茶的内涵,而武夷茶是武夷岩茶的外延。有人认为历史记载,武夷茶就是武夷岩茶的创始年代,把正山小种创始年代抛在武夷岩茶之后。这是不实事求是,与国内外的茶业历史不相容。当然,武夷山岩早于武夷茶,但是武夷山范围很广,不是所有茶树都是生长在岩上。所以历代称武夷茶不称武夷岩茶。"[③]陈

[①] 郭雅玲.工夫茶的由来与延伸的若干问题探讨[J].农业考古,2000(2):148-150.
[②] 陈椽.中国名茶研究选集[Z].安徽省科学技术委员会、安徽农学院(内部资料),1985.
[③] 吴怡仁.论武夷茶与武夷岩茶的涵义[J].农业考古,2007(5).

椽教授认为,讲茶文化的历史,要避免出现一种"竞古比早"的倾向,武夷茶不等同于武夷岩茶。武夷茶比武夷岩茶出现得更早,武夷岩茶是武夷茶的一部分。

循着中国茶类发展的轨迹,从中可以理解武夷茶与武夷岩茶的含义。

(1)唐宋元时期,武夷茶为蒸青绿团茶、蒸青散茶。

武夷山有茶可能是在唐朝末期或者更早,因为唐末五代人徐夤在《谢尚书惠蜡面茶》中写道:"武夷春暖月初圆,采摘新芽献地仙。"唐初,蒸青团茶是一种主要茶类。饮用时,加调味烹煮汤饮。随着茶事的兴旺,贡茶的出现加速了茶叶的栽培加工技术的发展,涌现了许多名茶如建州大团、方山露芽,武夷研膏、蜡面、晚甘侯已成为武夷茶之别称。

宋代诗文对武夷产茶有记录。宋代贡茶,首重建安北苑,次则壑源。武夷茶不入贡,名不显,但在北宋"亦有知之者"。宋代茶著,如蔡襄《茶录》、赵佶《大观茶论》诸书,均未提及武夷茶;但范仲淹《和章岷从事斗茶歌》诗有"溪边奇茗冠天下,武夷仙人从古栽",苏轼《荔枝叹》诗有"君不见,武夷溪边粟粒芽,前丁后蔡相宠加",其《凤咮砚铭》有"帝规武夷作茶囿"。在宋代,除保留传统的蒸青团茶以外,已有相当数量的蒸青散茶。《宋史·食货志》云:"茶有两类,曰片、曰散。"片茶即团饼茶,是将茶蒸后捣碎压饼片状,烘干后以片计数;散茶是蒸青后直接烘干,呈松散状。片茶主要是龙凤贡茶及白茶,花色品种繁多,半个世纪内创造了40多种名茶。宋代,武夷山已注意到名丛的培育,如石乳、铁罗汉、坠柳条等。另外,随着茶品日益丰富与品茶的深入研究,茶人逐渐重视茶叶原有的色香味,在建州茶区为了评比茶叶的品质,出现了"斗茶",建州人谓之"茗战",传统的烹饮习惯正是由宋代开始至明代出现巨大变化。

元代,团茶已开始逐渐淘汰。据宋末元初赵孟頫《御茶园记》记载:"武夷,仙山也。岩壑奇秀,灵芽茁焉。世称石乳,厥品不在北苑下。然以地啬其产,弗及贡。至元十四年,今浙江省平章高兴公,以戎事入闽。越二年,道出崇安。有以石乳饷者,公美芹恩献,谋始于冲佑道士,摘焙作贡。"可知,除武夷御茶园制龙团凤饼名"石乳"之外,散茶得到较快的发展。当时制成的散茶,因鲜叶老嫩程度不同而分两类,即芽茶和叶茶:芽茶由幼嫩芽叶制成,如当时武夷的探春、先春、次春、拣芽及紫笋都属芽茶;叶茶由较大的芽叶制成,如武夷雨前茶即是。

(2)明代,废团兴散,结束了单一的茶类,出现了五大茶类。武夷茶除蒸青散茶以外,还出现了炒青绿茶、正山小种红茶、黄茶、黑茶和白茶。

明代初年,朱元璋下诏罢贡团茶,于是散茶大兴。武夷山原产团饼茶,改制散茶后一时难以适应,茶产一度衰微,但不久又重新振作,武夷茶又成为明代绿茶中的名品。如许次纾的《茶疏》中写道:"江南之茶,唐人首重阳羡,宋人最重建州。于今贡茶,两地独多。阳羡仅有其名,建茶亦非最上,惟有武夷雨前最胜。"谢肇淛《五杂俎》记有:"今茶品之上者,松萝也,虎丘也,罗芥也,龙井也,阳羡也,天池也,而吾闽武夷、清源、鼓山三种可与角胜。"徐渭的《刻徐文长先生秘集》中列举了30种名茶:"罗芥、天池、松萝、顾渚、武夷、龙井……"此外,陈继儒的《太平清话》、吴拭的《武夷杂记》和罗廪的《茶解》等古籍中,也都提到武夷茶在明代是一种有名的茗品。洪武年间,武夷罢贡,团饼茶已较多改为散茶,烹茶方法由原来的煎煮为主逐渐向冲泡为主发展。茶叶以开水冲泡,然后细品缓啜,清正、袭人的茶香,甘洌、醇醇的茶叶,以及清澈、明亮的茶汤,更能使人领略茶之天然香味品性。

武夷山是红茶的故乡,红茶鼻祖——正山小种红茶出现于明末16世纪末17世纪初。《清代通史》是记录小种红茶的最早史料:"明末崇祯十三年红茶(有工夫茶、武夷茶、小种茶、白毫等)始由荷兰转至英伦。"这段记载,表明小种红茶的名称在明崇祯十三年(1640)前已出现。①

(3) 清代的武夷茶为青茶。

青茶创制于清代。青茶,也称乌龙茶,与绿茶、黄茶、黑茶、白茶、红茶并称为中国的六大茶类。青茶的制作,是六大茶类中最为考究的。武夷岩茶的制法是:采摘后摊放,即晒青后摇青;摇到散发出浓香就炒、焙、拣。乌龙茶的记证人王草堂在《茶说》中记载,武夷茶"采后以竹筐匀铺,架于风日中,名曰晒青,俟其青色渐收,然后再加炒焙。阳羡岕片,只蒸不炒,火焙以成。松萝龙井,皆炒而不焙,故其色纯也。独武夷炒焙兼施,烹出之时,半青半红,青者乃炒色,红者乃焙色也。茶采而摊,摊而搋(振动),香气发越即炒,过时、不及皆不可。既炒既焙,复拣去其老叶、枝蒂,使之一色。"

岩茶品质优异,出类拔萃,素以"岩骨花香"之名著称于世。当代乌龙茶专家张天福认为,武夷岩茶不仅品质超群,而且在中国乃至世界发展史上占有极其重要的地位。

武夷岩茶分岩茶与洲茶两类,洲茶又有莲子心、白毫(寿星眉)、凤尾、龙须等品种。洲茶品质远不及岩茶。清代崇安县令王梓在《茶考》中记载:"武夷山周回百二十里,皆可种茶。……茶性他产多寒,此性独温。其品为二:在山者为岩茶,上品;在地者为洲茶,次之。香清浊不同,且泡时岩茶汤白,洲茶汤红,以此为别。"由此可见,岩茶与洲茶的生长环境不同,香清浊不同,就是汤色也不一样,岩茶汤白,而洲茶汤红。

武夷岩茶是各品种武夷山乌龙茶的统称。岩茶,顾名思义,即在岩罅隙地上生长的茶。武夷岩茶品质之优异,不仅是因茶树品种之优异所致,得天独厚之处也不少,地势、土壤、气候等天然条件均足以影响产茶之良窳。武夷岩茶的核心产区武夷山风景名胜区位于武夷山市东南部,方圆60平方公里,有36峰99岩,岩岩有茶,茶以岩名,岩以茶显,故名岩茶,名醇茶,意为茶鲜纯、浓厚。由此可知,乌龙茶是由武夷茶派生而创制的武夷岩茶。

(二) 工夫茶——武夷岩茶之佳品

据史料记载,将武夷岩茶与"工夫"联系起来的两个关键人物为释超全和王草堂。释超全在《武夷茶歌》中写道:"……近时制法重清漳(注:清漳是漳州府的雅称),漳芽漳片标名

---

① 萧一山.清代通史(卷二)[M].上海:华东师范大学出版社,1986:847.

异。如梅斯馥兰斯馨,大抵焙时候香气。鼎中笼上炉火温,心闲手敏工夫细。岩阿宋树无多丛,雀舌吐红霜叶醉。终朝采采不盈掬,漳人好事自珍秘。积雨山楼苦昼间,一宵茶话留千载。重烹山茗沃枯肠,雨声杂沓松涛沸。"释超全认为武夷岩茶制茶人主要是漳州人,武夷岩茶作为一种茶中珍品为数不多,他还认为武夷岩茶制作者"心闲手敏工夫细"。关于诗中"如梅斯馥兰斯馨""心闲手敏工夫细"两句,王草堂在《茶说》中表示其对武夷岩茶"形容殆尽矣"。①

王草堂的《茶说》首先将武夷岩茶与"工夫"二字相联系,陆廷灿的《随见录》则最先以工夫茶来指称武夷岩茶。《随见录》载:"武夷茶在山上者为岩茶,水边者为洲茶。岩茶为上,洲茶次之。岩茶北山者为上,南山者次之。南北两山又以所产之岩名为名。其最佳者,名曰工夫茶。'工夫'之上,又有'小种',则以树名为名,每株不过数两,不可多得。"这说明"小种""工夫茶"二词均来源于福建武夷,是指武夷岩茶中的花色品名,只是等次不同。②

清朝乾隆年间,曾任崇安县令五载、喜爱武夷茶的刘靖在《片刻余闲集》中记载:"武夷茶高下分二种,二种之中,又各分高下数种。其生于山上岩间者,名岩茶;其种于山外地内者,名洲茶。岩茶中最高者曰老树小种,次则小种,次则小种工夫,次则工夫,次则工夫花香,次则花香……"此说与《随见录》"'工夫'之上,又有'小种',则以树名为名"意思大体一致,说明小种工夫、工夫、工夫花香三种武夷岩茶代表上、中、下三种等次的茶名。另外,刘靖指出"工夫"原是以岩为名,是武夷岩茶之最佳者。"小种"则以树为名,是工夫茶之最佳者。但后来随着武夷乌龙茶商品生产的发展,"工夫""小种"两个原花色品名被茶商用来作为武夷茶(武夷乌龙茶)的两个商品茶名了。③

梁章钜(1775—1849),福建福州人,官至江苏巡抚,在其《归田琐记》"品茶"中记载:"余尝再游武夷,信宿天游观中。每与静参羽士谈茶事。静参谓茶名有四等,茶品亦有四等。今城中州府官廨及豪富人家竞尚武夷茶。最著者曰花香,其由花香等而上者曰小种而已。山中以小种为常品。其等而上者曰名种。此山以下所不可多得,即泉州、厦门人所讲工夫茶。"梁章钜认为,武夷岩茶分为花香、小种、名种、奇种四等,其中名种被泉州、厦门人视为工夫茶。

郭柏苍(1815—1890),福建侯官(今福州市)人,活动在道光至光绪中,官至内阁中书等。其《闽产录异》的"茶"记载:"闽诸郡皆产茶,以武夷为最。苍居芝城十年,以所见者录之。武夷寺僧多晋江人,以茶坪为业,每寺订泉州人为茶师。清明后谷雨前,江右采茶者万余人……火候不精,则色黯而味焦,即泉漳台厦人所称工夫茶,瓿仅一二两,其制法则非茶师不能。"这与梁章钜所说泉州、厦门人以名种为工夫茶一致。闽南安溪岩茶与闽北武夷岩茶,这

---

① 林长华.著名文人与工夫茶[J].农业考古,1996(4).
② 陈祖椝、朱自振.中国茶叶历史资料选辑[M].北京:农业出版社,1981.
③ 赵天相.工夫茶名之演变[J].农业考古,2004(4).

南、北两种岩茶的制法,都属"工夫茶"制法,而且此种制茶之法是最先出现在闽南的。

(三)工夫茶与武夷岩茶、红茶

到民国时期,将武夷岩茶归为青茶,有人提出异议。据徐珂《可言》记载:"武夷山在福建崇安县甫三十里……山产红茶,世以武夷茶称之。茶之行于市者,曰铁罗汉,曰四色种,曰林万泉,曰天井岩正水仙种,曰武夷山天心岩佛手种,曰武夷名色种,曰铁观音,曰雪梨,曰玉花种,曰大江名种。又有成块者……铁观音以下皆红茶……"有些人称武夷岩茶为红茶,因为他们认为青茶泡后汤色橙黄;也有些人认为武夷岩茶为绿茶,胡朴安曾言"工夫茶之最上者曰铁罗汉,绿茶也",表明铁罗汉就是一种绿茶。

当代茶圣吴觉农先生主编的《中国地方志茶叶资料选辑》载:"武夷岩茶与红茶都有称为工夫茶的品种。"民国之后,岩茶就没有冠以"工夫"字眼了,"工夫"则全指红茶。如陈宗懋主编的《中国茶经·红茶篇》中,将红茶分为正山小种、小种红茶、红碎茶三大类,且按地域分为闽红工夫、祁门工夫、休宁工夫、川红工夫、滇红工夫等。

至1840年之后,随着五口通商,武夷乌龙茶外销畅旺,供不应求,各地群起仿制,且简化工艺,采取以红边茶为准,叶子晾晒后,经过揉捻、堆积,再用日晒加工而成。事实上,这些茶不是乌龙茶,应被视为红茶。以红茶之名出现在市场上的茶叶逐渐被外商所接受,接着泛称为"工夫茶"的红色乌龙茶正式被改名为"工夫红茶","小种茶"则改为"小种红茶"一直延续至今,"工夫红茶""小种红茶"成了当今我国条红茶的两个专用茶名。其中,"小种红茶"特指产自武夷的条红茶,"工夫红茶"泛指产自其他各省茶区的条红茶,故有"祁门工夫""滇红工夫""宁红工夫"等工夫茶名。因此,在当今茶学辞书中,只有"工夫红茶"之名,而无"工夫茶"之称。①

二、工夫茶茶艺内涵的变化

工夫茶名除了用在茶叶上,也涉及泡茶技艺。工夫茶茶艺起初是指武夷岩茶(青茶)泡饮法,最后则泛指青茶泡饮法。

(一)初为武夷岩茶泡饮法

作为茶艺名的"工夫茶",陈香白在其著作《中国茶文化》一书中认为,工夫茶名最早见于俞蛟在嘉庆六年(1801)四月成书的《梦厂杂著》:"工夫茶,烹治之法,本诸陆羽《茶经》,而器具更为精致。炉形如截筒,高约一尺二三寸,以细白泥为之。壶出宜兴窑者最佳,圆体扁腹,努咀曲柄,大者可受半升许。杯盘则花瓷居多,内外写山水人物,极工致,类非近代物。然无款志,制自何年,不能考也。炉及壶、盘各一,惟杯之数,则视客之多寡。杯小而盘如满月。

---

① 庄任.闲话武夷茶、工夫、小种[J].福建茶叶,1985(1):28-30.

此外尚有瓦铛、棕垫、纸扇、竹夹，制皆朴雅。壶、盘与杯，旧而佳者，贵如拱璧，寻常舟中不易得也。先将泉水贮铛，用细炭煎至初沸，投闽茶于壶内冲之；盖定，复遍浇其上；然后斟而细呷之，气味芳烈，较嚼梅花更为清绝，非拇战轰饮者得领其风味……今舟中所尚者，惟武夷。"因泡饮程序多，颇需工夫，故以"工夫茶"来指称武夷岩茶的泡饮方法。①

其实，袁枚在《随园食单·茶酒单》中便已记载了武夷岩茶的泡饮法及品质特点："余向不喜武夷茶，嫌其浓苦如饮药然。丙午秋，余游武夷，到曼亭峰、天游寺诸处，僧道争以茶献。杯小如胡桃，壶小如香橼，每斟无一两。上口不忍遽咽，先嗅其香，再试其味，徐徐咀嚼而体贴之。果然清芬扑鼻，舌有余甘。一杯之后，再试一二杯，令人释躁平矜，怡情悦性。始觉龙井虽清，而味薄矣；阳羡虽佳，而韵逊矣。颇有玉与水晶，品格不同之故。故武夷享天下之盛名，真乃不忝。且可以瀹至三次，而其味犹未尽。"袁枚是浙江钱塘人，常喝阳羡、龙井等绿茶，初饮青茶类的武夷岩茶感觉像在喝药，太过浓苦。乾隆丙午（1786），袁枚上武夷山喝过僧道用小壶、小杯泡饮的武夷岩茶，经过嗅香、试味，徐徐咀嚼后感慨道岩茶虽不及龙井清但胜在醇厚，虽不及阳羡佳但茶韵足。武夷岩茶具有花香持久、耐冲泡的品质特点，袁枚对品饮武夷茶的方法和体验可谓淋漓尽致。

清乾隆二十七年（1762年）《龙溪县志·卷之十·风俗》载："灵山寺茶，俗贵之，近则远购武夷茶，以五月至。至则斗茶，必以大彬之罐，必以若琛之杯，必以大壮之炉，扇必以琯溪之篁，盛必以长竹之筐。凡烹茗，以水为本，火候佐之。……穷山僻壤，亦多就此者，茶之费岁数千。"②笔者发现，这则史料，可能是迄今最早的关于工夫茶泡法的历史证明。

陈香白在《中国茶文化》中引《蝶阶外史》（注：作者可能是寄泉，号外史，清代咸丰时人）"工夫茶"记："工夫茶，闽中最盛……预用器置茗叶，分两若干，立下壶中。注水，覆以盖，置铜盘内；第三铫水又熟，从壶顶灌之周四面；则茶香发矣。瓯如黄酒卮，客至每人一瓯，含其涓滴，咀嚼而玩味之。若一鼓而牛饮，即以为不知味，肃客出矣。"此处工夫茶艺中所用茶具，相比俞蛟多了涤壶，这说明工夫茶茶艺在发展过程中是不断完善的。

清末，工夫茶茶艺中增加了洗茶和覆巾两道程序。据《清朝野史大观·清代述异》"功夫茶二则"记载："中国讲求烹茶……客至，将啜茶，则取壶置径七寸、深寸许之瓷盘中。先取凉水漂去茶叶中尘滓。乃撮茶叶置壶中，注满沸水，既加盖，乃取沸水徐淋壶上。俟水将满盘，乃以巾复，久之，始去巾。注茶杯中奉客，客必衔杯玩味，若饮稍急，主人必怒其不韵。"可见，覆巾这一工序更显武夷岩茶泡饮法实为极讲究之事，需要泡茶者和饮茶者静下心来细细品味。

（二）泛指青茶泡饮法

工夫茶已渐渐成为品饮武夷茶的民间俗称，工夫茶茶艺用茶已不限于武夷岩茶。

---

① 郭雅玲.茶艺的类型与特色[J].福建茶叶，1997(1).
② 吴觉农.中国地方志茶叶历史资料选辑[C].北京：农业出版社，1990:351.

闽南人好饮工夫茶,此可见于清朝晋江人陈察仁的《工夫茶》诗:"宜兴时家壶,景德若深杯;配以慢亭茶,奇种倾建溪。瓷鼎烹石泉,手扇不敢休;蟹眼与鱼眼,火候细推求。蜻盏暖复洁,一注云花浮;清香扑鼻观,未饮先点头……"

潮州人也酷嗜工夫茶,张心泰《粤游小识》记:"潮郡尤嗜茶,其茶叶有大焙、小焙、小种、名种、奇种、乌龙诸名色,大抵色香味三者兼备。以鼎臣制宜兴壶,大若胡桃,满贮茶叶,用坚炭煎汤,乍沸泡如蟹眼时,瀹于壶内,乃取若琛所制茶杯,高寸余,约三四器匀斟之。每杯得茶少许,再瀹再斟数杯,茶满而香味出矣。其名曰工夫茶,甚有酷嗜破产者。"

(三)独特的工夫茶茶艺

工夫茶的特别之处,见仁见智。有人认为工夫茶特别之处在于配备精良的茶具,如翁辉东在《潮州茶经·工夫茶》中记述:"工夫茶之特别处,不在于茶之本质,而在于茶具器皿之配备精良,以及闲情逸致之烹制。"这种说法有其依据,也有些过于片面。如工夫茶道中为使斟茶时各杯均匀,本有道工序为"关公巡城、韩信点兵",但后来却发明出公道杯简化了这一工序。也有人看到工夫茶中包含的"精巧技法",如清朝厦门人王步蟾曾在《工夫茶》诗中感慨道:"工夫茶转费工夫,吸茗真疑嗜好殊。犹自沾沾夸器具,若琛杯配孟公壶。"

工夫茶茶艺的独特之处的确不少,如需刮沫、淋罐、烫杯,即现代工夫茶的"春风拂面、重洗仙颜、若琛出浴",这是现代壶泡法所没有的。高冲低斟,斟茶要求各杯均匀,又必余沥全尽,现代工夫茶称之为"关公巡城、韩信点兵",这是工夫法斟茶的独特处。因为青茶采叶较粗,需烧盅热罐方能发挥青茶的独特品质。

近几年来,不少文章中将"工夫茶"与"功夫茶"视为一个词义,两者通用。《辞海》及《辞源》关于"工夫"条目的诠释均为"亦作'功夫'",但又云:工夫指"做事所费的精力和时间";功夫,指"技巧。""功夫茶"一词最早见于《清朝野史大观·清代述异》:"中国讲求烹茶,以闽之汀、漳、泉三府,粤之潮州府功夫茶为最,其器具亦精绝……"在此之前的著作中,见到的都是"工夫茶"。也有许多学者认为"工夫茶"与"功夫茶"有着不同内涵,不管各家看法如何,但一般都认为"功夫茶"是指一种茶艺名。考察了"工夫茶"之名的历史演变关系后,觉得相比"功夫茶","工夫茶"出现得更早,所代表的含义更为广阔,这也是本书中为什么以"工夫茶"为名而不以"功夫茶"为名的主要缘由。

三、武夷工夫茶茶艺

(一)茶艺简介

名山出名茶,名茶耀名山。素有"奇秀甲东南"之美誉的武夷山,明代以前为道教名山,清代以后又成为佛教圣地,同时还是朱子理学的摇篮。现在武夷山为国家重点风景名胜区,1999年被联合国世界遗产委员会正式批准列入《世界自然与文化遗产名录》。武夷山所产的岩茶是乌龙茶中的珍品,而曾有一度工夫茶是指上等的岩茶。

由于武夷岩茶以讲究内质为主,文化底蕴丰厚,因而品尝武夷岩茶是一种极富诗意雅兴的赏心乐事,自古以来文人学士非常崇尚这种高层次的精神享受。泡好一壶茶,除了好的茶叶、适宜的环境,还要配上好的茶具和清冽的水质,再用高超的冲泡技巧才能完成。按照这样的要求冲泡武夷岩茶,武夷工夫茶艺便应运而生。

武夷茶人认为,品尝武夷岩茶是高层次的精神享受,讲究环境、心境、茶具、水质、冲泡技巧和品尝艺术。

(二) 茶具选择

武夷山茶区品茶器具,有茶盏、白瓷壶杯、紫砂壶杯等。泡饮岩茶除了备好茶叶(这时茶叶常放置在茶罐里),还要准备一套茶具。[①]

常见成套茶具包括以下几种。

茶盘:一个,一般是木制的。

茶壶与茶盅:茶壶是必要的,至少一个;茶盅可以有一个,也可以不备。袁枚《随园食单·武夷茶》中提到"壶出宜兴者最佳,圆体扁腹,努咀曲柄,大者可受半升许",故最好选用宜兴紫砂母子壶一对,其中一个泡茶用,一个当茶盅使。另外,茶壶不宜用大,依许次纾《茶疏》中"茶注宜小,不宜甚大。小则香气氤氲,大则易于散漫。大约及半升,是为适可"的看法,茶壶选大小如拳头者为佳。

品茗杯:按照古人的看法以小、浅为宜,"杯小如胡桃","杯亦宜小宜浅,小则一吸而尽,浅则水不留底"。另外,品茗杯宜为白瓷杯,便于观看茶之汤色。杯子数量若干,一般由四个或六个组成。一同品茶的人不宜太多,四五人足矣。

托盘:一般看到的是搪瓷托盘,讲究的则用脱胎托盘。

另有茶道组一套,茶巾二条(一条擦拭用,一条当覆茶巾使),开水壶一个,酒精炉一套,香炉一个,茶荷一个,檀香、火柴若干等。

(三) 二十七道茶艺表演程序

品饮武夷岩茶需要花工夫,在讲究色、香、味的同时,也要讲求声、律、韵。武夷岩茶的品饮技巧古已有之,而且不断发展变化。但 1994 年 11 月在陕西法门寺的茶文化研究会上,经有关人员编排出二十七道品赏岩茶的程序崭露头角。此后,系统完整的武夷岩茶二十七道茶艺在多次接待外宾中深得好评,也在国内外茶道茶艺表演中备受赞赏。

武夷茶艺表演的程序有二十七道,合三九之道。[②]

---

① 黄贤庚.武夷茶艺简释[J].福建茶叶,1991(4):49.
② 黄贤庚.武夷茶艺[J].农业考古,1995(4).

(1) 恭请上座：客在上位，主人或侍茶者沏茶，把壶斟茶待客。

(2) 焚香静气：焚点檀香，造就幽静、平和的气氛。

(3) 丝竹和鸣：轻播古典民乐，使品茶者进入品茶的精神境界。

(4) 叶嘉酬宾：出示武夷岩茶让客人观赏。叶嘉即北宋苏轼用拟人笔法称呼武夷茶之名，意为茶叶嘉美。

(5) 活煮山泉：泡茶用山溪泉水为上，用活火煮到初沸为宜。

(6) 孟臣沐霖：即烫洗茶壶。孟臣是明代紫砂壶制作家，后人把名茶壶喻为"孟臣"。

(7) 乌龙入宫：把乌龙茶放入紫砂壶内。

(8) 悬壶高冲：把盛开水的长嘴壶提高冲水，高冲可使茶叶翻动。

(9) 春风拂面：用壶盖轻轻刮去表面白泡沫，使茶叶清新洁净。

(10) 重洗仙颜：用开水浇淋茶壶，既净壶外表，又提高壶温。"重洗仙颜"为武夷山一石刻。

(11) 若琛出浴：即烫洗茶杯。若琛为清初人，以善制茶杯而出名，后人把名贵茶杯喻为"若琛"。

(12) 玉液回壶：即把已泡出的茶水倒出，又转倒入壶，使茶水更为均匀。

(13) 关公巡城：依次来回往各杯斟茶水。

(14) 韩信点兵：壶中茶水剩下少许时，则往各杯点斟茶水。

(15) 三龙护鼎：即用拇指、食指扶杯，中指顶杯，此法既稳当又雅观。

(16) 鉴赏三色：认真观看茶水在杯里的上中下的三种颜色。

(17) 喜闻幽香：即嗅闻岩茶的香味。

(18) 初品奇茗：观色、闻香后开始品茶味。

(19) 再斟兰芷：即斟第二道茶，"兰芷"泛指岩茶。北宋范仲淹诗有"斗茶香兮薄兰芷"之句。

(20) 品啜甘露：细致地品尝岩茶，"甘露"指岩茶。

(21) 三斟石乳：即斟三道茶，"石乳"为元代岩茶之名。

(22) 领略岩韵：即慢慢地领悟岩茶的韵味。

(23) 敬献茶点：奉上品茶之点心，一般以咸味为佳，因其不易掩盖茶味。

(24) 自斟漫饮：即任客人自斟自饮，尝用茶点，进一步领略情趣。

(25) 欣赏歌舞：茶歌舞大多取材于武夷茶民的活动。三五朋友品茶则吟诗唱和。

(26) 游龙戏水：选一条索紧致的干茶放入杯中，斟满茶水，恍若乌龙在戏水。

(27) 尽杯谢茶：起身喝尽杯中之茶，以谢山人栽制佳茗的恩典。

这套武夷茶道，大体分为造就雅静氛围、冲泡技巧、斟茶手法、品尝艺术四大部分。每道都有深刻内涵，意在将生活与文化融为一体。

武夷茶茶艺的前3道,安排客人围坐,焚香以静心,再搭配上音乐,整个流程井井有条,旨在创造一个和静的环境。第4道是展示岩茶给客人观看,并把这一礼节行为雅称为"叶嘉酬宾",既包涵了古文人对武夷茶的赞美,又体现了主人对宾客的敬意。第5道"活煮山泉",讲的是选水、煮水的科学要求。第6道和11道,则是根据史料记载把壶杯以历史名人喻之,并将烫洗比作沐浴。第7道"乌龙入宫",即把茶叶放入紫砂壶,乌龙指乌龙茶(岩茶为乌龙茶类之珍品),紫砂壶形象喻为龙宫,龙王入宫乃是隆重之举。第10道本是用开水淋洗茶壶,引用武夷山云窝石刻"重洗仙颜"喻之,颇感贴切。第12道是把已泡出的茶水倒出,又转倒入壶,使茶水更为均匀。第13道和14道指的是斟茶技法,来回往各杯斟茶,待茶水少许后,则往各杯点斟,使各杯茶水等量,浓淡相当,以避厚此薄彼之嫌。第15道是拿杯方法,"三龙护鼎"即用拇指、食指抓杯,用中指顶杯,这样小如核桃的茶杯便能稳当、雅观地操持在手中。第16、17、18道,观色、闻香、品味是品赏岩茶的基本常识,遵循之方能品出真韵。第19、20、21、22道是借用清代才子袁枚品岩茶得三味的体验,而"兰芷""甘露""石乳""岩韵"均是古今文人学者对岩茶的雅称。最后5道是给品茶者助兴添趣,使之分享茶乐,尽兴而归。从第4道到第10道,冲泡技巧,名茶宜名水,武夷山泉水清甘冽,泡茶最宜,烧水也宜适度,初沸为好。[①]

品尝岩茶时,也可备些茶点。品赏过程最好不要配以茶点,等到鉴赏过程结束,喝茶的同时可以吃一些咸味的茶点,如瓜子、菜干、咸花生之类,也可用咸味糕饼,因为咸食相对来说不会"喧宾夺主"、掩掉茶味,对品茶没有过多的干扰。

(四)十八道茶艺解说与图解

为便于表演,更好地推广武夷岩茶茶艺,业内人士将二十七道武夷茶艺简化为十八道。下面是十八道茶艺的解说词及茶艺流程图解(详见彩插)。

(1)焚香静气:焚点檀香,造就幽静、平和气氛。

(2)叶嘉酬宾:出示武夷岩茶让客人观赏。"叶嘉"即北宋苏东坡用拟人笔法称呼武夷茶之名,意为茶叶嘉美。

(3)活煮山泉:泡茶用山溪泉水为上,用活火煮到初沸为宜。

(4)孟臣沐霖:即烫洗茶壶。孟臣是明代紫砂壶制作家,后人把名茶壶喻为"孟臣"。

(5)乌龙入宫:把乌龙茶放入紫砂壶内。

(6)悬壶高冲:把盛开水的长嘴壶提高冲水,高冲可使茶叶松动出味。

(7)春风拂面:用壶盖轻轻刮去表面白泡沫,使茶叶清新洁净。

(8)重洗仙颜:用开水浇淋茶壶,既洗净壶外表,又提高壶温。"重洗仙颜"为武夷山云窝的一方石刻。

---

① 黄贤庚.漫话武夷茶艺[J].福建茶叶,1998(3).

(9) 若琛出浴：即烫洗茶杯。若琛为清初人，以善制茶杯而出名，后人把名贵茶杯喻为"若琛"。

(10) 游山玩水：将茶壶底沿茶盘边缘旋转一圈，以刮去壶底之水，防其滴入杯中。

(11) 关公巡城：依次来回往各杯斟茶水。关公以忠义闻名，而受后人敬重。

(12) 韩信点兵：壶中茶水剩少许后，则往各杯点斟茶水。韩信足智多谋，而受世人赞赏。

(13) 三龙护鼎：即用拇指、食指扶杯，中指顶杯，此法既稳当又雅观。

(14) 鉴赏三色：认真观看茶水在杯里上、中、下的三种颜色。

(15) 喜闻幽香：即嗅闻岩茶的香味。

(16) 初品奇茗：观色、闻香后，开始品茶味。

(17) 游龙戏水：选一条索紧致的干茶放入杯中，斟满茶水，仿若乌龙在戏水。

(18) 尽杯谢茶：起身喝尽杯中之茶，以谢山人栽制佳茗的恩典。表演到此结束，谢谢大家观赏！

武夷岩茶茶艺还在不断地发展创新中，除了二十七道、十八道，还有十道、十九道、二十二道等岩茶茶艺，就是十八道也有不同的泡法。虽然这些茶艺道数不尽相同，但其程序是相似的。不管如何泡制武夷岩茶，只要在这个过程中让人感受到宁静、祥和、舒适，泡出一杯滋味醇和的茶水，这就是一次成功的武夷工夫茶艺展示。

四、潮州工夫茶茶艺

（一）潮州工夫茶茶艺概说

凤凰山是粤东第一高峰，雄伟隽丽，其土质多属红花土、黄花土和灰黑土，很适宜茶叶种植。凤凰茶和铁观音，以及水仙、色种，都是属于"乌龙"类的茶种，半发酵，绿底金边。凤凰茶品种繁多，黄枝香、蜜兰香、芝兰香、姜母香一应俱全，香型多达上百种，每种香型中又可根据地势和品质等分出若干种。凤凰茶的特点是色浓味郁，耐冲耐泡，冲泡多次，仍然香味四溢。

潮州工夫茶以其独特的茶艺及色、香、味俱佳的特色饮誉海内外，深受广大潮州人的欢迎。同闽南相似，凡有潮州人聚居的地方，不论城乡、不论男女老幼，人人都饮工夫茶，几乎家家户户都有一套或几套精美的工夫茶具。茶是每天不可缺少的饮料，也是接待客人的珍贵饮料。"烹调味尽东南美，最是工夫茶与汤"，这是女诗人冼玉清对潮州工夫茶的赞美。[①]

潮州工夫茶茶艺的美学思想基础是"天人合一"，潮州工夫茶茶道正是大自然人化的载体。潮州工夫茶茶艺的特色是：注重茶叶的品质，讲究茶具的精美，重视水质的优良，追求冲

---

① 陈森和.潮州工夫茶[J].农业考古,2004(2):149-153.

泡技艺的精湛。

(二) 茶具

潮州人所用茶具注重造型美,大体相同唯精粗有别而已。工夫茶的茶具,往往是"一式多件",一套茶具通常备有茶壶、茶盘、茶杯、茶垫、茶罐、水瓶、龙缸、水钵、火炉、砂锅、茶担、羽扇共12件。茶具讲究名产地、名厂名家出品、精细、小巧。茶具质量上乘,俨然就是一套工艺品,这充分体现出潮州茶文化高品味的价值取向。工夫茶的茶壶,多用江苏宜兴所产的朱砂壶,茶壶"宜小"。茶杯也宜小、宜浅,大小如半只乒乓球,色白如玉的称为"白玉令",也有用紫砂、珠泥制成的。杯小则可一啜而尽,浅则可水不留底。①

(三) 潮州工夫茶茶艺演示

同武夷工夫茶茶艺、闽南工夫茶茶艺一样,潮州工夫茶茶艺程序道数不一。根据史料对潮州工夫茶茶艺的记载、多位专家学者的研究以及潮州现在广为流传的谚语,遵循"顺其自然,贴近生活,简洁节俭"的原则,对潮州工夫茶茶事进行归纳、提炼,可总结出直观的既带有概括性又兼有可操作性之工夫茶茶艺二十式。

(1) 茶具讲示:"工夫茶"对茶具、茶叶、水质、沏茶、斟茶、饮茶都十分讲究。潮州工夫茶茶艺表演所用茶具主要有能容水3～4杯的孟臣罐(宜兴紫砂壶)、若琛瓯(茶杯)、玉书碨(水壶)、潮汕烘炉(红泥火炉)、赏茶盘、茶船等。

(2) 茶师净手:古人认为茶事是虔诚、庄重的,故要净心,无疑也要清洁净手。

(3) 泥炉生火:红泥火炉,高六七寸,一经点燃,室中还隐隐可闻"炭香"。

(4) 砂铫掏水:砂铫俗名"茶锅仔",是枫溪名手所制,轻巧美观;也有用铜或轻铁铸成之铫,然生金属气味,不宜用。

(5) 坚炭煮水:用铜筷钳炭挑火。

(6) 洁器候汤:"温壶",即用沸水浇壶身,其目的在于为壶体加温;汤分三沸,一沸太稚,三沸太老,二沸最宜,"若水面浮珠,声若松涛,是为第二沸,正好之候也"。

(7) 罐推孟臣:大约起火后十几分钟,砂铫中就有飕飕响声,当它的声音突然变小时,那就是鱼眼水将成了,应立即将砂铫提起淋罐。

(8) 杯取若琛:淋罐已毕,仍必淋杯(俗谓之"烧盅"),淋杯之汤宜直注杯心,"烧盅(盅即茶杯的俗称)热罐,方能起香"是不容忽略的"工夫";淋杯后洗杯,再倾去洗杯水。

(9) 壶纳乌龙:打开锡罐倾茶于素纸上,分别粗细并取其最粗者填于罐底滴口处,次用细末填中层,另以稍粗之叶撒于上面,如此之工夫谓之"纳茶";纳茶不可太饱满,约七八成足矣。

---

① 陈香白.潮州工夫茶源流论[J].农业考古,1997(2):91-99.

(10) 甘泉洗茶:首次注入沸水后,立即倾出壶中茶汤,除去茶汤中的杂质,此为"洗茶",倾出的茶汤废弃不喝。

(11) 高冲低洒:高冲使开水有力地冲击茶叶,使茶的香味更快地挥发,单宁来不及溶解,所以茶叶才不会有涩滞。

(12) 壶盖刮沫:冲水必使满而忌溢,满时茶沫浮白并凸出壶面,提壶盖从壶口平刮之,沫即散坠,然后盖定。

(13) 淋盖去沫:壶盖盖定后,复以热汤遍淋壶上(俗谓"热罐"),一是去其散坠余沫,二是壶外追热可使香味充盈于壶中。

(14) 低洒茶汤:将茶叶纳入壶中,淋罐、烫杯、倾水后即可洒茶;洒茶不宜速亦不宜迟,速则未浸透而香味不出,迟则香味迸出而色浓,味苦。

(15) 关公巡城:洒必各杯轮匀,称"关公巡城"。

(16) 韩信点兵:洒必余沥全尽,称"韩信点兵"。

(17) 香溢四座:洒茶即毕,趁热人各饮一杯。

(18) 先闻茶香:举杯,杯面迎鼻,香味齐到。

(19) 和气细啜:细细品饮。

(20) 三嗅杯底,锐气圆融:味云腴,食秀美,芳香溢齿颊,甘泽润喉吻。神明凌霄汉,思想驰古今。境界至此,已得工夫茶三昧。

上述每道茶艺都十分讲究,也非常卫生,值得提倡。择要言之,茶叶、柴炭、山水均属自然物;烧水、煮茶、酌茶均讲究入微的法则,均属"利用安身"(《周易·系辞下》),即从物质生存需要的满足方面来体现人与自然的统一。由此可见,基于"天人合一"的观念,中国茶道美学总是要从人与自然的统一之中去寻找美,中国茶道美学思想的基础就是人道。[①] 另外,文化一旦以传统的形式积淀下来,便包含有超时空的普遍合理性因素,同时也存在着因时、因地转移的不确定性。因此,不应把文化因素视为已经定型的范式,而是应该创造性地去理解它。对传统的继承,实质上是基于现实的兴趣,应力求使这种继承尽量去适应常人的生活规律。因此,上述茶艺二十式仍具有灵活性。唯其如此,才能使之稳定性强。只有以这样的姿态去对待传统,传统才会成为创造新文化的基石,这就是"顺其自然"的良性效应。

小结

如果我们承认茶艺就是茶的冲泡技艺和品饮艺术的话,那么以冲泡方式作为分类标准应该是较为科学的。考察中国的茶饮历史,茶的饮法有煮、煎、点、泡四类,形成艺的有煎法、

---

① 陈香白.中国茶文化[M].太原:山西人民出版社,2008:1.

点法、泡法。依艺而言,中国茶道先后产生了煎道、点道、泡道三种形式。

茶艺的分类首先应依据习法,其次应依据主泡饮茶具来分类。

茶艺包括备茶具、选茗、择水、烹茶技术、茶席设计等一系列内容。茶艺背景是衬托主题思想的重要手段,它渲染茶性清纯、幽雅、质朴的气质,以增强艺术感染力。

茶艺的分类多种多样,表演形式变化万千,总的来说由六要素组成,即茶叶、择水、备器、环境、技艺、品饮,简称"茶艺六要素"。

工夫茶流行于闽粤台一带。工夫茶既是茶叶名,又是茶艺名。工夫茶的定义有一个演变发展的过程,起初指的是武夷岩茶,后来还被认为是武夷岩茶(青茶)泡饮法,接着又泛指青茶泡饮法。工夫茶的特色是:注重茶叶的品质,讲究茶具的精美,重视水质的优良,追求冲泡技艺的精湛。

思考题

1. 简述茶艺的分类标准。
2. 茶艺有哪些要素?
3. 简要概括武夷工夫茶、闽南工夫茶和潮州工夫茶之间的异同点。
4. 煎茶法、点茶法、泡茶法与工夫茶有何联系?

第五章 中国茶馆

第一节 中国茶馆的演变历史

中国茶馆的发展和演变是一个漫长的过程,与饮茶风俗的形成和发展有密切的关系,是随着城镇经济、市民文化的发展而兴盛起来的,随着人们物质、精神的需求而不断丰富和发展。茶馆是爱茶者的乐园,也是以营业为目的,提供人们休息、消遣、娱乐和交际的活动场所。在历史上,茶馆又有"茶楼""茶亭""茶肆""茶坊""茶寮""茶社""茶店""茶屋"等称谓。茶馆文化是中华茶文化的重要组成部分,茶馆源于何时,史料并无明确记载。一般认为,茶馆的雏形出现在晋元帝时,成形于饮茶习俗开始普及的唐代,宋代时便形成一定规模,完善于明清之际,20世纪上半叶迎来了茶馆的繁盛期,新中国成立初期茶馆业虽有过一度的衰微,但20世纪七八十年代又开始复兴,九十年代呈现出百花齐放之态势。[1]

一、茶馆的萌芽

茶馆是以饮茶为中心的开放性的活动场所,其最早的雏形是茶摊,出现于晋代,与卖干茶的茶铺、茶店不同。汉代王褒《僮约》中有"武阳买茶"及"烹茶尽具"之说,此是干茶铺。而《茶经·七之事》中转引《广陵耆老传》中记载:"晋元帝时(317—322年)有老姥,每旦独提一器茗,往市鬻之,市人竞买,自旦至夕,其器不减,所得钱散路傍孤贫乞人。人或异之,州法曹絷之狱中,至夜,老姥执所鬻茗器,从狱牖中飞出。"此故事虽带有神话色彩,其真实性有待考究,但其中所述之事应该是对当时社会现象的一种文学艺术加工。由此可知,晋朝时已有人将茶水作为商品拿到集市上买卖,不过这还属于流动摊贩,没有一个固定场所,不能被视为"茶馆",只能称为"茶摊";而这种茶摊是茶饮商业化的开始,也是茶馆最初的萌芽,其作用也

---

[1] 刘学忠.中国古代茶馆考论[J].社会科学战线,1994(5).

就仅仅是供过路人解渴罢了。[1]

二、茶馆的兴起

茶馆的真正形成是在唐朝,确切地说是在唐朝的中期,这与当时国家政治稳定、经济繁荣、文化多元等因素分不开,再加之陆羽《茶经》的问世,使得饮茶之风成为一种时尚。

茶馆是一个以营利为目的的开放的空间,故除了茶饮的商业化之外,聚众饮茶形式也是促成茶馆最终形成的重要前提,从这个意义上讲,寺庙的茶堂可以被视为茶馆的雏形。而从魏晋南北朝到唐初,茶饮日渐风行,至唐代,饮茶在寺庙已经得到普及,更有一套关于饮茶的规范礼仪。为此,寺庙中安排专门的烧水煮茶、献茶待客的茶头,法堂西北角设有"茶鼓"以敲击召集众僧饮茶。平日,茶堂是一个辩佛说理的地方,也是一个招待施主佛友品饮清茶的场地,虽然不带有商业性质,却也是聚众喝茶的最早形式之一。随着社会经济与文化的发展,聚众饮茶的场所从最初的茶摊、茶铺,逐渐演变为既可饮茶休息又可住宿的茶栈、茶邸。唐玄宗天宝末年封演的小说《封氏闻见记》记载有一些关于茶邸的片段:"见元方若识,争下马避之入茶邸,垂帘于小室中,其从御散坐帘外。"从记载来看,该茶邸还未从旅馆业或餐饮业中独立出来,还未专业经营茶水,应是卖茶水兼营住宿,但比之前的茶摊、茶堂等更接近后来茶馆的样貌。

茶馆的真正形成是在唐朝中期,《封氏闻见记》"饮茶"中载:"开元中(713—741年),泰山灵岩寺有降魔师,大兴禅教。学禅,务于不寐,又不夕食,皆许其饮茶。人自怀夹,到处煮饮,从此转相仿效,遂成风俗。自邹、齐、沧、棣,渐至京邑城市,多开店铺,煎茶卖之。不问道俗,投钱取饮。"这便是最早明确记载开店卖茶的文献,此处的饮茶场所虽没被称为"茶馆",但实际上它俨然就是一个茶馆。此外,《旧唐书·王涯传》《玄怪录》等著作也都提到了唐代的茶肆、茶坊:《旧唐书·王涯传》载,文宗太和七年,司空兼领江南榷茶使王涯于李训事败后,"(涯等)仓惶步出,至永昌里茶肆,为禁兵所擒";牛僧孺的《玄怪录》载,"长庆初,长安开元门外十里处有茶坊,内有大小房间,供商旅饮茶";《太平广记》卷三四一有"韦浦"一条记载,"俄而憩于茶肆";敦煌文书《茶酒论》中也有"酒店发富,茶坊不穷"等字句。这些都说明唐中期后茶馆已形成且有相当的规模。[2]

三、茶馆的兴盛

到宋代,中国茶馆业便进入了兴盛时期。宋代茶馆兴盛的概况在诸多文献笔记中有过详细的记载和描述,如《东京梦华录》《都城纪胜》《梦粱录》《夷坚志》等。

---

[1] 刘修明.中国古代饮茶与茶馆[M].台北:台湾商务印书馆股份有限公司,1998.
[2] 刘清荣.中国茶馆的流变与未来走向[M].北京:中国农业出版社,2007.

宋人孟元老在《东京梦华录》中记载，北宋年间的汴京，茶坊遍布各个闹市和居民集中之地，"潘楼东去十字街，谓之土市子，又谓之竹竿市。又东十字大街，曰从行裹角，茶坊每五更点灯，博易买卖衣服图画、花环领抹之类，至晓即散，谓之'鬼市子'……归曹门街，北山子茶坊内有仙洞、仙桥，仕女往往夜游吃茶于彼"。《都城纪胜》中记载："大茶坊张挂名人书画，在京师只熟食店挂画，所以消遣久待也。今茶坊皆然。冬天兼卖擂茶或卖盐豉汤，暑天兼卖梅花酒。"南宋年间，临安的茶馆讲究排场，较北宋汴京而言，在数量和形式上优势比较明显。《梦粱录》卷一六"茶肆"载："汴京熟食店，张挂名画，所以勾引观者，留连食客，今杭城茶肆亦如之。"据统计，在南宋洪迈的《夷坚志》中，有百来个地方提到茶肆和提瓶卖茶者，如："京师民石氏，开茶肆，令幼女行茶。""开井巷开茶店钱君用二郎。""饶州市老何隆……尝行至茶肆。""临川人苦消渴，尝坐茶坊。""于县（贵溪）启茶坊。""乾道五年六月，平江茶肆民家失其十岁儿。""黄州市民李十六，开茶肆于观风桥下。"另外，小说《水浒传》中就有王婆开茶坊的记述，当中也有一些关于茶店的描写，"那清风镇也有几座小勾栏并茶房酒肆"。除此之外，一些画作中也可探得茶馆的踪影，如张择端的名画《清明上河图》形象、生动地再现当时情景，刻画出当时万商云集、百业兴旺的繁荣情形，画中亦有很多的茶馆。①

宋代茶馆分布较广、数量较多、规模较大，具有很多特殊的功能，如供人们喝茶聊天、品尝小吃、谈生意、做买卖。宋代茶馆在数量、规模、装饰、经营方式、服务内容等各个方面都有较大的突破，是当今茶馆的基本模型。

四、茶馆的普及

元代茶馆的形制与唐宋相似。此时，茶馆已有相当程度的普及，数量上也大有增长。

到明清之时，茶为国饮之趋势，市民阶层的进一步扩大，物阜民丰等现实条件，导致了市民们对集休闲、饮食、娱乐、交易等功能为一体的茶馆需求的日益增强。

明代茶馆数量与元代相比更是有增无减，吴敬梓在小说《儒林外史》中对茶肆、茶馆着墨颇多。其中，第十四回载：马二先生步出钱塘门，过圣因寺，上苏堤，到净慈，四次上茶馆品饮，这一路上，"五步一楼，十步一阁"，"卖酒的青帘高飐，卖茶的红炭满炉"……这一条街，单是卖茶的，就有三十多处。另外，小说《金瓶梅》中也有多处描写到茶坊。明代茶馆业继承唐宋元以来的风格，并有进一步的发展。张岱在《陶庵梦忆》中记载："崇祯癸酉（公元1633年），有好事者开茶馆，泉实玉带，茶实兰雪，汤以旋煮，无老汤。器以时涤，无秽器，其火候、汤候，亦时有天合之者。"②这表明，明代茶馆的水准和对社会的适应性高，茶馆装饰、泡茶用水、饮茶器具也比宋代更为精致高雅。注重经营买卖，对用茶、择水、选器、沏泡和火候等有

---

① 郭丹英.宋代的茶馆[J].茶叶,2001(3).
② [明]张岱.陶庵梦忆 西湖梦寻[M].杭州:浙江古籍出版社,2012:108.

一定要求的茶馆,基本上都是为招徕文人雅士等高级茶客。茶馆所使用的水质要清澄洁净,忌静贵活,泉水为最佳,次为天水。茶具使用也十分讲究,宜兴紫砂壶在当时甚为风行。

清代茶馆上承晚明,呈现出集前代之大成的景观,其数量、种类、功能皆为历代所仅见。此时的茶馆遍布城乡,完全融入了中国各阶层人民的生活。清代是中国茶馆业发展的一个高峰期,是茶馆真正鼎盛的一个时期。清军入关后,满族八旗子弟饱食终日,无所事事。尤其是在康熙至乾隆年间,社会上清闲之人比以前增多了,按"击筑悲歌燕市空,争如丰乐谱人风;太平父老清闲惯,多在酒楼茶社中"的说法,茶馆成为上至达官贵人、下及贩夫走卒的活动场所,茶馆业碰到了难得的发展机遇。当时,北京有名的茶馆就达30多家,上海的则翻了一倍。清代茶馆吸引力大、影响深,甚至在皇宫中也设有茶馆。乾隆年间,每到新年便热闹异常的圆明园福海之东同乐园中的买卖一条街,便建了一处皇家茶馆——同乐园茶馆,其构造与一般城市的甚为相似。茶馆形制的演变在此阶段达到极致,为适应社会不同阶层消费者的需要,清代出现了大茶馆、清茶馆、野茶馆、书茶馆、棋茶馆、茶园等不同形制的茶馆。

五、茶馆的繁盛

20世纪上半叶,由于社会动荡、战乱不断,茶馆的社会功能进一度扩大,并带有浓厚的政治、经济色彩。人们为了交流信息、了解时事和预测局势发展,经常三五成群地到茶馆消费,为满足社会需求的茶馆数量陡增。某些地方的行业交易和人才招聘会选择在茶馆进行,如在茶馆中进行良种买卖、求职应聘等。茶馆是文人雅士流连忘返之地,在北京成了戏园代名词的茶馆,也能见到鲁迅、老舍等茶馆常客;在上海,许多文化人士如茅盾、夏衍、熊佛西、李健吾等作家都常出没茶馆喝茶、写作、交流;在南京,张恨水、张友鸾、傅抱石等著名作家与画家在某些茶馆还拥有专用的雅座。[①]

另外,革命战争年代,茶馆还成为政界人士或党派人物活动的场所,如《沙家浜》中的阿庆嫂就利用茶馆做革命掩护工作。当然,近代中国政局动荡,战乱不断,一些茶馆的环境变得污浊起来。有一小撮人利用茶馆干卑鄙、肮脏的勾当,如算命、赌博、卖淫、贩毒、绑票等。茶馆蕴含的休闲、娱乐性功能,容易吸引各种闲杂人等进入其间,而且因为消费额较低,可以为社会大众所接受和有能力接受,这使它成为一个更具日常性的社交场所。一般人可以没有太大经济压力地、常态性地进入这个场所,在其间进行社交活动,甚至因而凝聚带有地缘性的社交圈。如半封建半殖民地时期的上海茶馆,已集茶馆、烟馆、妓院为一体,成为较早充当卖笑市场的场所之一,装饰华丽的江海、朝宗等茶馆的最大功能竟是为茶客吸食鸦片提供便利。

---

① 王笛.20世纪初的茶馆与中国城市社会生活——以成都为例[J].历史研究,2001(5).

六、茶馆的衰微

1949年新中国成立后,政府开始整顿和改造社会风气,取缔了一些消极的社会性活动,有针对性地引导茶馆成为人民大众健康向上的文化活动场所。"文革"时期,茶馆被取消了,茶馆行业进入衰微期。

七、茶馆的复兴

改革开放后的30余年,中国经济、文化的复苏和发展,使茶产业发展迅速,茶文化复兴热潮掀起,加上人们生活水平的提高,直接导致了人们对精神生活的追求,具有悠久历史的茶馆作为文化生活的一种形式也悄然恢复。现今,除了一些老牌茶馆在中华大地上又开始勃发生机,新型、新潮茶艺馆也如雨后春笋般涌现。近年来,茶馆从形式、内容和经营理念上都发生了很大变化,并且日益注重文化韵味。

第二节 中国古今茶馆的类型

历史上的茶馆种类很多,可以按不同的分类标准将茶馆分为不同的类型。根据规模大小,可以将茶馆分为大型茶馆(一般是指经营面积达1 000平方米以上,能供上百人或数百人同时品茶的茶馆)、中型茶馆(一般是指经营面积有数百平方米,可供百人左右同时品茶的茶馆)、小型茶馆(因营业面积小,这类茶馆一般不设大厅,大多设小包间雅室)和微型茶馆(如音乐茶座、音乐茶吧等)。根据茶馆的装修、硬件软件设施、服务质量等,可将茶馆分成高档茶馆(建筑面积一般较大,装饰材料和设置极力做到精益求精)、中档茶馆(一般面向工薪阶层和市民大众,馆内的装饰布置以自然或传统型为主)、低档茶馆(一般设备简陋,装饰简单,收费低廉,有的茶客可以自带茶叶、茶具,茶馆可提供开水)三类。按照茶馆形成的地区文化背景不同,大致可以将茶馆分为川派茶馆、粤派茶馆、京派茶馆、杭派茶馆四大类。按照茶馆形制和形成时间,可以分为古代茶馆和当代茶艺馆两大类,其中,古代茶馆又可分为清茶馆、书茶馆、棋茶馆、野茶馆、大茶馆等几类,当代茶艺馆可分为仿古式茶艺馆、园林式茶艺馆、室内庭院式茶艺馆、现代式茶艺馆、民俗式茶艺馆、综合式茶艺馆等。[1] 下文重点介绍后两种分类方法及其相应类型。

---

① 刘清荣.中国茶馆的流变与未来走向[M].北京:中国农业出版社,2007.

一、不同派系茶馆的类型与特色

（一）历史悠久的川派茶馆

巴蜀是我国最早栽茶和饮茶的地区之一。四川茶馆由来已久，在巴蜀文化影响下，以综合效用见长，具有十分突出的地域特点。

四川旧时茶馆多。相传旧时中国最大的茶馆在四川，四川最大的茶馆在成都。旧时成都一般市民的住处狭窄，茶馆在无形中成了一般市民的会客厅。有客来时，主人习惯说道："走，口子上吃茶！"在茶馆中，四川人盛行自斟自饮的盖碗茶。四川人喝茶自有一套，他们视茉莉花茶、龙井等茶叶为上品，冲泡的最佳工具为铜壶和盖碗。选用铜壶，可烧出味道甜美的水，保温持久些。而闻名遐迩的盖碗功能较多：一是手拿茶船，避免手被烫伤；二是盖碗口大便于散热和饮用；三是茶盖除了可用来刮去茶碗上飘浮的泡沫，而且盖住泡好的茶可更快地泡出茶味，将茶盖反扣倒入茶汁还便于快饮解渴；最难能可贵的是茶碗、茶盖、茶船三位一体，也有很好的视觉效果。[①]

现在，四川茶馆林立，种类繁多，既是休息的场所，又是聚会、洽谈的地方，具有文化娱乐和社交等多种功能。

（二）食茶结合的粤派茶馆

饮食是广东人最鲜活的民生文化。广东茶馆对比其他地方，最大的特色是与"食"的完美结合。广州茶馆多称为茶楼，因为茶馆常设为上下两层，楼上以饮茶为主，楼下主要卖小吃、茶点，是"茶中有饭，饭中有茶"的典型，是餐饮结合的好地方。

广东茶馆具有"重商、开放、兼容、多元"的地方特色。广东人勤奋拼搏、向来早起，茶馆作为一个饮茶、吃饭的开放场所，经常能迎来"喝早茶"的客人。改革开放以来，随着经济活动和社会交往的频繁，"下海经商、创业拼搏"是广东人民生活的主旋律，喝早茶是广东人生活的重要组成部分，也是政府及众多企业、单位接待宾客的常见方式。

现在，广东茶馆业走向了空前的繁荣，存在着经营风格迥异的传统茶楼与现代化茶馆。

（三）内涵丰富的京派茶馆

茶馆文化是京味文化的一个重要方面。身处政治、经济、文化的中心，北京茶馆形成了多样化的特色，既有环境幽雅的高档茶馆，也有茶客众多的以大碗茶为经营特色的街头茶棚。

茶馆是北京民众社会、经济、文化生活的一个重要窗口。北京茶文化具有多层次、多样性的鲜明特点：有市井小民聚集喝茶形成的市民茶文化，有文人雅士的文人茶文化，还有皇

[①] 吕卓红.川西茶馆：作为公共空间的生成和变迁[D].北京：中央民族大学，2003.

亲贵胄的宫廷茶文化。进入21世纪后,北京茶文化更加多元,茶馆服务内容更加丰富。

(四)清幽高雅的杭派茶馆

杭派茶馆以幽雅著称。在吴越文化影响下,苏杭茶馆有一种风雅、诗意的情致。杭派茶馆讲究名茶、名水之配,讲究品茗、赏景之趣,这得力于地理环境和自然资源上得天独厚的优势,如西湖龙井茶与虎跑水。

杭州茶馆在经营上注重个性化的发展。新中国成立之初的杭州茶馆,种类丰富,功能较为齐全。伴随着品牌经营理念的普及,杭州茶馆也很注重品牌的打造。进入21世纪以来,日趋成熟的杭州茶馆开始进入瓶颈期,为求有所突破,追求个性化的发展,先后开办了一些具有代表性的主题茶馆、复合式茶馆和探索性茶馆等。[1]

二、历史上茶馆的类型与特色

(一)饮茶为主、娱乐为辅的清茶馆

以饮茶为主要目的、专卖清茶的茶馆,就是清茶馆。清茶馆的陈设布局简洁素雅,内设方桌木椅。茶馆门前或棚架檐头挂有木板招牌,刻有所经营的茶叶品种名称,如"毛尖""雨前""雀舌"等。在茶客较多时,还会在门外或内院搭上凉棚,搬来桌椅供来客坐饮。

(二)下棋为主、品茶为辅的棋茶馆

棋茶馆与清茶馆的布置设置甚为相似,只是棋茶馆中茶是用来助弈兴的。专供茶客下棋的棋茶馆,常以圆木或方桩埋于地下,上绘棋盘,或以木板搭成棋案,两侧放长凳。茶客喝着花茶或盖碗茶,把棋盘作为另一种人生搏击的战场,暂时忘却生活的烦忧。

(三)听书为主、品茶为辅的书茶馆

书茶馆,即设书场的茶馆,以听评书为主要内容,饮茶只是媒介。清末民初,北京出现了以说评书为主的茶馆。这种茶馆,听书才是主要目的,品茶则为辅,上午卖清茶不开书,下午和晚上请艺人临场说评书。茶客边听书边饮茶,以茶提神助兴。听书的费用,不称"茶钱",而叫"书钱"。一部大书可以说上两三个月,收入三七分账,茶馆三成,说书先生七成。评书的内容有说史的书,有公案书,有神怪书,也有才子佳人的故事,内容雅俗共赏,故吸引了各个阶层的消费者。

书茶馆直接把茶与文学联系,既传递历史知识,又达到休闲娱乐的目的。

(四)喝茶赏景两不误的野茶馆

野茶馆,就是设在野外的茶馆。这些茶馆设在风景秀丽的郊外,选择风景好、水质佳之

---

[1] 陈永华.清末以来杭州茶馆的发展及其特点分析[J].农业考古,2004(2).

处以吸引茶客。野茶馆的建立,不仅外界条件相对苛刻,同时也要注意设定与周围气候相适宜的经营内容,比如冬天就要注意茶水的保温以及使用红茶、普洱茶等茶叶。与野茶馆相类似的一种茶馆为季节性茶棚,通常设置在公园、凉亭内。季节性茶棚的茶客可以在饮茶之余,欣赏田园风光,获得一时的清静,但这种茶馆一般在冬天等特殊日子里是不营业的。

(五)功能多、规模大的大茶馆

大茶馆集饮茶、饮食、社交、娱乐于一身,是一种多功能的饮茶场所,它的社会功能往往超过了物质本身的功能。这类茶馆座位宽敞、窗明几净、陈设讲究,较其他种类茶馆规模大、影响深远,直到现在,北京、成都、重庆、扬州等地仍然有这类茶馆的踪迹。①

三、当代茶艺馆的类型与特色

"茶艺"一词,是在 20 世纪 70 年代由台湾地区茶界提出的,30 多年来已被海峡两岸的广大茶文化界人士所接受。茶艺馆的兴办,从台湾火热到大陆,各地的街头巷尾到处都可看到"茶艺馆"的招牌。茶艺馆是一种形制比较完善的茶馆。

(一)仿古式茶艺馆

仿古式茶艺馆注重对传统文化进行挖掘、整理,以某种古代传统为蓝本,在装修、室内装饰布局,以及人物服饰、语言、动作和茶艺表演等方面用现代的资源来演绎,从总体上展示古典文化的整体面貌,如宫廷式茶楼、禅茶馆等。

(二)园林式茶艺馆

园林式茶艺馆突出的是清新自然的风格,或依山傍水,或坐落于风景名胜区,营业场所比较大,由室外和室内两大空间共同组成。这种茶艺馆对地址的选择、环境的营造有较高的要求,所以数量不多。

(三)室内庭院式茶艺馆

室内庭院式茶艺馆以江南园林建筑为模板,结合品茗环境的要求,设有亭台楼阁、曲径花丛、拱门回廊、小桥流水等,给人一种"庭院深深深几许"的心理感受。室内多陈列字画、文物、陶瓷等各种艺术品,让现代人有回归自然、心清神宁的感觉,进入"庭有山林趣,胸无尘俗思"的境界。室内庭院式茶艺馆为数较多,如郑州的一壶缘茶艺馆、上海的青藤阁茶艺馆等。

(四)现代式茶艺馆

现代式茶艺馆的风格多样,经营者根据自己的志趣、爱好,结合房屋的结构依势而建,各

---

① 沈冬梅.茶馆社会文化功能的历史与未来[J].农业考古,2006(5):130-134.

具特色。现代式茶艺馆往往注重现代茶艺的开发研究,根据名人字画、古董古玩、花鸟鱼虫、报刊书籍、电脑电视等内部装饰的侧重点不同和茶馆布局不同,可将现代式茶馆分为家居厅堂式、曲径通幽式、清雅古朴式和豪华富丽式等。一般以家居厅堂式的较为多见,如郑州的泰和茶艺社、水云涧茶楼等。

（五）民俗式茶艺馆

民俗式茶艺馆追求民俗和乡土气息,以特定民族的风俗习惯、茶叶、茶具、茶艺或乡村田园风格为主线,形成相应的特点。它强调民俗乡土特色,包括民俗茶艺馆和乡土茶艺馆两大类。

（六）综合式茶艺馆

综合式茶艺馆以茶艺为主,同时又提供茶餐、酒水、咖啡、棋牌等服务,以满足客人的多种需求。

当代茶馆以各种风格的茶艺馆为主,但也有突出异国情调的衍生类茶馆。这类茶馆在建筑风格、装潢格调、室内陈设和茶文化精粹等方面模仿国外的茶馆,连经营中的服务手段也是在以国外为蓝本的基础上有所创新,在中国的这类茶馆主要有日式、韩式、欧式等。

另外,还有一类衍生的茶馆,它们追时尚、赶潮流,如音乐茶座、茶吧。这类茶馆规模相对小些,除了提供茶饮外,还同时提供布艺、花道、咖啡等,客人还可看书、上网,甚至有的还可以提供DIY(自己动手做)茶具的服务项目。

第三节 茶馆的性质与功能

从古到今,茶馆经历了上千年的演变。在这个过程中,中国茶馆在形制上和功能上不仅具有各个时代的烙印,也具有明显的地域特征。随着社会经济的发展,人们物质、精神的需求不断丰富发展,人们对茶馆的物质消费需求的比重在不断下降,精神文化需求的比重则在上升;而茶馆也由单纯经营茶水的功能,衍生出了诸多其他的功能。

需求决定消费,消费影响生产与经营,因此,为研究茶馆的性质与功能,可以从研究茶馆消费者的类型切入研究。茶馆的功能与进茶馆的消费目的联系紧密,可将具有不同消费目的的消费者分为饮茶型、休闲型、商务型和文化活动型四种类型,相应的,茶馆的功能就可以大体细分为餐饮功能、娱乐功能、社交功能和审美功能等,详见图5-1。

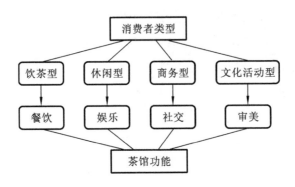

图 5-1　茶馆功能与消费者类型的关系图

一、饮茶型茶客和餐饮功能

饮茶型茶客，或仅以喝茶解渴为主要目的，或以喝茶和吃各类茶食、茶点为主要目的。

茶馆的餐饮功能体现在，茶客不仅能在茶馆聚众饮茶，而且也能品尝到各种精美的茶食、茶点、茶肴。餐饮与人们的生活息息相关。饮茶、吃茶膳是餐饮中的一部分，再加上饮茶还是促成茶馆形成的重要前提，因此，餐饮功能作为茶馆功能已然实至名归。《茶经》《古今茶事》等古代书籍中都有提到，茶馆能为茶客供应瓜子、蜜饯，以及糕饼、春卷、水饺、烧卖等各种小吃来作为茶点。而《清稗类钞》还记载了当时茶馆有两种：一种是以清茶为主、出售南果的江南茶馆；另一种是荤铺式茶馆，即茶、点心、饭菜同时供应。从宋代开始，延续至今，城市茶馆兴隆，供应茶饮、茶点、茶食、饭菜等。例如，现今杭州西湖区龙井路"茶乡酒家"提供正宗西湖龙井和具有茶乡特色的地方农家菜，湖州"永和"茶馆设有任人选择的自助式茶餐，武汉青山路"茶天"采用家传手艺烹制平时难以吃到的野味和野菜，南京夫子庙"魁光阁茶馆"专营茶与"秦淮八绝"风味小吃。茶馆的这一功能让客人多了一份乐趣和享受，显示其生命力，点心佐茶在茶馆业的发展过程中流行起来是一种必然趋势。①

二、休闲型茶客和娱乐功能

休闲型茶客以休闲娱乐为主要目的，所以对茶馆的环境、舒适度、背景音乐等方面要求较高，对茶馆在文化活动的设计上要求比较高。客人各有所好，有的爱听戏，有的爱下棋，有的爱赏乐，有的爱收藏，不一而足。

品茶是休闲的一种方式，茶馆是人们休闲时寻求的最佳场所之一。明末以来，茶馆已成了城市中重要的社交娱乐中心。现代人要懂得调养自己的情性，要懂得在"玩"中求得身心的放松，提高自己的素养，通过品茶的休闲之道，以达到生命保健和体能恢复的目的。工作之暇到茶馆，沏上一壶茶，闭目养神，心情宁静，疲劳渐消，这是一种舒适的生活享受。现在，

---

① 赵甜甜.茶馆功能的演变[J].中国茶叶,2009(7).

都市人向往返璞归真的生活状态,近年来更是出现了一批自称"慢活族"的白领,他们提倡工作之余要让生活节奏慢下来,他们更是支持休闲旅游事业发展的主力军。为了满足这些人的消费需求,现在许多景点均有不同类型和规模的茶馆,如德清下渚湖湿地湖中央地带的茶亭、杭州湖滨公园仿宋古典格局的"翁隆盛茶馆"、西子湖畔的"大佛茶庄"等都是人们旅游休闲的理想胜地。

人们在茶馆除了品饮香茶、小憩养神外,还可邀三五小友小聚茶馆,海阔天空地神聊半日,当然还可以把玩壶具,或同他人下棋、打牌、猜谜、听戏等。总之,每个人都可以到茶馆放松一下,同时又可以找到各自的乐趣。20世纪90年代后期,由于受到我国台湾地区茶艺馆热潮的影响,其他地方也纷纷效仿,而且获得了成功人士和都市白领的青睐。

三、商务型茶客和社交功能

商务型茶客认为,茶馆较办公室而言温暖轻松,同时又具有开放性的特点。由于是商务会谈,所以他们对茶馆茶叶的档次、茶馆环境的好坏、茶馆装修的品位等方面要求较高。[①]

(一) 社交

在茶馆,商务型茶客进行着一些商务活动,而这些商务活动得以顺利进行的基础是茶馆的社交功能。茶馆历来就是人们日常生活中重要的社交场所。茶馆在性质上是城市中最简便、最普及的聚会社交场所,因此也容易发展成为常态性的集会中心。据《儒林外史》第24回记载:戏子鲍文卿离乡良久,返乡后意图重回戏行,为打探消息,就"到(戏行)总寓傍边茶馆内去会会同行。才走进茶馆,只见一个人……独自坐在那里吃茶。鲍文卿近前一看,原是他同班唱老生的钱麻子。——茶馆里拿上点心来吃。吃着,只见外面又走进一个人来——钱麻子道:'黄老爹,到这里来吃茶。'……黄老爹摇手道:'我久已不做戏子了。'"显然,茶馆是这些戏行中人一个很重要的聚会场所,在此茶馆成了戏行的一个聚会社交的中心。当然,随着社会的向前推进,茶馆除了扮演戏行的一个聚会社交中心的角色,也在一些常态性的聚会中起着重要作用。如《吴门表隐》中说:"米业晨集茶肆,通交易,名'茶会'。娄齐各行在迎春坊,葑门行在望汛桥,阊门行在白姆桥及铁铃关。"[②]

(二) 资讯

茶馆具有社交功能,而资讯的交流是社交活动中的重要一环:相随于人与人的集散,通过言语和肢体的交流互动,从而促使社交的过程和目的——信息的交换得以顺利地进行。茶馆在城市中作为一个被消费的开放空间,只要有基本的消费能力,就能消费这里的饮食和

---

① 徐永成.21世纪茶馆发展趋势[J].茶叶,2001(3).
② 顾震涛.吴门表隐[M].南京:江苏古籍出版社,19861:347.

空间,而其消费过程也正是社交活动与信息流通的过程。《丹午笔记》中提道:金狮巷汪姓富人因"两子以暧昧事,杀其师,不惜挥金贿通上下衙门,以疑案结局";但他发现"惟公不可以利诱",并且还发现"于清端公成龙喜微行。察疑,求民隐。——陈恪勤公鹏年守吴,亦喜微行";接着他利用官员的习性,命人"重贿左近茶坊、酒肆、脚夫、渡船诸人,嘱其咸称冤枉。公察之,众口如一,不深究"。① 在此事件中,狡猾富人制造民情,并将自己制造出来的"民情"作为资讯,命人将消息在流通场所——茶坊、酒肆大肆宣传,结果,官员因有在茶坊、酒楼了解民情的习性,便中了富人下的套。可见,当时的茶馆在城市是一个主要的消息流通场所。

(三) 商务

宋时茶馆已现商务活动的端倪,甚至还出现了"专供茶事之人"的"茶博士",人们聚集茶馆既是物质生活的需要、精神生活的享受,也是人们人际交往、行业交易的需求。《东京梦华录》也曾记述,京城开封的封丘门外商贩集中的马行街的茶坊是当时最为兴盛的活动场所,各行打工卖技者聚会至此,同时也会聚"行老"以揽工的茶肆。随着社会经济的发展,至民国时期,各种茶馆的商务活动功能十分明显,大、中茶馆中进行着各种行业的交易,小型的乡镇茶馆中农民也在进行土地的买卖交易。每逢寒暑假时,有些学校就在成都茶馆进行一些招聘工作,校方与待聘教师边喝茶边议定聘约。地处闹市中心的浙江硖石镇的"大富贵茶店",又称"同业茶馆",茶客大都是镇上各商界头面人物,按行业不同聚集在茶桌上交谈行情、生意经,常有当堂拍板成交的,有些老板、经理也会尽量坚持天天下午到茶馆的习惯,从而获取信息,做出商业决策。②

当今,现代化的茶馆成了很多商务人士的第二办公室。一些高档的现代化的茶馆很受现代人的青睐,因为这种茶馆备有电脑、打印机、传真机、复印机等设备,为茶客提供免费上网服务,其风格与老式茶馆迥异。生意奔忙的老板是这类茶馆的常客,他们可以在惬意地品尝茶点、果品的同时进行商务洽谈,有时还会通过网络谈生意。

四、文化活动型茶客与审美功能

文化活动型茶客对茶有一些研究,对茶的品质、茶的冲泡、茶具的选择、茶艺表演等相关方面要求较高,他们希望在茶楼品茶的同时还能学到丰富的知识。

一个城市或地区的茶馆,由于其独有的打理手法以及茶客在里面的消费方式,自身就会形成一道城市文化景致。而对于异乡游人较多的茶馆来说,游人进入某种环境的茶馆,也变成他理解这个城市文化独特风格的窗户。

---

① 顾公燮.丹午笔记[M].南京:江苏古籍出版社,1985:136.
② 王鸿泰.从消费的空间到空间的消费——明清城市中的茶馆[J].上海师范大学学报(哲学社会科学版),2008(5):49-57.

审美是人们的一种高层次的精神需求。茶馆文化之所以被看作是一种很重要的茶文化,不仅在于它能满足人们解渴的生理需要,更重要的还在于它能满足人们审美欣赏、养生怡情等高层次的精神需要。茶馆具有一种魅力,而这种魅力的来源就是文化,它吸引着人们进出茶馆消费。茶馆提供的审美对象是多方面的,其审美功能大体体现在以下几个方面。

(一)展现美不胜收的文化风格

(1)境美:茶馆设置在风景宜人的山水园林之间,善用亭、台、楼、阁等古建筑模式,使茶人能一边品茗,一边享受来自自然山水的审美感受。

(2)茶美:茶人细细品啜香茗,重在意境,追求精神上的满足;从茶汤美妙的色、香、形中,茶人可以得到审美的愉悦。

(3)器美:茶器(具)作用多,除了充当品茶之具外,从壶艺欣赏的角度来说,美的茶具还具有审美的作用。

(4)艺美:在茶艺馆举行观赏性的茶艺表演,等同于一项普及茶文化知识的艺术活动,这让茶客从中领略到一些茶文化知识,同时也得到一种艺术美的享受。

(二)促进文化娱乐表演的发生发展

茶馆引入文化娱乐和文化艺术表演,最初的想法只是为多招揽一些顾客,让顾客来茶馆消费的目的多样化。文化娱乐表演进入茶馆,由来已久。如今的茶馆文化娱乐功能卓然,茶馆是朋友聚会、喝茶、谈话的地方,从"不卖门票,只收茶钱",可看出看戏不过是附带性质的。梅兰芳先生曾说"最早的戏馆统称茶园",在历经不同时代的洗礼后,有一种新的活动场所——"戏馆"慢慢地崭露头角,它同茶馆性质不太相同,是以看戏为主,附带喝茶。

(三)便利文人墨客论诗吟诗

环境幽雅宁静的茶馆,布置得高洁、精美,容易吸引文人墨客在此聚会作文、论诗吟诗。民国时期,北京、上海等地的男女大学生经常选择在一个有典雅氛围的茶馆中聚会讨论哲学、时政、文学。去茶馆品茶谈文,还有戏剧家李健吾、上海剧专校长熊佛西等人。在茶馆完成的作品,据说有鲁迅的译作《小约翰》、曹禺的《日出》。诗人徐志摩是茶馆的常客,他常假茶座会友谈文吟诗。[①]

(四)获得培训学习的机会

在茶馆除了可以欣赏各类艺术表演和文化娱乐活动,还可以获得培训学习的机会。北京市海淀区高梁桥斜街处的"百草园茶艺馆",每周四设有茶健康讲座,周六、周日为各茶艺普及培训班,还不定期举行现场炒制绿茶的活动。上海控江路"车马炮茶馆"则定期举办茶

---

① 吴旭霞.茶馆闲情:中国茶馆的演变与情趣[M].北京:光明日报出版社,1999.

道讲座和花道讲座,肇嘉浜路"松竹林"茶坊也定期举办插花培训班。在茶楼举办培训班、讲座,以及现场表演与茶相关的各种活动,使得茶客喝茶的同时既丰富了知识又充实了生活。①

随着经济文化的发展,艺术文化氛围日益浓重,为适应不同阶层的需求,茶馆的表现形式日益丰富多彩,形成了独特的茶馆文化。有需求就会有市场,有市场就有商机,而每个社会阶段都不乏一些善于发现商机的商人。正是在他们的努力之下,中国茶馆业才能较为顺利地向前发展。

第四节　当代著名茶馆(茶楼)介绍

一、北京的老舍茶馆

老舍茶馆是以人民艺术家老舍先生及其名剧《茶馆》命名的茶馆,它位于天安门广场西南面前门西大街3号楼,与北京古商业街大栅栏为邻,地理位置独特,京味传统文化底蕴深厚。始建于1988年,创办初期营业面积有600多平方米,现营业面积为3 300多平方米,是中国实施改革开放政策以后创办起来的中国第一家民俗文化茶馆(见图5-2)。

图5-2　中国第一家民俗文化茶馆——老舍茶馆

老舍茶馆是集京味文化、茶文化、戏曲文化、食文化于一身,融书茶馆、餐茶馆、清茶馆、大茶馆、野茶馆、清音桌茶馆六大老北京传统茶馆形式于一体的京味文化茶馆。

---

① 李菊兰.试述茶馆的发展演变[J].陆羽茶文化研究,2008(18).

老舍茶馆地处前门,是寸土寸金之地,内设老舍茶馆演出大厅、品珍楼、老舍茶庄、大碗茶老二分、工艺品大厅、四合茶院和新京调茶餐坊。在这古香古色、京味十足的环境里,宾客可以听悠扬的古筝,看精湛的茶艺表演,品馨香的好茶以及各式宫廷细点、北京传统风味小吃、京味佳肴茶宴和宫廷茶宴,还可以欣赏到来自曲艺、戏剧等各界名流的精彩表演。家里要是来了外国朋友或是外地亲戚,老舍茶馆不失为一个招待的好去处。

开业以来,老舍茶馆已接待了美国前总统布什、日本前首相海部俊树、柬埔寨首相洪森等众多外国首脑,以及众多社会名流和数万中外游客,已然成为展示民族文化精品的特色"窗口"和联接国内外友谊的"桥梁"。

二、吉林的雅贤楼茶艺馆

雅贤楼茶艺馆始建于 1999 年春,是长春市最早创建的茶艺馆之一。三层建筑,营业面积 600 平方米。地处长春市文化、商业中心,东与南湖公园比邻,西与东北师大附中接壤,前庭面临同志街,后院依傍自由大路,交通便利,四通八达,环境幽雅,鸟语花香。雅贤楼是吉林长春第一家最具传统装饰风格的茶艺馆(见图 5-3),装修风格以中国传统文化为底蕴,雕梁画栋,飞檐重叠,气势恢弘。

图 5-3　吉林长春第一家传统装饰风格的茶艺馆——雅贤楼茶艺馆

雅贤楼一楼大厅清新自然,曲水流觞,曲径通幽,竹影婆娑,石子小道,数十位宜兴紫砂名家的几百款真品紫砂陈列其中,是东北地区最具规模、最规范的一座精品紫砂艺术馆。楼上包房陈设清新,古朴典雅,风格温馨怀旧,既有明清宫廷气派,又有江南园林风骨。隔窗远望,南湖美景尽收眼底,如荫的绿树,碧蓝的湖水,荡漾的小舟,令人心旷神怡,确是东北地区少有的几家大茶楼之一。三楼新设立的雅贤楼讲堂,宽敞明亮,陈设古朴,满堂红木家具尽显豪华。进得雅贤楼,茶诗、茶情、茶韵无处不在。

雅贤楼"雅"在其浓郁的文化气息,文艺界和书画界的老前辈们常常在此谈古论今,挥毫泼墨,名家大作多有悬于雅贤楼之厅堂,使雅贤楼"翰墨"之气更浓,人文环境日趋"贤雅"。

雅贤楼茶艺馆现已成为长春市旅游的一处亮点,同时也成为多部电影、电视节目的录制场地,身临其境恍若回到我们心目中追求的理想生活境界,是难得的修心养性之地、品茗交友之所。

三、上海的湖心亭茶楼

湖心亭茶楼是上海现存的最为古老的茶楼(见图5-4),建亭至今已有200余年的历史。湖心亭原系明代嘉靖年间由四川布政司潘允端所构筑,属豫园内景之一,名曰"凫佚亭"。湖心亭茶楼能容纳200余人品茶,古朴典雅的设备布置极富民族传统特色。从九曲桥步入茶楼,踩着木梯而上便可看见木头的桌子、椅子、凳子,配着木头的屋梁、窗棱,融和在茶的清香中;穿着蓝布衣褂的女孩子笑盈盈地为你端上一杯香茗,或者为你推荐富有特色的休闲小吃。

图5-4　沪上最古老的茶楼——19世纪40年代的湖心亭茶楼

茶楼每天吸引着大量中外游客,还曾接待过英国女王伊丽莎白二世等许多国家元首和中外知名人士。小小茶楼已成为上海市接待元首级国宾的特色场所,蜚声海内外。

四、重庆的中华茶艺山庄

中华茶艺山庄始建于1999年4月,由永川旅游局、茶研所和何代春先生共同投资 7 000

多万元人民币修建。为了适应市场的需求,中华茶艺山庄于2003年4月按照国际四星级标准进行第二次扩建。

中华茶艺山庄(见图5-5)坐落于重庆市郊山竹海风景区内,占地面积75亩,建筑面积22 000平方米,是西南地区唯一的特色茶文化度假山庄,是重庆市热点旅游西线之一景。中华茶艺山庄掩映于7万亩原生态天然氧吧——茶山竹海之中,景致秀丽,四季宜人。中华茶艺山庄设有茗香居(客房)、国际会议中心、茶膳堂、茶艺楼、娱乐中心等高档配套设施,融合了采茶、自炒茶、茶艺、茶娱、茶膳和茶浴等服务项目。

图5-5　重庆中华茶艺山庄

小结

中国茶馆的发展和演变是一个漫长的过程,大致经历了萌芽、兴起、兴盛、普及、繁盛、衰微和复兴几个阶段。茶馆是爱茶者的乐园,也是以营业为目的,供人们休息、消遣、娱乐和交际的活动场所。

历史上的茶馆种类很多,可以按不同的分类标准将茶馆分为不同的类型:根据规模大小,可以将茶馆分为大型茶馆、中型茶馆、小型茶馆和微型茶馆;根据茶馆的装修、硬件软件设施、服务质量等,可将茶馆分成高档茶馆、中档茶馆和低档茶馆三类;按照茶馆形成的地区文化背景不同,大致可以将茶馆分为川派茶馆、粤派茶馆、京派茶馆、杭派茶馆四大类;按照茶馆形制和形成时间,可以分为古代茶馆和当代茶艺馆两大类。

随着社会经济的发展,人们物质、精神的需求不断丰富发展,人们对茶馆的物质消费需求的比重在不断下降,精神文化需求的比重则在上升;而茶馆也由单纯经营茶水的功能,衍生出了餐饮功能、娱乐功能、社交功能和审美功能诸多其他功能。

当代比较著名的茶馆(茶楼)有:北京的老舍茶馆、吉林的雅贤楼茶艺馆、上海的湖心亭茶楼和重庆的中华茶艺山庄,等等。

思考题

1. 茶馆的功能大体可以分为哪几类？
2. 茶艺馆与旧茶馆之间的区别主要有哪些？
3. 简述川派茶馆的特色。
4. 简析我国茶馆的发展趋势。

第六章 科学饮茶

第一节 茶：主要成分与营养元素

迄今为止，茶叶中经分离、鉴定的已知化合物有 700 余种，其中包括初级代谢产物——蛋白质、糖类、脂肪，以及茶树中的二级代谢产物——多酚类、茶氨酸、生物碱、色素、芳香物质、皂甙等。茶叶中的无机化合物总称灰分，茶叶灰分（茶叶经 550 ℃灼烧灰化后的残留物）中主要是矿质元素及其氧化物，其中常量元素有氮、磷、钾、钙、钠、镁、硫等，其他元素含量很少，称微量元素。茶叶中的化学成分，按其主要成分归纳起来有 10 余类，它们在干物质中的含量如表 6-1 所示[①]。

表 6-1 茶叶中的化学成分及在干物质中的含量

成　　分	含　　量	组　　成
蛋白质	20%～30%	谷蛋白、精蛋白、球蛋白、白蛋白等
氨基酸	1%～4%	茶氨酸、天门冬氨酸、谷氨酸等 26 种
生物碱	3%～5%	咖啡碱、茶叶碱、可可碱
茶多酚	18%～36%	主要有儿茶素、黄酮类、花青素、花白素和酚酸
脂类化合物	8%	脂肪、磷脂、硫脂、糖脂和甘油脂
糖　类	20%～25%	纤维素、果胶、淀粉、葡萄糖、果糖、蔗糖等
色　素	1%左右	叶绿素、胡萝卜素类、叶黄素类、花青素类
维生素	0.6%～1.0%	维生素 C、A、E、D、B_1、B_2、B_3 等
有机酸	3%左右	苹果酸、柠檬酸、草酸、脂肪酸等
芳香类物质	0.005%～0.03%	醇类、醛类、酮类、酸类、酯类、内酯等
矿物质	3.5%～7.0%	钾、钙、磷、镁、锰、铁、硒、铝、铜、硫、氟等

依据现代营养学和医学原理，可将这些化学成分划分为两大类，即营养成分和药效成

---

① 宛晓春. 茶叶生物化学[M]. 北京：中国农业出版社，2003.

分。营养成分包括蛋白质、氨基酸、维生素类、糖类、矿物质、脂类化合物等[①]，药效成分包括生物碱、茶多酚及其氧化产物、茶叶多糖、茶氨酸、茶叶皂素、芳香物质等[②]。

一、茶叶中的氨基酸

氨基酸是茶叶中具有氨基和羧基的有机化合物，是茶叶中的主要化学成分之一，是影响茶叶滋味、香气的重要品质成分。茶叶氨基酸的组成、含量，以及它们的降解产物和转化产物，也直接影响茶叶品质。氨基酸在茶叶加工中参与茶叶香气的形成，它所转化而成的挥发性醛或其他产物，都是茶叶香气的成分。茶叶中各种氨基酸含量的多少与茶类关系密切，如谷氨酸以绿茶最多，其次是青茶和红茶；精氨酸以绿茶最多，红茶次之；茶氨酸以白茶最多，其次为绿茶和红茶。若以氨基酸总量而论，绿茶多于红茶和白茶，接着黄茶和乌龙茶，黑茶含量相对较低[③]；但对同一茶类中同一种茶而言，则是高级茶多于低级茶。

茶叶中发现并已鉴定的氨基酸有 26 种，除 20 种蛋白质氨基酸（甘氨酸、丙氨酸、亮氨酸等）均发现存在于游离氨基酸中之外，还检出 6 种非蛋白质氨基酸（茶氨酸、γ-氨基丁酸、豆叶氨酸、谷氨酰甲胺、天冬酰乙胺、β-丙氨酸）并不存在于蛋白质中，属于植物次生物质。其中最主要的为茶氨酸，其可以说是茶叶中游离氨基酸的主体部分，大量存在于茶树中，特别是芽叶、嫩茎及幼根中，在茶树的新稍芽叶中，70%左右的氨基酸是茶氨酸。由于茶氨酸在游离氨基酸中所占比重特别突出，逐渐为人们所重视。

茶氨酸是茶树中一种比较特殊的、在一般植物中罕见的氨基酸，是茶叶的特色成分之一。茶氨酸是茶叶中含量最高的氨基酸，约占游离氨基酸总量的 50% 以上，占茶叶干重的 1%～2%。

二、茶叶中的维生素

茶叶中含有多种维生素，有维生素 A、维生素 D、维生素 E、维生素 K、维生素 C、维生素 P、维生素 U、B 族多种维生素和肌醇等。茶叶中的维生素可称为"维生素群"，饮茶可使"维生素群"作为一种复方维生素补充人体对维生素的需要。如每 100 克茶叶中维生素 C 含量在 100～500 毫克，优质绿茶大多在 200 毫克以上，其含量比等量的柠檬、菠萝、苹果、橘子还多。因此，喝茶可以治疗和防止因为缺乏维生素类的疾病发生，对人体具有极强的保健功效。[④]

维生素虽然广泛存在于茶叶中，但不同茶类的含量却有不同，一般来说，绿茶多于红茶，

[①] 陈睿.茶叶功能性成分的化学组成及应用[J].安徽农业科学,2004(5):1031-1036.
[②] 王汉生.茶叶药理成分与人体健康[J].广东茶业,1995(4):28-34.
[③] 安徽农学院.茶叶生物化学(第二版)[M].北京:农业出版社,1984.
[④] 王宏树.茶叶中含有多种维生素利于延年益寿[J].农业考古,1995(4):159-161.

优质茶多于低级茶,春茶多于夏茶、秋茶。

三、茶叶中的糖类物质

茶鲜叶中的糖类物质,包括单糖、寡糖、多糖及少量其他糖类。单糖和双糖是构成茶叶可溶性糖的主要成分,是组成茶叶滋味物质之一。茶叶中的多糖类物质主要包括纤维素、半纤维素、淀粉和果胶等,其中大部分多糖是不溶于水的。糖类在茶叶中含量占25%(占干物质重)左右,其中可溶性的(包括加工后水解出的可溶性糖和糖基)占干物质总量的4%左右。① 因此,茶叶属于低热能饮料,适合糖尿病及忌糖患者饮用。

在茶叶中有一类特殊的糖类物质——茶多糖,由于单糖分子中存在多个羟基,容易被氨基、甲基、乙酰基等取代,因此以单糖为基本组成单位的茶叶复合多糖组成复杂。茶叶中具有生物活性的复合多糖,一般称为茶多糖,是一类与蛋白质结合在一起的酸性多糖或酸性糖蛋白。

中国和日本民间都有用粗老茶医治糖尿病的传统。现代医学研究表明,茶多糖是用茶叶治疗糖尿病时的主要药理成分。② 茶多糖由茶叶中的糖类、蛋白质、果胶和灰分等物质组成,茶新梢的粗老叶中含量较高,茶多糖的单糖组成主要以葡萄糖、阿拉伯糖、木糖、岩藻糖、核糖、半乳糖等为主。③ 一般来讲,原料愈粗老茶多糖含量愈高,等级低的茶叶中茶多糖含量高。在治疗糖尿病方面,粗老茶比嫩茶效果要好。④

四、茶叶中的多酚类及其氧化产物

(一)茶鲜叶中的多酚类物质

茶树新梢和其他器官都含有多种不同的酚类及其衍生物(下简称为"多酚类"),茶叶中这类物质原称"茶单宁"或"茶鞣质"。茶鲜叶中多酚类的含量一般为18%~35%(干重)。它们与茶树的生长发育、新陈代谢和茶叶品质关系非常密切,对人体也具有重要的生理活性,因而受到人们的广泛重视。

茶多酚类(tea polyphenols)是一类存在于茶树中的多元酚的混合物。茶树新梢中所发现的多酚类分属于儿茶素(黄烷醇类)、黄酮、黄酮醇类,花青素、花白素类,酚酸及缩酚酸等。其中最重要的是以儿茶素为主体的黄烷醇类,其含量占多酚类总量的70%~80%,是茶树次生物质代谢的重要成分,也是茶叶保健功能的首要成分⑤,对茶叶的色、香、味品质的形成有

---

① 顾谦,陆锦时,叶宝存.茶叶化学[M].合肥:中国科学技术大学出版社,2002:30-48.
② 汪东风,杨敏.粗老茶治疗糖尿病的药理成分分析[J].中草药,1995(5):255-257.
③ 汪东风,谢晓风,等.茶多糖的组分及理化性质[J].茶叶学,1996(1):1-8.
④ 汪东风,谢晓风,王泽农,等.粗老茶中的多糖含量及其保健作用[J].茶叶科学,1994(1):73-74.
⑤ 毛清黎,施兆鹏,李玲,等.茶叶儿茶素保健及药理功能研究新进展[J].食品科学,2007(8):584-589.

重要作用。茶叶中儿茶素以表儿茶素(EC)、表没食子儿茶素(EGC)、表儿茶素没食子酸酯(ECG)、表没食子儿茶素没食子酸酯(EGCG)四种含量最高,前两者称为非酯型儿茶素或简单儿茶素,后两者称为酯型儿茶素或复杂儿茶素,一般酯型儿茶素的适量减少有利于绿茶滋味的醇和爽口。由于儿茶素具有易被氧化的特性,在红茶或乌龙茶制造过程中,儿茶素类易被氧化缩合形成茶黄素类,茶黄素类可进一步转化为茶红素类,再由茶黄素类和茶红素类进一步氧化聚合则可形成茶褐素类物质。这三种多酚类氧化产物的含量和所占的比例,对红茶或乌龙茶的品质形成至关重要。[①]

(二)茶叶加工过程中形成的色素

色素是一类存在于茶树鲜叶和成品茶中的有色物质,是构成茶叶外形色泽、汤色及叶底色泽的成分,其含量及变化对茶叶品质起着至关重要的作用。在茶叶色素中,有的是鲜叶中已存在的,称为茶叶中的天然色素;有的则是在加工过程中,一些物质经氧化缩合而形成的。茶叶色素通常分为脂溶性色素和水溶性色素两类,脂溶性色素主要对茶叶干茶色泽及叶底色泽起作用,而水溶性色素主要是对茶汤有影响。

1. 茶黄素类(theaflavin,TF_S)

茶黄素是红茶中的主要成分,是多酚类物质氧化形成的一类能溶于乙酸乙酯的、具有苯并卓酚酮结构的化合物的总称。

茶黄素类(TF_S)对红茶的色、香、味及品质起着决定性的作用,是红茶汤色"亮"的主要成分,是茶汤滋味强度和鲜度的重要成分,同时也是形成茶汤"金圈"的主要物质。茶黄素能与咖啡碱、茶红素等形成络合物,温度较低时显出乳凝现象,是茶汤"冷后浑"的重要因素之一。茶黄素含量的高低,直接决定红茶滋味的鲜爽度,与低亮度也呈高度正相关。

2. 茶红素(thearubigins,TR_S)

茶红素是一类复杂的红褐色的酚性化合物。它既包括儿茶素酶促氧化聚合、缩合反应产物,也包括儿茶素氧化产物与多糖、蛋白质、核酸和原花色素等产生非酶促反应的产物。

茶红素是红茶氧化产物中最多的一类物质,含量为红茶的6%~15%(干重),该物为棕红色,能溶于水,水溶液呈酸性、深红色,刺激性较弱,是构成红茶汤色的主体物质,对茶汤滋味与汤色浓度起极其重要的作用。茶红素参与"冷后浑"的形成,此外,还能与碱性蛋白反应沉淀于叶底,从而影响红茶叶底色泽。通常认为,茶红素含量过高有损红茶品质,使滋味淡薄,汤色变暗;而茶红素含量太低,茶汤红浓则不够。Roberts认为,TR_S/TF_S比值过高,茶汤深暗,鲜爽度不足;TR_S/TF_S比值过低时,亮度好,刺激性强,但汤色红浓度不够。一般$TF_S>0.7$,$TR_S>0.1$,$TR_S/TF_S=10~15$时,红茶品质优良。

[①] 刘仲华,等.红茶和乌龙茶色素与干茶色泽的关系[J].茶叶科学,1990(1):59-64.

3. 茶褐素类(theabrownine,TB)

茶褐素为一类水溶性非透析性高聚合的褐色物质,其含量一般为红茶中干物质的4%~9%,是造成红茶茶汤发暗的重要原因,是茶汤无收敛性的重要原因。[1] 其主要组分是多糖、蛋白质、核酸和多酚类物质,由茶黄素和茶红素进一步氧化聚合而成,化学结构及其组成有待探明。

五、茶叶中的矿物质

茶叶能提供人体组织正常运转所需的矿物质元素。维持人体的正常功能需要多种矿物质,人体每天所需量在100毫克以上的矿物质被称为"常量元素",人体每天所需量在100毫克以下的为"微量元素"。到目前为止,已被确认与人体健康和生命有关的必需常量元素有钠、钾、氯、钙、磷和镁;微量元素有铁、锌、铜、碘、硒、铬、钴、锰、镍、氟、钼、钒、锡、硅、锶、硼、钶、砷18种。人缺少了这些必需元素,就会出现疾病,甚至危及生命。茶叶中有近30种矿物质元素,与其他食物相比,饮茶对钾、镁、锰、锌、氟等元素的摄入最有意义。

茶叶中,钾的含量居矿物质元素含量的第一位,是蔬菜、水果、谷类中钾含量的10~20倍,因此,喝茶可以及时补充钾的流失;锌的含量高于鸡蛋和猪肉中的含量,锌在茶汤中的溶出率高达35%~50%,容易被人体吸收,所以茶叶被列为锌的优质营养源;氟的含量比一般植物高10倍甚至几百倍,喝茶是摄取氟离子的有效方法之一;硒主要为有机硒,容易被人吸收,且在茶汤中的浸出率为10%~25%,在缺硒地区普及饮用富硒茶是解决硒营养问题的最佳方法;锰含量也很高,在30%左右,比水果、蔬菜约高50倍,因此喝茶是补充锰元素的比较好的选择。

饮茶也是磷、镁、铜、镍、铬、钼、锡、钒的补充途经。茶叶中,钙的含量是水果、蔬菜的10~20倍,铁的含量是水果、蔬菜的30~50倍。但是,钙、铁在茶汤中的溶出率极低,无法满足人体的日需量。所以,饮茶不能作为人体补充钙、铁的主要途径,可以通过食茶来补充。[2]

六、茶皂甙

皂甙,又名皂素、皂角甙或皂草甙,是一类结构比较复杂的糖苷类化合物,由糖链与三萜类、甾体或甾体生物碱通过碳氧键相连而构成。茶皂素是一类齐墩果烷型五环三萜类皂甙的混合物,其基本结构由皂甙元、糖体、有机酸三部分组成。

皂甙化合物的水溶液会产生肥皂泡似的泡沫,因此得名。许多药用植物都含有皂甙化合物,如人参、柴胡、云南白药、桔梗等。这些植物中的皂甙化合物都具有保健功能,包括提高免疫功能、抗癌、降血糖、抗氧化、抗菌、消炎等。

---

[1] 熊昌云,彭远菊.红茶色素与红茶品质关系及其生物学活性研究进展[J].茶业通报,2006(4):155-157.
[2] 李旭玫.茶叶中的矿质元素对人体健康的作用[J].中国茶叶,2002(2):30-31.

茶皂素又名茶皂甙,是一种性能良好的天然表面活性剂,能够用来制造乳化剂、洗洁剂、发泡剂等。茶皂素与许多药用植物的皂甙化合物一样,具有许多生理活性,如降血糖、降血脂、抗辐射、增强免疫功能、抗凝血、抗血栓以及对羟基自由基的清除作用。[①]

七、茶叶中的生物碱

茶叶中的生物碱,主要是咖啡碱、可可碱及少量的茶叶碱,这三种都是黄嘌呤衍生物。

(一) 咖啡碱

茶叶中咖啡碱的含量一般占 2%～4%,但随茶树的生长条件及品种来源的不同会有所不同,如遮光条件下所栽培茶树的咖啡碱的含量较高。咖啡碱也是茶叶重要的滋味物质,其与茶黄素以氢键缔合后形成的复合物具有鲜爽味,因此,茶叶咖啡碱含量也常被看作是影响茶叶质量的一个重要因素。

此外,鲜茶叶在老嫩之间的咖啡碱含量差异也很大,细嫩茶叶比粗老茶叶含量高,而夏茶的咖啡碱比春茶含量高。因一般植物中含咖啡碱的并不多,故这也属于茶叶的特征性物质。

(二) 茶叶碱与可可碱

茶叶碱、可可碱的药理功能与咖啡碱相似,都具有兴奋、利尿、扩张心血管与冠状动脉等作用,但是各自在功能上又有不同的特点。茶叶碱有极强的舒张支气管平滑肌的作用,有很好的平喘作用,可用于支气管哮喘的治疗。此外,茶叶碱在治疗心力衰竭、白血病、肝硬化、帕金森病、高空病等方面也有一定的作用。

八、茶叶中的芳香物质

茶叶中的芳香物质,也称"挥发性香气组分"(VFC),是茶叶中易挥发性物质的总称。茶叶香气是决定茶叶品质的重要因子之一。所谓茶香,实际是不同芳香物质以不同浓度组合,并对嗅觉神经综合作用所形成的茶叶特有的香型。茶叶芳香物质实际上是由性质不同、含量悬殊的众多物质组成的混合物。迄今为止,已分离鉴定的茶叶芳香物质约有 700 种,但其主要成分仅为数十种,如香叶醇、顺-3-己烯醇、芳樟醇及其氧化物、苯甲醇等;它们有的是红茶、绿茶、鲜叶共有的,有的是各自分别独具的,有的是在鲜叶生长过程中合成的,有的则是在茶叶加工过程中形成的。

[①] 陈海霞.茶多糖对小鼠实验性糖尿病的防治作用[J].营养学报,2002(1):85-88;王丁刚,王淑如.茶叶多糖的分离、纯化、分析及降血脂作用[J].中国药科大学学报,1991(4):225-228;周杰,丁建平,王泽农,等.茶多糖对小鼠血糖、血脂和免疫功能的影响[J].茶叶科学,1997(1):75-79;王盈峰,王登良,严玉琴.茶多糖的研究进展[J].福建茶叶,2003(2):14-16.

一般而言,茶鲜叶中含有的香气物质种类只有80余种,绿茶中有260余种,红茶则有400多种。茶叶香气因茶树品种、鲜叶老嫩、不同季节、地形地势及加工工艺,特别是酶促氧化的深度和广度、温度高低、炒制时间长短等条件的不同,而在组成和比例上发生变化,也正是这些变化形成了各茶类独特的香型。[1]

茶叶芳香物质的组成,包括碳氢化合物(14.22%)、醇类(12.76%)、醛类(10.30%)、酮类(15.35%)、酯类和内酯类(12.44%)、含氮化合物(13.41%)、酸类、酚类、杂氧化合物、含硫化合物类等。

茶叶香气在茶中的绝对含量很少,绿茶为0.02%~0.05%,红茶为0.01%~0.03%,鲜叶为0.03%~0.05%。但是,当采用一定方法提取茶中香气成分后,茶便会失去茶味,故茶叶中的芳香物质对茶叶品质的形成具有重要作用。

第二节 茶:保健美容的绿色饮料

中国自古就有不少关于茶叶具有保健功效的文字记载。《神农本草》称:"茶味苦,饮之使人益思、少卧、轻身、明目。"《神农食经》中说:"茶茗久服,令人有力悦志。"《广雅》称:"荆巴间采茶作饼……其饮醒酒,令人不眠。"《茶经》中说:"茶之为用,味至寒,为饮最宜,精行俭德之人,若热渴凝闷、脑疼目涩、四肢烦、百节不舒,聊四五啜,与醍醐甘露抗衡也。"《本草拾遗》中说:"茗,苦,寒,破热气,除瘴气,利大小肠……久食令人瘦,去人脂,使不睡。"《饮膳正要》中说:"凡诸茶,味甘苦,微寒无毒,去痰热,止渴,利小便,消食下气,清神少睡。"《本草纲目》中载:"茶苦而寒,最能降火……又兼解酒食之毒,使人神思闿爽,不昏不睡,此茶之功也。"

现代科学研究表明,已知茶对人体至少有60多种保健作用,对数十种疾病有防治效果。[2] 茶之所以有这么多的保健功效,主要是因其内含物的保健和药效功能所起的作用。[3] 茶叶又是天然的绿色产品,因此被称为"保健美容的绿色饮料"乃当之无愧,现将茶叶的保健功效做如下介绍。

---

[1] 吕连梅,董尚胜.茶叶香气的研究进展[J].茶叶,2002(4):181-184.
[2] 韦友欢,黄秋婵,陆维坤.解读茶叶与人体健康[J].广东茶业,2008(1):24-27;Chung S. Yang, Joshua Lambert, 江和源,等.茶对人体健康的作用[J].中国茶叶,2006(5):14-15;孙册.饮茶与健康[J].生命的化学,2003(1):44-46;陈宗懋.茶与健康研究的起源与发展[J].中国茶叶,2009(4):6-7.
[3] 陈宗懋.茶叶内含成分及其保健功效[J].中国茶叶,2009(5):4-6;王广铭,孙慕芳.茶叶的保健和药效作用及其物质基础[J].信阳农业高等专科学校学报,2004(1):43-44;黄秋婵,韦友欢.绿茶功能性成分对人体健康的生理效应及其机制研究[J].安徽农业科学,2009(17):7975-7976,7990;林智.茶叶的保健作用及其机理[J].营养与保健,2003(4).

一、降血脂

茶多酚类化合物不仅具有明显地抑制血浆和肝脏中胆固醇含量上升的作用,而且还具有促进脂类化合物从粪便中排出的效果。维生素C具有促进胆固醇排出的作用,绿茶中含有的叶绿素也有降低血液中胆固醇的作用。茶多糖能通过调节血液中的胆固醇以及脂肪的浓度,起到预防高血脂、动脉硬化的作用。

二、防治动脉硬化

(1) 茶叶中的多酚类物质(特别是儿茶素)可以防止血液中及肝脏中甾醇及其他烯醇类和中性脂肪的积累,不但可以防治动脉硬化,还可以防治肝脏硬化。

(2) 茶叶中的甾醇如菠菜甾醇等,可以调节脂肪代谢,可以降低血液中的胆固醇,这是由于甾醇类化合物竞争性抑制脂酶对胆固醇的作用,因而减少对胆固醇的吸收,防治动脉粥样硬化。

(3) 茶叶中的维生素C、B_1、B_2、PP都有降低胆固醇、防治动脉粥样硬化的作用,而其他各种维生素都与机体内的氧化、还原物质代谢有关。

(4) 茶叶中还含有卵磷脂、胆碱、泛酸,也有防治动脉粥样硬化的作用。在卵磷脂运转率降低时,可引起胆固醇沉积以致动脉粥样硬化。

三、防治冠心病

首先,茶多酚的作用最为重要,它能改善微血管壁的渗透性能;能有效地增强心肌和血管壁的弹性和抵抗能力;还可降低血液中的中性脂肪和胆固醇。其次,维生素C和维生素P也具有改善微血管功能和促进胆固醇排出的作用。咖啡因和茶碱,则可直接兴奋心脏,扩张冠状动脉,使血液充分地输入心脏,提高心脏本身的功能。

四、降血压

饮茶不仅能减肥、降脂、减轻动脉硬化与防治冠心病,而且还能降低血压。这五种病况是构成老年病的重要病理连环。而饮一杯清茶,却能兵分多路,予以各个击破,其功真是非凡。从这个系列疾病看来,固然发病者多在中年以后,而缓慢的病理进程却早在中年以前即已发生。所以,老年人饮茶固所必须,青壮年饮茶也很必要。

多酚类、茶氨酸、维生素C、维生素P都是茶叶中所含有的有效成分,对心血管疾病的发生有多方面的预防作用,如降脂、改善血管功能等。其中,维生素P还能扩张小血管,从而引起血压下降;茶氨酸则通过调节脑和末梢神经中含有色胺等胺类物质来起到降低血压的作用,这是直接降压作用。此外,茶叶还可以通过利尿、排钠的作用,间接地降压。茶的利尿、排钠效果很好,若与饮水比较,要大两三倍,这是因为茶叶中含有咖啡碱和茶碱的缘故。茶叶中的氨茶碱能扩张血管,使血液不受阻碍而易流通,有利于降低血压。

五、防治神经系统疾病

实验证明,饮茶可明显提高大鼠的运动效率和记忆能力,这主要是因为茶中含有茶氨酸、咖啡碱、茶碱、可可碱。饮茶提神、缓解疲劳的功效,主要是由咖啡碱、茶氨酸引起的。而茶氨酸解除疲劳的作用是通过调节脑电波来实现的,如自愿者口服50毫克茶氨酸,40分钟后脑电图中可出现α脑电波(安静放松的标志),受试对象感到轻松、愉快、无焦虑感。

大脑细胞活动的能量来源于腺苷三磷酸(ATP),而腺苷三磷酸(ATP)的原料是腺苷酸(AMP)。咖啡碱能使腺苷酸(AMP)的含量增加,能提高脑细胞的活力,所以饮茶能够起到增进大脑皮质活动的功效。

咖啡碱还具有刺激人体中枢神经系统的作用,这一点不同于乙醇等麻醉性物质。例如,乙醇含量高的白酒是以减弱抑制性条件反射来起兴奋作用的,而咖啡碱使人体的基础代谢、横纹肌收缩力、肺通气量、血液输出量、胃液分泌量等有所提高。

六、预防肠胃疾病

临床资料中有用茶叶治疗积食、腹胀、消化不良的方法,早在清代赵学敏《串雅补》中即有记载。餐后饮茶最为合宜,因其能助消化。研究表明,喝茶能促进胃液分泌与胃的运动,有促进排出之效,而且热茶比冷茶更有效果。同时,胆汁、胰液及肠液分泌亦随之提高。茶碱具有松弛胃肠平滑肌的作用,能减轻因胃肠道痉挛而引起的疼痛;儿茶素有激活某些与消化、吸收有关的酶的活性作用,可促进肠道中某些对人体有益的微生物生长,并能促使人体内的有害物质经肠道排出体外;咖啡碱则能刺激胃液分泌,有助于消化食物,增进食欲。所以说,茶的消食、助消化作用,是茶叶多种成分综合作用的结果。

在茶叶有助于人体消化的同时,茶还具有制止胃溃疡出血的功能,这是因为茶中多酚类化合物可以薄膜状态附着在胃的伤口起到保护作用,这种作用也有利于肠瘘、胃瘘的治疗。此外,茶叶还具有防治痢疾的作用,因为茶叶中含有较多的具有消炎杀菌作用的多酚类与黄酮类物质。

七、解酒醒酒

酒后饮茶一方面可以补充维生素C协助肝脏的水解作用,另一方面茶叶中咖啡碱等一些利尿成分能使酒精迅速排出体外。茶叶中含有的茶多酚、茶碱、咖啡碱、黄嘌呤、黄酮类、有机酸、多种氨基酸和维生素类等物质相互配合作用,使茶汤如同一副药味齐全的"醒酒剂"。它的主要作用是:兴奋中枢神经,对抗和缓解酒精的抑制作用,以减轻酒后的昏晕感;

扩张血管,利于血液循环,有利于将血液中酒精消除;提高肝脏代谢能力;通过利尿作用,促使酒精迅速排出体外,从而起到解酒作用。

八、减肥、美容、明目

饮茶去肥腻的功效自古就备受推崇,据《本草拾遗》记载,饮茶可以"去人脂,久食令人瘦"。现代医学研究表明,喝茶减肥主要是通过以下三种途径来实现的:①抑制消化酶活性,减少食物中脂肪的分解和吸收;②调节脂肪酶活性,促进体内脂肪的分解;③抑制脂肪酸合成酶活性,降低食欲和减少脂肪合成。这主要是因为:茶多酚类化合物可以显著降低肠道内胆汁酸对饮食来源胆固醇的溶解作用,从而抑制小肠的胆固醇吸收和促进其排泄;对葡萄糖苷酶和蔗糖酶具有显著的抑制效果,进而减少或延缓葡萄糖的肠吸收,发挥其减肥作用;儿茶素类物质可激活肝脏中的脂肪分解酶,使脂肪在肝脏中分解,从而减少了脂肪在内脏、肝脏中的积聚;绿茶提取物、红茶萃取物及其主要的活性成分茶黄素对脂肪酸合成酶具有很强的抑制能力,从而抑制脂肪的合成作用,达到减肥效果。由此可见,饮茶既能达到减肥的效果又不会影响健康,是一种不用节食和吃减肥药的最佳减肥方法。①

另有研究发现,茶多酚对皮肤有独特的保护作用,如防衰去皱、消除褐斑、预防粉刺、防止水肿等。② 茶多酚主要是通过以下途径来实现对皮肤的保护作用:①直接吸收紫外线以阻止损伤皮肤;②通过清除活性氧自由基而直接防止胶原蛋白等生物大分子受活性氧攻击,通过清除脂质自由基而阻断脂质过氧化;③调节氧化酶与抗氧化酶的活性而增强抗氧化效果;④通过抑制酪氨酸酶活性来防止黑色素的生成。除茶多酚外,茶叶中的维生素 A、维生素 B_2、维生素 C 和维生素 E 及绿原酸等对皮肤也有保护作用。加之茶叶里面营养成分丰富,因此,饮茶乃美容之佳品。

茶对眼睛视力有良好的保健作用。茶叶中含有很多营养成分,特别是其中的维生素,对眼的营养极其重要。眼的晶状体对维生素 C 的需要比其他组织要高,如维生素 C 摄入不足,晶状体可致浑浊而形成白内障,而茶叶的维生素 C 含量很高,所以饮茶有预防白内障的作用。茶中所含的维生素 B_1 是维持神经(包括视神经)生理功能的营养物质,一旦缺乏维生素 B_1,可引发神经炎而致视力模糊,两目干涩,故茶有防治作用。茶中还含有大量的维生素 B_2,可营养眼部上皮细胞,是维持视网膜正常所必不可少的活性成分,饮茶可防止因缺乏维生素 B_2 所引起的角膜浑浊、眼干、视力减退及角膜炎等。

九、防泌尿系统疾病

茶叶具有较强的利尿、增强肾脏排泄的功能,临床上可以减除因小便不利而引起的多种

---

① 龚金炎,焦梅,等.茶叶减肥作用的研究进展[J].茶叶科学,2007(3):179-184.
② 胡秀芳,等.茶多酚对皮肤的保护与治疗作用[J].福建茶叶,2000(2):44-45.

病痛。

茶的利尿作用是由于茶汤中含有咖啡碱、茶碱、可可碱,这种作用,茶碱较咖啡碱强,而咖啡碱又强于可可碱。茶叶所含的槲皮素等黄酮类化合物及苷类化合物也有利尿作用,与上述成分协同作用时,利尿作用就更明显了。茶汤中还含有6,8-硫辛酸,是一种具有利尿和镇吐药用效能的成分。当茶叶所含的可溶性糖和双糖被消化吸收后,增加了血液渗透压,促使过多水分进入血液,随着血管内血液的增加,就会产生利尿作用。

十、防龋齿

龋齿是一种古老的病,造成龋齿的原因有多方面,如年龄、生理、膳食结构、饮食习惯、牙齿本身及环境条件等。但各国一致公认,人体一旦缺乏氟,必然引起龋齿。茶叶是含氟较高的饮料,而氟具有防龋坚骨的作用。100克茶叶含氟10~15毫克,80%可溶,每日喝茶10克大约可补充1毫克氟,这对于牙齿的保健是有益的。因为在龋齿出现之初牙面上往往有菌斑,菌斑中细菌分解食物变成糖,进一步形成酸,逐渐侵蚀牙齿而产生龋齿。饮茶时,氟和其他有效成分进入菌斑,防止细菌生长。现代科学研究证明,如果每天饮用10克茶叶,就可以预防龋齿的发生。

此外,茶多酚及其氧化产物能有效防止蛀牙和空斑形成。茶多酚能使致龋链球菌活力下降,还能抑制该菌对唾液覆盖的羟磷灰石盘的附着,强烈抑制该菌葡糖苷基转移酶催化的水溶性葡聚糖合成,减少龋洞数量。

十一、防癌抗癌

茶叶的防癌、抗癌一直是茶叶药理学最活跃的研究领域。研究发现,茶叶或茶叶提取物对皮肤癌、肺癌、食道癌、肠癌、胃癌、肝癌、血癌、前列腺癌等多种癌症的发生具有抑制作用,主要通过以下途径实现。[1]

(1) 抑制和阻断致癌物质的形成。茶叶对人体致癌性亚硝基化合物的形成均有不同程度的抑制和阻断作用,其中以绿茶的活性最高,其次为紧压茶、花茶、乌龙茶和红茶。此外,茶叶中儿茶素类化合物还能直接作用于已形成的致癌物质,其活性能力依次为 EGCG>ECG>EGC>EC。

(2) 抑制致癌物质与 DNA 共价结合。儿茶素类化合物可使共价结合的 DNA 数量减少 34%~65%,其中以 EGCG、ECG 和 EGC 效果最明显。

(3) 调节癌症发生过程的酶类。儿茶素类化合物能抑制对癌症具有促发作用的酶类如鸟氨酸脱羧酶、脂氧合酶和环氧合酶等的活性,促进具抗癌活性的酶类,如谷胱甘肽过氧

---

[1] 李拥军,施兆鹏.茶叶防癌抗癌作用研究进展[J].茶叶通讯,1997(4):11-16.

物酶、过氧化氢酶等的活性。

（4）抑制癌细胞增殖和转移。儿茶素类化合物能显著抑制癌细胞的增殖，绿茶提取物可抑制癌细胞的 DNA 合成，EGCG、ECG 等儿茶素类化合物可阻止癌细胞转移。

（5）清除自由基。人体内过剩的自由基也是癌症发生的主要原因之一，因此，清除自由基也是抗癌、抗突变的一个重要机制。茶叶中的儿茶素类物质，特别是酯型儿茶素，具有很强的清除自由基的能力，其清除效率可达 60％以上。

十二、预防和治疗糖尿病

茶叶能治疗糖尿病，是多种成分综合作用的结果。①茶叶含的茶多酚和维生素 C，能保持微血管的正常韧性、通透性，因而能使本来微血管脆弱的糖尿病人通过饮茶恢复其正常功能，对治疗有利。②茶叶芳香物质中的水杨酸甲脂，可以提高肝脏中肝糖原物质的含量，减轻机体糖尿病的发生；同时，饮茶可补充维生素 B_1，对防治糖代谢障碍有利。③茶叶的泛酸在糖类代谢中起到重要作用。

十三、生津止渴，解暑降温

夏天，饮一杯热茶，不但可以生津止渴，而且可使全身微汗、解暑。这是茶不同于其他饮料的应用。

茶水中的多酚类、糖类、果胶、氨基酸等，与口腔中的唾液发生化学反应，使口腔得以保持滋润，起到生津止渴的作用；茶汤中的多酚类结合各种芳香物质，可给予口腔黏膜以轻微的刺激而产生鲜爽的滋味，促进唾液分泌，生津止渴。咖啡碱可以从内部控制体温中枢调节中枢，达到防暑降温的目的，促进汗腺分泌。另外，生物碱的利尿作用也能带走热量，有利于体温下降，从而发挥清热消暑的作用。出汗会使体内钠、钙、钾和维生素 B、维生素 C 等成分减少，也会加重渴感，而茶叶富有上述成分且易泡出，尤其是维生素 C 可以促进细胞对氧的吸收，减轻机体对热的反应，增加唾液的分泌。

十四、解毒、抗病毒

茶是某些麻醉药物（乙醇、烟碱、吗啡）的拮抗剂，是毒害物质（重金属离子）的沉淀剂，是病原微生物的抑制剂，由此可见，茶的解毒作用是较全面的。茶多酚及茶色素络合重金属，能与汞、砷、镉离子结合，延迟及减少毒物的吸收。茶中锌是镉的对抗剂，临床以浓茶灌服治误吞重金属。

茶多酚具有抗菌广谱性，并具有较强的抑菌能力和极好的选择性，它对自然界中几乎所有的动、植物病原细菌都有一定的抑制能力，不会使细菌产生耐药性，而抑菌所需的茶多酚浓度较低。此外，茶色素、儿茶素对人免疫缺陷病毒、流感病毒有抑制作用。

十五、延年益寿

人体衰老,首先是自由基代谢平衡失调的综合表现。自由基引起细胞膜损害,脂质素(老年色素)随年龄增大而大量堆积,影响细胞功能。人体衰老的另一个重要原因,是体内脂肪的过氧化。

在现代高龄老人们中,很多人都有饮茶的嗜好。上海市曾有一位超过百岁的张殿秀老太太,每天起床后就要空腹喝一杯红茶,这是她从二十几岁起就养成的一种习惯。四川省万源县大巴山深处的青花乡被称为"巴山茶乡",由于那里的人都有种茶、喝茶的习惯,所以全乡 1 万多人中至今未发现一例癌症患者;那里有 100 多名老人的平均年龄都在 80 岁以上,最大的已超过百岁。吴觉农老先生一生研究茶、酷爱茶,活到 92 岁高寿。

现代科学研究进一步表明,茶叶在抗衰老、防癌症、健身益寿方面能起到积极的作用。对一般正常人来说,茶叶已成了一种理想的长寿饮料。

茶多酚是一种强有力的抗氧化物质,对细胞的突然变异有着很强的抑制作用。茶多酚能高效清除自由基,优于维生素 C 和维生素 E。同时,茶叶也具有丰富的维生素 C 和维生素 E,它们都具有很强的抗氧化活性。维生素 E 被医学界公认为抗衰老药物,而茶叶中的茶多酚对人体内产生的过氧化脂肪酸的抑制效果要比维生素 E 强近 20 倍,具有防止人老化的作用。

此外,茶叶多种氨基酸对防衰老也有一定作用。例如,胱氨酸有促进毛发生长与防止早衰的功效;赖氨酸、苏氨酸、组氨酸既对促进生长发育和智力有效,又可增加钙与铁的吸收,有助于预防老年性骨质疏松症和贫血;微量元素氟也有预防老年性骨质疏松的作用。

日本癌学会也认为,绿茶中的鞣酸能够控制癌细胞的增殖,长期饮茶,尤其是饮绿茶,对防癌益寿确有效果。日本新近的一项研究报告也表明:饮茶对促进长寿的确大有神益,在日本研习茶道的人往往多高寿。茶叶已被证明是人类的长寿饮料,正常的成年人若能养成合理而科学的饮茶习惯,对防癌、健身、长寿是会大有好处的。因此,在某种程度上可以说,"常饮香茗助长寿,长寿得益品茗中"是有一番道理的。

第三节 茶:行道会友的文明饮料

现代社会,专业分工越来越细,不论哪个行业,从事何种工作,都少不了有社交活动。茶因其具有的色香味形令人神往、赏心悦目,因其可生津益气、提神醒脑之功而为人所用,因此,茶从中国传至世界五大洲,成为各国人民津津乐道的文明饮料,在社交活动中发挥着重要的桥梁和纽带作用。2002年,在马来西亚吉隆坡举行的第七届国际茶文化研讨会上,马来西亚首相马哈迪尔的献词说道:"如果有什么东西可以促进人与人之间关系的话,那便是茶。茶味香馥甘醇,意境悠远,象征中庸和平。在今天这个文明与文明互动的世界里,人类需要对话交流,茶是对话交流最好的中介。"这段话简明地说明了茶叶在社交活动中的重要性。在我们这个饮茶大国,当今人们就更加重视茶在社交中的作用了。

人们常说"以文会友""以书会友",是说文和书都是可以作为媒介在人们的相互交往中发挥重要作用。其实,"以茶会友"也是由来已久的,人们在论茶、品茶中敞开心扉,加深了解,以至成为茶友,结下终生友谊,流传过许多动人的佳话。

以茶会友,向来是我们民族的一个优良传统。晋代曾官至尚书的陆纳,堪称楷模。卫将军谢安去拜访他,他仅以一杯清茶和几件果品招待。而他侄子陆俶暗暗准备了丰盛的筵席,本想讨好叔父,不料反遭四十大板。陆纳身居高位,不尚奢华,"恪勤贞固,始终勿渝",确实是一位以俭德著称的人物。其实,任何一种社交方式,都是一种文化层次的体现,都是一种真正属于自己的生活观念。陆纳叔侄二人不同的社交方式,正是他们不同文化层次与生活观念的反映。唐宋以来,名人雅士常以茶来宴请宾朋好友,唐诗中就有许多记叙和吟咏茶宴的诗作。钱起《与赵莒茶宴》云:"竹下忘言对紫茶,全胜羽客醉流霞。"李嘉佑《秋晚招隐寺东峰茶宴送内弟阎伯均归江州》云:"幸有香茶留稚子,不堪秋草送王孙。"鲍徽君有《东亭茶宴》诗:"坐久此中无限兴,更怜团扇起清风。"峰峦、竹林、紫茶、清风,亲朋欢聚,挚友抒怀,其雅趣绝不亚于流霞肴馔。谢灵运的十世孙、唐代著名诗僧皎然,还一反"酒贵茶贱"论,在《九日与陆处士羽饮茶》中云:"九日山僧院,东篱菊也黄。俗人多泛酒,谁解助茶香。"实足一位诗僧加茶僧的生活观念。宋代有一种茶会,是在太学中举行的,轮日聚集饮茶,这可能就是今日茶话会的肇端。

近人也多有以茶会友的。诗人柳亚子与毛泽东"饮茶粤海",一杯清茶,坦诚相见,三十一年萦怀难忘,彼此情真谊隆,早已传为佳话。20世纪30年代,柳亚子在上海还办过一个文艺茶话会。据当时参加者回忆,茶话会不定期地在茶室举行,多次是在南京路的新亚酒店,每人要一盏茶,几碟点心,自己付钱,三三两两,自由交谈,没有形式,也没有固定话题。这种聚会既简洁实惠,又便于交谈讨论,看若清淡,却给人留下深刻印象,是酒席宴所不能及的。鲁迅最喜欢与朋友上茶馆喝茶,日记中记述很多。他居住北京时,常与刘半农、孙伏园、钱玄同等好友去青云阁;或与徐悲鸿等去中兴茶楼,啜茗畅谈,尽欢而散。周作人曾说:"清泉绿茶,用素雅的陶瓷茶具,同二三人共饮,得半日之闲,可抵十年的尘梦。"

当年,周恩来、陈毅常陪外国宾客访茶乡,品新茶。周恩来五次到西湖龙井茶产地梅家坞。1961年8月19日,陈毅陪巴西朋友访梅家坞,品茶别泉,"嘉宾咸喜悦"。可称"茶叶外交"了。

历史延续至今,中国各民族饮茶习俗各不相同,但客来敬茶、以茶待客的精神是一致的。云南白族的三道茶、藏族的酥油茶、蒙古族的奶茶、闽粤的工夫茶等等,都是在客人到来时必用的招待形式。客来敬茶、以茶待客充分体现了我国人民对友人的盛情好客,这是中华民族的一大传统美德。

淡中有味茶偏好,清茗一杯情更真。以茶会友,友谊长久。茶,应该更多地走向社交场。

第四节　茶:润泽身心的和谐饮料

茶叶是"和谐饮料"。这四个字,高度准确浓缩了茶的功能,肯定了茶叶对构建和谐社会的作用。

一、茶叶具有调节人体自身和谐的作用

和谐社会的基础是社会每个个体自身和谐的结果,社会成员的每一分子自身和谐了,才有全社会的和谐。人自身的和谐要有健康的身体和健康的心灵,而茶叶正是具备了这样的功能。目前,科学家已研究证明,茶叶对人体的医疗保健作用几乎无处不在,从基本的解渴、利尿、解毒、兴奋,到抗肿瘤、降血压、降血脂、降血糖、防辐射等现代疑难杂症,茶都有不同程度的作用。长期合理饮茶,对人体的保健是明显有效的。

茶叶不仅是物质的,更是文化和精神的。茶文化包括茶文学、茶美术、茶音乐、茶舞蹈、茶品饮艺术等,这些对于提高社会成员的素质,增进社会成员的雅趣,都是很好的项目。再如茶道,茶道提倡俭、清、和、静、寂、廉、洁、美等,很有益于净化人们的心灵。

二、茶叶具有增进社会和谐的作用

1. 从茶叶经济上看

譬如,福建茶叶总产量居全国第一,茶园面积居全国第三,涉茶人数约有 300 万人,占全省总人口的 1/10,有关的行业有农业、工业、商业、外贸、交通、能源、环保、食品、医药、机械、文化。由此足以看出茶的经济地位,如果少了茶叶,将对各行各业,特别是山区的农村经济和农民收入,造成不可弥补的损失。发展茶叶,对两个文明建设、创建和谐社会具有积极作用。

2. 从茶叶的性质上看

茶叶是叶用植物,其内含物决定了茶叶的秉性是俭朴、清淡、谦和、宁静,也就是茶叶大

师张天福说的"茶尚俭,节俭朴素;茶贵清,清正廉洁;茶导和,和睦处世;茶致静,恬淡致静"。对于创建和谐社会,茶叶创建了和谐的社会环境。此外,茶叶还有先苦后甜、不得污染的特性,所以茶圣陆羽说茶"最宜精行俭德",现代人则有"人生如茶"的比喻,茶性对于励志人生、洁净自爱也有积极的寓意。

3. 从茶文化的作用上看

我国是茶的祖国,茶为国饮,与人类文化结缘至今已有3 000多年的历史,茶文化已成为独具东方魔力的特色文化。茶文化就是关于茶的物质、制度、精神的文化形态。茶文化注重协调人与人的相互关系,提倡对人尊重、友好相处、团结互助;茶文化具有知识性、趣味性、康乐性,对提高人们生活质量、丰富人们文化生活具有明显的作用;茶文化还是一种活动,有利于增进国内外交流,提高人们对健康生活方式追求的高雅情趣,倡导科学的生活方式。不可否认,茶文化是构建和谐社会的增进剂。

三、茶业是与自然界相和谐的产业

和谐的社会不仅是人类社会的和谐,还要有人类与自然界的和谐,人类与自然界的和谐才是完美的和谐。在众多产业中,可以说茶既能使人类社会和谐发展,又不破坏自然环境,从更大的范围说,茶产业是能使人类与自然界和谐的产业。

首先,茶树是常绿长寿植物,种植茶树绿化荒山,既保持水土,又美化环境,更能长期保护和稳定生态;其次,茶叶生产要求茶叶从种植、采摘、初制加工、精制加工、包装、运输、销售等全过程不添加任何化工产品,无污染,无公害,因此正常的茶叶生产过程不会破坏环境,茶产品也不会对人体造成危害,相反,茶产品含有大量的天然成分而有益于人体健康;再次,茶产品的废弃物——茶渣,可以用作填充物和肥料,即使作为垃圾也不污染环境。

茶叶是和谐饮料,从更高的角度、更大的范围阐明了茶的功效与作用,我们要对茶进行重新认识,重新评估茶的地位与作用,把茶产业摆上相应的位置,广泛宣传,努力实践,让茶叶登上更大的舞台。

小结

茶叶中经分离、鉴定的已知化合物有700余种,按其主要成分归纳起来有10余类,如蛋白质、氨基酸、生物碱、茶多酚、脂类化合物、糖类、色素、维生素、有机酸、芳香类物质和矿物质等。它们直接或间接地影响着茶叶的滋味、香气等的形成,是茶叶品质形成的物质基础。其中,生物碱、茶多酚及其氧化产物、茶叶多糖、茶氨酸、茶叶皂素、维生素类物质、矿物质等具有很好的保健和药用功效,是茶叶具有保健和药效功能的前提。

中国自古就有关于茶叶具有保健功效的文字记载,经现代科学研究证明,茶叶对人体至少具有60种保健作用,对高血脂、动脉硬化、癌症、高血压等数十种疾病有防治效果。同时,在养颜美容、减肥明目等方面也有很好的效果。

茶叶不光是在保健和药用方面具有很好的作用,在社交和促进社会和谐发展上也发挥了很重要的作用。

思考题

1. 简述茶叶的主要化学成分,并分析茶叶色素与红茶品质间的关系。
2. 茶叶的保健功能有哪些?
3. 简述茶叶在防治癌症和减肥中的机理。
4. 为何说茶是行道会友的文明饮料?

第七章 中国茶俗

第一节 民俗与茶俗

一、民俗

民俗,又称风俗、习俗、民风、风尚、风俗习惯等。民俗是民间社会生活中传承文化事象的总称,是一个国家或地区、一个民族世世代代传袭的基层文化,通过民间口头、行为和心理表现出来的事象。

民俗是民众传承文化中最贴近身心和生活的一种文化。民俗的根本属性是模式化、类型性,并由此派生出一系列其他属性。模式化的自然是一定范围内共同的而非个别的,这就是民俗的集体性,即民俗是群体共同创造或接受并共同遵循的。模式化的必定不是随意的、临时的、即兴的,而通常是可以跨越时空的,这就是民俗具有传承性、广泛性、稳定性的前提。一次活动在此时此地发生,其活动方式如果不被另外的人再次付诸实施,它就不是民俗;只有活动方式超越了情境,成为多人多次同样实施的内容,它才可能是人人相传、代代相传的民俗。民俗又具有变异性。民俗是生活文化,而不是典籍文化,它没有一个文本权威,主要靠耳濡目染、言传身教的途径在人与人和代与代之间传承。即使在基本相同的条件下,它也不可能被重复,在千变万化的生活情境中,活动主体必定要进行适当的调适,民俗也就随即发生了变化。这种差异表现为个人的,也表现为群体的,包括职业群体的、地区群体的、阶级群体的,这就出现了民俗的行业性、地区性、阶级性。如果把时间因素突出一下,一代人或一个时代,对以前的民俗都会有所继承、有所改变、有所创新,这种时段之间的变化就是民俗的时代性。

对于民俗,学界有三种分类。乌丙安在《中国民俗学》中把民俗分为四大类:经济的民俗,社会的民俗,信仰的民俗,游艺的民俗。陶立璠在《民俗学概论》中则将民俗分为这样四类:物质民俗,社会民俗,口承语言民俗,精神民俗。张紫晨在《中国民俗与民俗学》中采用平列式方法把中国民俗分为十类：①巫术民俗；②信仰民俗；③服饰、饮食、居住之民俗；④建筑民俗；⑤制度民俗；⑥生产民俗；⑦岁时节令民俗；⑧人生仪礼民俗；⑨商业贸易民俗；⑩文艺游艺民俗。

当代各种地方志性质的民俗志的分类方法有纲目式的，也有平列式的，前者如浙江民俗学会所编的《浙江风俗简志》、戴景琥主编的《义马民俗志》，后者如刘兆元所撰的《海州民俗志》。

划分民俗的范围和类别的原则，总是与民俗的定义联系在一起的，既然我们把民俗定义为群体内模式化的生活文化，那么，我们就以民俗事象所归属的生活形态为依据来进行逻辑划分，于是，我们得到三大类八小类的民俗。

1. 物质生活民俗

（1）生产民俗（农业、渔业、采掘、捕猎、养殖等物质资料的初级生产方面）；

（2）工商业民俗（手工业、服务业和商贸诸业等物质资料的加工服务方面）；

（3）生活民俗（衣、食、住、行等物质消费方面）。

2. 社会生活民俗

（1）社会组织民俗（家族、村落、社区、社团等组织方面）；

（2）岁时节日民俗（节令与活动所代表的时间框架）；

（3）人生礼俗（诞生、生日、成年、婚姻、丧葬等人生历程方面）。

3. 精神生活民俗

（1）游艺民俗（游戏、竞技、社火等娱乐方面）；

（2）民俗观念（诸神崇拜、传说、故事、谚语等所代表的民间精神世界）。

二、茶俗

茶之俗，简称茶俗，是人们在长期的社会生活中逐渐形成的以茶为中间媒介的风俗与习惯。[①] 中国地广人多，民族众多，生活习惯千差万别，且各地区经济发展又很不平衡，因此，饮茶习俗也千姿百态，各有特色。特别是有些地区的茶俗，因地理环境和历史原因，仍保留着古老的饮茶方式，使我们得以窥见远古先民的饮茶情形，具有珍贵的历史价值。同时，茶俗又能真实反映人民大众的文化心理，折射出各族民众对美好生活的积极追求和向往，是中国茶文化宝库中的珍贵财富。[②]

中国饮茶习俗多达数百种，但归纳起来可以分为婚姻茶俗、祭祀茶俗、庙宇茶俗、以茶寄情、以茶待客、以茶会友及家庭个人饮茶七个方面。现在，让我们按地理区划来鸟瞰一下各地、各族的茶俗风情，以便对中国茶俗有一个大概的印象。

---

① 何志丹.茶文化符号解读及在环境设计中的应用[D].长沙：湖南农业大学，2009：5-6.
② 陈文华.长江流域茶文化[M].武汉：湖北教育出版社，2004：120.

第二节　北方地区茶俗

北方地区包括辽宁、吉林、黑龙江、河北、北京、天津、陕西、甘肃、青海等省(市),以及宁夏回族自治区、新疆维吾尔族自治区、内蒙古自治区。北方地区的地域文化,向来富有包容性。北方地区茶文化的发展过程,其实是一个海纳百川的过程,浓郁的地方茶文化特色总是与多样的南方茶文化兼容并存。北方人酷爱传统花茶,却又不固守其中,而是致力于向饮茶的多样化转化,从而形成多元的地域茶文化及饮茶习俗。

一、北京大碗茶

大碗茶多用大壶冲泡,或大桶装茶,大碗畅饮,热气腾腾,提神解渴,好生自然。这种清茶一碗,随便饮喝,虽然比较粗犷,颇有"野味",但它随意,不用楼、堂、馆、所,摆设也很简便,一张桌子、几张条木凳、若干只粗瓷大碗便可,见图7-1。因此,它常以茶摊或茶亭的形式出现,主要方便过往客人解渴小憩。大碗茶由于贴近社会、贴近生活、贴近百姓,自然受到人们的称道。即便是生活条件不断得到提高的今天,大碗茶仍然不失为一种重要的饮茶方式。

图 7-1　北京大碗茶

二、回族的刮碗子茶

回族主要分布在中国的西北,以宁夏、甘肃、青海3个省(自治区)最为集中。回族饮茶,方式多样,其中有代表性的是喝刮碗子茶,见图7-2。回族茶谚云:"早茶一盅,一天威风;午茶一盅,劳动轻松;晚茶一盅,提神去痛;一日三盅,雷打不动。"上了年纪的回族老人每天清早礼完"榜布达"(晨礼),都有喝早茶的习惯。他们围在火炉旁,烤上几片馍馍,总是要"刮"一碗子的。[①] 这碗子也叫"盅子",是一种陶瓷器皿,古代叫"茶盏",底小口大。茶碗、茶盖、茶托配套,俗称"三泡台"。

图7-2　回族的刮碗子茶

三、蒙古族奶茶

奶茶在蒙古语中称"苏泰才",是蒙古族饮料中的一种,见图7-3。很早以前,茶从内地传入蒙古族地区以后,就成了广大蒙古族人民日常生活中不可缺少的一部分。奶茶的制作工序如

图7-3　蒙古族奶茶

---

① 丁超.宁夏回族的饮茶习俗[J].丝绸之路,2008(5).

下:先将水倒入锅中,接着将适量的茶叶放进去,用中火烧开;等茶与水相融成深棕色时,倒入适量的鲜奶,再加入少量食盐并用勺子搅拌溶解,等煮沸后倒入茶碗即可饮用。饮用者可根据自己的口味掌握鲜奶、茶叶、水、食盐的比例。奶茶清爽可口,冬季驱寒,夏季防暑。医学界认为,奶茶有助消化、安神、降血脂、降低胆固醇、防止动脉硬化等防病健身之功能。

四、食茶赏月

在陕南地区,人们食茶赏月的风俗源远流长。多少年来,若是家里来了贵客,大家都兴摆茶食。来客后先泡一碗盖碗茶,然后摆上瓜子、花生、核桃、橘子等果品,边喝茶边吃果,边谈笑边聊天,主人看客人茶碗剩水情况,边喝边冲加开水,几巡后,桌上再摆上糕点、糖果等甜品,供客人食用,直到茶足食饱为止。[①]

五、信阳茶俗

在信阳地区,以茶敬客时,敬客的茶要好,沏茶的水要好;茶具一定要用透明的玻璃杯,这样做的用意是让客人在喝茶时,透过茶杯,可以鉴别茶叶的好坏,体会主人待客的诚意。用玻璃杯冲泡名茶,一边品闻杯中名茶散发出的香气,一边欣赏杯中芽叶的上下飘动,待茶汤温度略为降低后,趁热细啜慢饮,充分享受名茶的色、香、味、形。主人在陪客人饮茶时,不断打量客人杯中茶水的存量,如果喝去一半,就会及时续茶,使茶汤浓度保持一致,水温适宜。[②] 客人喝足,倒掉残茶,即示意不再饮用,否则,主人还会给客人续茶。

第三节 华南地区茶俗

广义的华南地区,包括广东省、海南省、广西壮族自治区、福建省、台湾、香港和澳门。闽、台、两广地区是我国重要的茶叶产区,在茶艺、茶俗方面也有很重要的贡献,因此放在一起叙述。

一、闽粤工夫茶

福建闽南一带和广东潮汕地区,饮茶的器具和方式都与外地不同,别具特色,称为工夫

---

① 星海.陕南茶俗录[J].农业考古,1997(4).
② 郭桂义,罗娜.信阳茶俗和茶艺[J].信阳农业高等专科学校学报,2007(1).

茶,见图 7-4。《清朝野史大观·清代述异》称:"中国讲求烹茶,以闽之汀、漳、泉三府,粤之潮州府工夫茶为最。"工夫茶在全国可谓最精致、最考究、最著名的茶道,是茶文化的高峰。工夫茶很讲究选茶、用水、茶具、冲法和品味。茶叶要形、味、色俱佳;烹茶用水要求洁净、甘醇,以山泉为上,江水为中,井水为下;盛茶器皿以江苏宜兴的朱砂泥制品为佳;瓷杯要选用细白透亮的精美小杯;泡茶讲究"高冲低斟、刮沫淋盖、关公巡城、韩信点兵"的手艺;品茶除讲究色、香、味外,还讲究"喉底韵味"。① 这种饮茶方式,其目的并不在于解渴,主要在于鉴赏茶的香气和滋味,重在物质和精神的享受。

图 7-4　闽粤工夫茶

二、安溪"茶王赛"

在安溪,最精彩的茶俗要数"茶王赛"了。据史料记载,安溪的"茶王赛"可上溯至明清时期民间的"斗茶"。② 每逢新茶登场,茶农们要携带自家制作的上好茶叶,聚集到一起,由专家、评委评审。假如自家茶叶被推上"茶王"宝座,则感到无上光荣,比路上拾到金银更高兴。

三、以茶敬神

清水祖师信仰作为拥有较大影响力的民间信仰,除了一般的敬神礼仪之外,在安溪县蓬莱平原点以及金谷的汤内、涂桥一带,还有清水祖师迎春绕境的习俗。在绕境的三天里,要举行各种各样的仪式,如献花、献茶。将"三忠火"请到殿前以后,要跪请"祖师公"火,此时排上清茶三杯,跪在祖师前祝诵:"恭维太岁某某年元正初一,早恭迎清水大师,敬献清茶三杯,伏乞恩主一半下山绕境,一半守护山岩,大德大祥,大福大量,庇佑四境,照顾名山,爱护善

---

① 周彤.潮汕人与功夫茶[J].茶健康天地,2009(3).
② 凌文斌.安溪茶俗[J].农业考古,2003(2).

信,宽恕子民,敬祷。"①在此,以敬茶的方式迎请清水祖师。

四、敲点桌面的习俗

广州人喝茶,当主人端茶给客人或是给客人续水的时候,客人要用中指和食指在桌面上轻轻地点几下,以表示感谢。此礼是从古时中国的叩头礼演化而来的,叩指即代表叩头。

五、茶壶揭盖

广东的茶楼,如果茶客不将茶壶盖子揭开并放在壶口边或桌面上的话,服务员是不会过来给你添水的。这一习俗相传是从清朝开始的。相传有几位阔少爷经常到一茶馆饮茶,全馆上下均与他们认识。一天,几位阔少爷因一时贪玩,自行取来茶壶将一只名贵的小鸟放入壶里,盖上茶壶盖。当伙计来添水揭开壶盖时,小鸟飞跑了。这位阔少爷斥责伙计放走了他的名贵小鸟,要求伙计给予赔偿,从而引发了一场官司,伙计被判赔款。此后,老板为避免此类事件再次发生,定下一条规矩:顾客需要添水的时候先自行揭开壶盖,伙计才前来添加茶水。此事后来广为流传,并逐渐发展成为广东的一大茶俗。②

六、侗族油茶

侗族主要分布在广西、贵州、湖南三省的毗邻地区,侗族没有喝茶品茗的习惯,却有一年四季吃油茶的习俗。油茶是一种可以充饥的食品,清香爽口,脆甜味浓,具有提神醒脑、帮助消化、解除疲劳、治疗轻微感冒腹泻疾病等作用,见图7-5。因此,侗族的油茶不仅是待客的佳品,也是侗族一年四季的食品。做油茶,当地称为"打油茶"。

打油茶的方法为:将刚从树上采下的幼嫩新梢或经专门烘炒的末茶放入锅中翻炒,当茶叶发出清香时加上芝麻、食盐继续翻炒几下,随即加水,煮沸3~5分钟,一锅又香、又爽、又鲜的油茶就算打好了,即可将油茶连汤带料起锅,盛碗待用。

七、盘古瑶族新婚敬茶

广西盘古瑶族姑娘出嫁,都要由陪娘撑伞来代替花轿。新娘来到新郎的寨子前,男方迎亲的队伍夹道欢迎,寨子里的男女老少也来助兴。在村边的桐果树下或八角树边,接亲娘接过陪娘的花伞后,新婚仪式便开始了。首先,由男方家的专人向新娘和送亲的人们一一敬茶,一人一盅,并用山歌互答,表示酬谢;接着,由吹鼓手绕着送亲的队伍吹奏,连绕三圈;然后,又把送亲队伍分成四队走八阵图,至少三遍,这就是所谓的"串亲家";③随后,又来到新郎

---

① 黄建铭.悠悠茶俗　欣同神知——福建民间信仰与茶俗之缘[J].中国宗教,2009(11).
② 陈杖洲.广东三大茶俗的来历[J].农业考古,1999(2).
③ 陈文华.异彩纷呈的长江流域茶俗[J].农业考古,2003(4).

图 7-5 侗族油茶

新娘的房前——敬茶和对歌,这时,双方竞相燃放鞭炮,持续一两个小时,新郎新娘不用拜堂便可进入洞房。

八、海南老爸茶

"老爸茶"是海南海口市的特色茶文化,老爸老妈们相聚在一起喝茶。这是海口市的一道风景,一壶茶、一碟花生或一两个面包,陈旧的桌凳围着三两个打扮朴素的茶客,闲静地"吃"着茶,享受天伦之乐。

九、台湾相亲茶

在台湾,女儿定亲谓之"吃了男家的茶礼"。因茶树移栽甚难存活,故茶树有"不迁"之别称,以茶定亲便有"婚姻永固"之寓意。新娘过门,头一件事便是端茶敬翁姑,然后请亲人饮茶。新娘第一次回娘家,女婿捎去半斤好茶叶,岳家父母必欢天喜地地请亲邻们一同品尝"亲姆茶"。

十、以茶寄情

在台湾地区,亲友外出谋生,在"送顺风"的礼品中少不了茶叶,因此,台湾人又将茶叶称为"茶心"。送上一包茶叶,有寄望外出谋生的亲友不要忘记祖宗和家乡之意;而海外亲友逢年过节汇款回乡,谓之"寄茶资"。

十一、为神明点茶

台湾各地庙宇很多,有许多中老年人一大早就提着一壶茶到庙里为神明点茶,在神明的神龛上往往摆着三个杯子,大清早将茶杯注满新茶叫"点茶",在各地的土地公和妈祖庙最容易看到这种情形。

十二、敬神礼佛

台湾地区的许多寺院周围都种了茶树,宗教提倡参禅修行、清心寡欲,这与茶的清新淡雅相辅相成。自然,当人们拜佛敬神的时候,茶成了一种很自然的供品。

十三、无我茶会

无我茶会,是台湾地区盛行的一种人人泡茶、人人奉茶、人人品茶的全体参与式茶会。茶会者无尊卑之分,茶会不设贵宾席,茶会者的座位由抽签决定。茶会的用茶不拘,故冲泡方法不一,必备的茶具亦异,各类人可根据自己的爱好和构思进行设计。茶会者无论是来自哪个流派或地域,均可围坐在一起泡茶,并且相互观摩茶具,品饮不同风格的茶,交流泡好茶的经验,无门户之见,人际关系十分融洽。

十四、台湾擂茶

台湾擂茶是由客家人带去的。台湾地区大约有400万客家人,主要是从广东惠州、嘉应和福建闽西一带迁移而去的。台湾地区的客家擂茶是将茶叶和花生米放在陶瓷茶器中擂成粉,加入适量的水调匀,呈带褐色的糊状,然后将开水冲入茶器中,边搅边品饮,有一种特殊风味。[①]

闽、台、两广地区偏居我国东南和南部沿海,自古交通较为不便,与外界的交流较少,且居住着一些少数民族和客家人,因此,这一地区的茶俗具有较浓厚的民族色彩和鲜明的地方风格。

第四节 西南地区茶俗

西南地区,包括重庆市、贵州省、四川省大部、云南省中北部,以及西藏自治区东南部。我国西南地区是茶树原产地的中心地带,也是我国茶文化的发源地。这里由于地理环境复杂、民族众多,所以保留了多种多样的饮茶习俗,有些茶俗还保留着远古先民饮茶习俗的原

---

① 魏朝卿.风格迥异的茶俗[J].中国保健营养,1999(7).

生态,具有特殊的历史价值。其中,尤以云南和贵州地区的少数民族茶俗最具特色。

一、布朗族酸茶

布朗族是中国西南历史悠久的一个古老民族,主要聚居在云南渤海县的布朗山以及西定和巴达山等山区。布朗族采制酸茶一般在高温、高湿的五六月份进行。先将从茶树上采摘下来的新鲜嫩叶放入锅内加适量清水煮熟,再把煮熟的茶叶趁热装在土罐里,置于阴暗处10~15天,使其发霉;再将发霉的茶叶装入竹筒内压紧,埋入土中,经过一个多月的发酵,取出晒干即可。

二、竹筒茶

傣族、景颇族、哈尼族人民将竹筒茶当蔬菜食用,其制法别具一格。首先,将晒干的春茶或经过初加工而成的毛茶,装入生长期为一年左右的嫩香竹筒中;接着,将装有茶叶的竹筒,放在火塘三角架上烤,使竹筒内的茶叶软化,6~7分钟后用木棒将竹筒内的茶叶压紧,而后再填满茶叶继续烘烤;待茶叶烘烤完毕,剖开竹筒,取出圆柱形的竹筒茶,以待冲饮。

三、基诺族凉拌茶

基诺族主要分布在云南西双版纳地区,他们的用茶方法较为罕见,如凉拌茶。做凉拌茶的方法并不复杂,首先将刚采来的鲜嫩茶梢用手稍加搓揉,把嫩梢揉碎,放入清洁的碗内,再将新鲜的黄果叶揉碎,辣椒、大蒜切细,连同适量食盐投入盛有茶树嫩梢的碗中,加上少许泉水,用筷子搅匀,一刻钟后即可食用。凉拌茶主要用于基诺族人吃米饭时佐餐,其实是一道茶菜。

四、拉祜族烤茶

拉祜族烤茶(见图7-6)的制作方法是:先拿一只小陶罐放在火塘上用文火烤热,然后放上适量茶叶抖烤,使茶叶受热均匀,待茶叶叶色转黄,并发出焦糖香为止;接着用沸水冲满装茶的小陶罐,随即拨去上部浮沫,再注满沸水,煮沸3~5分钟待饮。[①]

五、响雷茶

在云南的白族聚居地区,盛行喝响雷茶,白语叫它为"扣兆"。这是一种十分富有情趣的饮茶方式。饮茶时,大家团团围坐,主人将刚从茶树上采回来的芽叶,或经初制作的毛茶,放入一只小砂罐内,然后用钳夹住,在火上烘烤。片刻后,罐内茶叶"噼啪作响"并发出焦糖香

---

① 刘勤晋.茶文化学[M].北京:中国农业出版社,2005:82.

图 7-6　拉祜族烤茶

时,随即向罐内注入沸腾的开水,这时罐内立即传出似雷响的声音,与此同时,客人的惊讶声四起,笑声满堂。这种煮茶法能发出似雷响的声音,"响雷茶"也因此得名。①

六、苦茶、烧茶

苦茶是居住在云南省沧源、西盟、澜沧等地的佤族同胞独具一格的饮茶方法,即将壶内水煮开,另用一块薄铁板放上茶叶在火塘上烧烤,待茶色焦黄、闻到茶香时,即将茶叶倒入壶内煮,煮好后再倒入茶盅内饮用。这种茶水苦中有甜,焦中带香。②

烧茶是佤族的另一种饮茶方式。先用瓦壶或铜壶将水烧沸,同时在火塘上架一块铁板,将茶叶放在铁板上烤至焦黄以后放入壶内煮数分钟,再将茶汤倒入碗中饮用。汤色黄亮,有焦香味。一般是一趟茶烧一趟水,现烧现饮。

七、青竹茶

布朗族人居住的地方到处都有青竹,每当他们到野外劳作和狩猎时,只要带上一把干茶叶,口渴时,砍下一段碗口粗的鲜竹,一端留有节作为煮茶的工具。捡拢一堆干柴烧起大火,把竹筒内盛满山泉水,放在火上烧沸,然后放入干茶。煮好后,再倒入短小的竹筒内,即可饮用。茶中竹香浓郁,风味特殊,常在吃竹筒饭和烤肉后饮用。

---

① 陈宗懋.中国茶经[M].上海:上海文化出版社,2008:549-550.
② 刑湘臣.少数民族饮茶习俗(下)[J].中国食品,1996(2).

八、以茶做媒

德昂族青年男女经过相互了解,建立感情并愿意缔结婚约时,即要告之父母。与其他民族不同的是,这种告知不是用言语来表达,而是以茶相告。小伙子趁父母熟睡之时,把事先准备好的茶叶放入母亲常用的筒帕(也就是挂包)里。待母亲发现筒帕里的茶叶后,便知要为儿子提亲。随后便会拜托同族和异族的亲戚各一人,作为提亲人去女方家提亲。提亲人去女方家提亲时,不需要带其他的礼物,只要在筒帕里放上一包茶叶即可。到了女方家以后,也不需说明来意,只需将茶放到供盘上,双手递到女方父母面前,女方父母便知来意。经过媒人两三次说合,女方家人看到男方确有诚意,就会收下茶叶,表示同意该桩婚事。要是拒收茶叶,就表示拒绝这门亲事。①

九、彝族"罐罐茶"

彝族"罐罐茶"(见图 7-7)的做法是:先用煤烧一下特制的砂罐,当砂罐烤烫之后,将茶放入罐内,边抖边炒,待有微烟,将烧开的水倒入罐内,"滋"的一声,一股茶香扑鼻而来,倒入茶盅,便是苦涩浓酽的"罐罐茶"。

图 7-7 彝族"罐罐茶"

十、白族三道茶

白族每家堂屋内都有一铸铁火盆,上支三脚铁架,如有客来,主人即在火盆上架火烤茶。

---

① 李明."古老的茶农"——德昂族茶俗[J].蚕桑茶叶通讯,2010(1).

头道茶以砂罐焙烤的绿茶冲水而成,味香苦。斟完头道茶后,主人再往砂罐内注满开水,稍煨后斟上二道茶,放入白糖和核桃仁,香甜适口。将乳扇放在文火上烘烤后,揉碎放入茶盅,加上白糖,冲入开水,即为第三道茶。有的地方还放入蜂蜜和八粒花椒。因为头道味苦,喝了二三道以后,嘴里有苦甜混合的舒适感,故有"一苦二甜三回味"之说。① 白族谚语:"酒满敬人,茶满欺人。"所以,主人斟出的每道茶的分量也很讲究,每盅不得一次斟满,以供品尝一两口为限。

十一、藏族酥油茶

酥油茶是藏族民众喜欢的一种饮料,见图7-8。藏族主要居住在西藏自治区,有一部分居住在青海省、甘肃省,还有一部分居住在四川省西部和云南省西北部。酥油茶的制作方法是:先把砖茶熬成茶汁,滤除茶叶,倒入茶罐待用;做茶时,取适量的浓茶汁加一定比例的水和盐,倒入酥油桶中,加入酥油,再用力搅动,待到水乳交融便成了可口的酥油茶。②

图7-8 藏族酥油茶

十二、"状元笔茶"

在黔西南布依族苗族自治州贞丰县坡柳一带,布依族和苗族茶农将茶树新梢采回,经杀青、揉捻再理直茶条,用棕榈叶将茶条捆成火炬状的小捆,然后让其晒干或挂于灶上干燥,最后用红绒线扎成别致的"娘娘茶""把把茶"。因茶叶形如毛笔头,故又称"状元笔茶"。③

---

① 李颖.我国西南少数民族地区的茶俗文化[J].广东技术师范学院学报,2003(2).
② 贺天.走进西藏高原喝碗酥油茶[J].茶·健康天地,2009(2):38-39.
③ 何莲,何萍,张其生.贵州省内民族茶俗[J].蚕桑茶叶通讯,2005(2):38-39.

第五节 江南地区茶俗

广义的江南地区,大致指长江以南、三峡以东、南岭以北、武夷山以西的广大地区,即湖北省、安徽省、江苏省南部,以及江西、浙江、湖南等省。江南地域辽阔,各地饮茶方式不同,其茶俗也各具特色。

一、江南谷雨茶

谷雨,是江南一带采茶的黄金季节。此时,茶芽初露,黄嫩嫩,毛茸茸,是制作上等茶叶的极好原料。江南人民有喝谷雨鲜茶的习俗。据传,喝了谷雨这天采摘的新茶,有病治病,无病可以健身。江浙一带用谷雨这天采摘下来的雀舌炒制烘干,然后用开水冲泡着喝;湖南北部则有用谷雨这天采摘的鲜茶叶打擂茶喝的习惯。湘西人用谷雨茶熬油茶汤喝,洞庭湖区的人则用来泡姜盐豆子茶。[①]

二、杭州七家茶

七家茶,相传起源于南宋,至今尚流传于西湖茶乡。每逢立夏之日,新茶上市,茶乡家家烹煮新茶,并配以各色细果、糕点馈送亲友比邻,赠送的范围一般是左三家右三家,加上自己一家,共计七家,故称"七家茶",以象征邻里之间的和睦相处。

三、菊花茶

东南沿海一带喜欢喝菊花茶,尤以浙江杭州等地最为时兴。菊花茶起源于唐宋以前,唐代诗人皎然《九日与陆处士羽饮茶》诗中写道:"九日山僧院,东篱菊也黄。俗人多泛酒,谁解助茶香?"以菊花入茶可助茶香,并且有明目清肝的作用。

四、苏州跳板茶

跳板茶,是旧时苏州婚礼茶俗。新女婿和其舅爷进门后,稍坐片刻,女家即撤掉台凳,留下窄间,在左右两边靠墙处各放两把太师椅,椅背衬好红色椅帔,新女婿和舅爷坐头二座,另两位至亲坐三四座。然后,由"茶担"(即烧水泡茶敬茶的人)托着茶盘,表演"跳板茶"。表演

[①] 吴尚平.汉族茶俗风情[J].农业考古,1994(2).

者要有一定功夫,身段柔软,脚步稳健,节奏轻松,手托茶盘不能让茶水溅出。托着木板茶盘跳舞献茶,故称"跳板茶"。每逢举行"跳板茶"仪式,亲朋邻居都会来观赏,精彩处满堂喝彩,增添了婚事欢乐气氛。

五、德清新春茶

浙江省德清县人民在每年春节来临之际,有喝新春茶的习俗。从正月初一到初三,客人到来,主人就会敬上一碗新春茶。新春茶又称为"四连汤",是在一个精美的小瓷碗内放入几粒煮熟的枣子、桂圆、莲子,用白糖水浸泡着,喝起来甘甜可口。实际上,新春茶是一种无茶之茶,借以祝愿客人生活过得甜甜美美、圆圆满满。

六、打茶会

浙江北部湖州地区农村有"打茶会"的习俗。它一般都是由村里的主妇或姑娘们操办,大家事先约好,等来客落座后,便开始烧水、冲泡、奉茶。村里的妇女们东邀西请,十多人抱着儿孙,带上针线活,凑在一起,边做针线活边拉家常边喝茶,气氛融洽,其乐无穷。每年这样的茶会要举办五六次,轮流做东,这种活动与江苏周庄的"阿婆茶"类似,对促进邻里间的团结友爱起着良好的作用,是一种以茶联谊的很好方式。

七、亲家婆茶

湖州地区农村还盛行吃"亲家婆茶"。女儿出嫁以后的第三天,父母要去女婿家"望招",必须带去半斤左右的雨前茶和烘青豆等佐料。这时,男家就邀请亲戚、长辈来吃"亲家婆茶"。吃了"亲家婆茶"的乡邻,在新娘过门的第一年内,要请新娘去吃茶,名曰"请新娘茶"。

八、上海老虎灶

旧时上海滩的老百姓喜欢喝早茶。天刚麻麻亮,街道边的小茶馆,老虎灶上的铜壶内,沸水突突,白气腾腾。在古老的街道边、小巷里,低矮的四方小桌边,坐满了一桌又一桌的茶客,他们大多都是一些拉车的、做小买卖的和打零工的底层市民。每人一壶茶,加上两个大饼或几根油条,就算是一顿早餐。现在,随着改革开放和经济水平的提高,老虎灶已经退出历史舞台,代之而起的是各大酒店的早茶,或者去茶艺馆品茶。①

九、洞庭湖畔姜盐茶

湘阴地处洞庭湖滨,夏季湿热,冬季寒冷,农事繁重。该地盛产茶叶、黄豆、芝麻、生姜,

---

① 陈文华.异彩纷呈的长江流域茶俗[J].农业考古,2003(4).

长期以来,这里盛行一种鲜为人知的茶饮料——姜盐豆子茶(当地简称"姜盐茶"),并逐渐演化成一种集保健、联谊于一身,具有鲜明地方特色的茶文化现象。至今,姜盐茶仍日日出现在湘阴的每个家庭,出现在每一个婚丧喜庆的场合。曹子丹于1986年调查了湘阴县城7个居民聚居区的101个家庭,其中,常年饮用姜盐茶的有100户,唯一不饮此茶的是一个外省移民家庭。① 姜盐茶的起源有一个传说:在一个寒冷的初春,一对老渔民夫妇从湖中救起一个落水的姑娘,见姑娘一直昏迷不醒,渔妇发现船上有一块生姜,想到生姜能驱寒,便将它切片与茶叶一起熬煮,加上一点盐,给姑娘灌下,不久姑娘就苏醒了。于是,这一带就养成喝姜盐茶的习惯。为了增加姜盐茶的滋味和营养,后来又加上芝麻和豆子,但人们仍按原来的习惯称为"姜盐茶"。

十、湘北新婚交杯茶

湖南北部的洞庭湖区,新婚夫妇在拜堂之后、入洞房以前要喝交杯茶。交杯茶的盛茶器具是两只小茶盅,茶水是早已熬好的红糖茶水。男家的姑娘或嫂姐用四方茶盘盛着两只茶盅,双手献给新郎新娘。新郎新娘用右手端起茶盅,相互用端茶盅的右手挽起连环套,然后一饮而尽,不许有半点茶水泼掉,寓示夫妻恩爱、同甘共苦、家庭幸福美满。

十一、土家族大盆凉茶

湖北恩施以及湖南慈利、永定、桑植、永顺、龙山、保靖一带,过去有许多路边凉亭,每逢炎热夏季,土家族老乡习惯抓一把粗茶投入一大木盆或茶缸中冲茶,等到凉后供来客或过往行人饮用。大盆凉茶可消暑纳凉,生津止渴,这在当地被认为是"积德"的善举。②

十二、以茶祭祀

在湖南通道侗族自治县,当地人民祭奉最高保佑神"萨岁"(意为去世了的祖母或世祖,有的地区称"萨党"或"萨麻")也离不开茶叶。③ 祭奉"萨岁"的仪式很繁杂,场面亦很宏大,大锣、大鼓、大号齐鸣,伴以排炮、吆喝声,其间,由长者用上好的茶叶泡上三碗茶极其恭敬肃穆地放置在供桌上。④

十三、赣西春茶会

江西西部的安福县,人们经常在春天插秧结束以后的农闲时节,逐家邀请茶友或轮流做

---

① 曹子丹.湖南洞庭湖区的茶俗[J].农业考古,2000(4):104-105.
② 唐明哲,覃柏林.湘北土家族探秘[M].香港:香港凤凰出版公司,1993:90.
③ 刘一玲.茶之品[M].北京:北京出版社,2005:105-106.
④ 朱海燕.湖南茶俗探源[D].长沙:湖南农业大学,2005:12-13.

东,举办请春茶活动。请茶的主妇要在前一天晚上到各家去邀请并把茶碗收集起来,并在碗上做好记号,以免出错。请茶这天,做东的主妇要打扫卫生、洗碗、烧水、沏茶,忙得不亦乐乎。茶叶是平常珍藏的上等好茶或是自制的山茶,茶碗中除了茶叶外,还有冰姜、胡萝卜干、腌香椿芽、韧皮豆、炒芝麻等佐料。每只碗里还放上一根约五寸长的竹签或芦棒,以便客人从茶碗中扒出食物吃掉。忙碌了一段农活的女客们,借此机会交流生产、生活和当家理财经验,交流信息,愉悦精神。① 大家边喝边聊,洋溢着一片团结和睦的融洽气氛。兴致高时,还可大唱采茶歌,更将春茶会推向高潮。由此可见,春茶会也是一种传统的以茶联谊的很好方式。

小结

我国地域辽阔,民族众多,种茶历史悠久,在漫长的历史中形成了丰富多彩的饮茶习俗。茶俗对人们日常生活及社会、经济、文化都曾经或正在产生深远的影响,显示着无穷的魅力与无尽的生命力,历经千载而盛行不衰,承传不止。它凝聚着历史的积淀,同时又显现出鲜明的时代气息,并渗透到社会生活的各个领域,不论是待客邀友、婚丧喜庆都离不开茶,茶已深深融入各族人民的日常生活中。本书寄希望于通过对我国各个地区茶俗的简要介绍,让更多的人了解中国茶文化,宣传推广中国茶文化,发挥中国茶文化的桥梁纽带作用,为中华民族的文化、社会、经济发展做出贡献,并由此引发人们对我国绚丽多彩之茶俗的重视,采取合理有效的方式去开发利用,使其焕发出更夺目的光彩。

思考题

1. 我国的饮茶习俗大致可分为哪几类?
2. 我国南方地区和北方地区的饮茶习俗有何异同?

---

① 赵从春.赣西山区春茶会[J].农业考古,2001(2).

第八章 中国茶文学

第一节 茶文学概说

一、茶文学的定义

迄今为止,茶学研究界尚无关于茶文学的定义。

我们认为:茶文学是指以茶为物质载体,以语言文字为工具,形象化地反映客观现实的艺术。茶文学是茶文化的重要表现形式,它以诗歌、小说、散文、戏剧等不同的形式(体裁)表现茶人的内心情感,以及再现一定时期、地域的茶事和社会生活。简言之,茶文学是以茶及茶事活动为题材的语言艺术。

二、茶文学的学科范畴

文学,是一种将语言文字用于表达社会生活和心理活动的学科,属于社会意识形态之艺术的范畴。文学是社会科学的学科分类之一,与哲学、宗教、法律、政治并驾为社会的上层建筑,为社会经济服务。

茶文学属于文学的题材分支,是文学的组成部分之一。中国茶文学,是中国文学的重要组成部分。

三、中国茶文学的特点

综观中国茶文学的发展全貌,可以看出它具有以下两个显著的特点。

第一,中国茶文学是文献性十分凸显的文学。评价一篇文学作品成就的高低,我们当然首先看重它的审美价值,然后才是以审美为中心的多元价值系统,其中包括它的文献价值。我们发现,在中国古代浩若烟海的茶文学作品中,文学价值上乘的茶文学作品数量不多。更多的茶文学作品,其文献价值往往超越其文学价值。唐代茶仙卢仝的茶诗《走笔谢孟谏议寄新茶》和北宋范仲淹的茶歌《和章岷从事斗茶歌》,既是脍炙人口且流传千古的文学价值很高的文学经典,又是茶学价值颇高的历史文献。这种审美价值与文献价值兼美的文学精品,可谓凤毛麟角。而且,在茶学研究领域,它们的文献价值甚至更为人们所看重。

第二,中国茶文学是在形式和体裁上不断创新的开放型文学。比如,茶诗的发展是由四言诗而五言诗、七言诗,由古体诗而近体诗、格律诗、自由诗。散文的发展是由汉赋、骈文而到"古文运动"中的古文,到了现代,茶散文的种类和形式千姿百态、色彩纷呈。在体裁上,由唐诗、宋词、元曲发展到明清长篇小说、短篇小说。总之,中国茶文学的发展表明,我国茶文学的艺术形式和体裁,总是处在不停的运动中,在不断创新和革新。

第二节 中国茶文学简史[*]

中国历史上有很长的饮茶记录,但却无法确切查明其年代。目前,饮茶之源大致有神农时期、西周时期、秦汉时期三种说法。并且有许多现存的证据证明,在世界上很多地方的饮茶、种茶习惯是直接或间接从中国流传过去的。所以,"饮茶是中国人首创"这一说法目前已被人们普遍接受。饮茶已经成为大多数中国人日常生活中一个不可或缺的调剂品,因为它带给国人的不仅仅只是口感与物质的享受,更为重要的是精神和文化的愉悦。世代积累的饮茶习惯,直接促成了一批特殊文学作品的诞生——茶文学,在文人笔下一篇又一篇的作品向世人展示了中国人的饮茶行为和饮茶心理。本节拟就中国古代茶文学的历史形态流变进行一个初步的研究,以勾画出中国古代茶文学的演绎轨迹。

一、先秦两晋:中国古代茶文学的滥觞和发展

先秦时期,是中国茶文学作品的萌芽时期。在这一时期,虽然"茶"字仍没有定型,但它所代表的内在意蕴已经确立。这时尽管关于"茶"的文学作品大都表现的是"茶"的本意,"茶"还没有成为文人在文学作品中所表现的创作意象和情感所指,然而它在文学作品中的出现已经为中国文学注入新鲜血液奠定了基础。据现存文献记载,最早关于"茶"的文学作品可以追溯到中国诗歌的开山之作——《诗经》。在《诗经》中有少数作品就提到"荼"这一新鲜事物,但当时记载的是"茶"最初的名称——"荼"。例如:《诗经·谷风》中有"谁谓荼苦,其

---

[*] 本节主要参考了司马周、杨财根的《中国古代茶文学历史形态流变初论》(《饮食文化研究》2005年第1期)一文的观点。

甘如荠",《诗经·七月》中有"采荼薪樗,食我农夫",《诗经·绵》中有"周原膴膴,堇荼如饴"。研究者认为,上述诗中之"荼"就是指的茶叶。《诗经》对采茶、饮茶有了初步的简洁描述,虽然叙述粗略,但开创了中国茶文学的历史先河。其后,屈原的《橘颂》、王逸的《悼乱》等作品中,都引入了"茶"这一情感指代物。虽然"茶"在作品中还只是以雏形的面貌出现,但"茶"这一意象从此步入了中国文学的殿堂,逐步成为中国文人笔下的宝贵素材。茶文学的诞生,丰富了中国饮食文化的内涵,成为中国饮食文化中一道绚丽的风景线。

伴随着饮茶的出现,人们对茶水药用功能的认识也是逐步深入。在三国之前,人们对茶的药用功能虽然也有提及,如《神农食经》中记载"茶茗久服,令人有力悦志",然而,很多记载都只是零星的。但在汉、晋时期,随着医学技术的发达,茶的药用功能越来越多地被人们挖掘,许多医学著作对茶水药用功能的研究也颇为深入,如东汉华佗所著的《食论》等。其中,晋代葛洪的《肘后备急方》一书最具代表性,书中有19处地方提到茶的药用功能,如其卷三中云:"气嗽,不问多少时者服之便差方:陈橘皮、桂心、杏仁,去尖皮熬三物,等分捣蜜丸,每服饭后,须茶汤下二十丸。"其卷六中云:"治风赤眼:以地龙十条,炙干为末,夜卧,以冷茶调下二钱。"茶的实用功能由饮用提升到药用,茶叶在人们日常生活中的地位得到进一步的增强。

如果说先秦两汉文学中的茶文学还只是初具雏形的话,那么晋代茶文学在此前茶文学的基础上就有了相对的发展:无论是数量还是质量,都比先秦两汉有了一个明显的进步,不少文学作品中开始引入"茶"这一意象,而且在探索运用"茶"意象方面较之先秦两汉的实指意义又向前迈进了一步,"茶"的文学性更强。此时,茶不再是纯粹的饮用品,已经开始融入文学创作中,成为文人笔下的创作喻体,由自然符号过渡到了人为符号,茶文学作品数量与质量的显著提高都标志着饮茶文学在两晋时期开始有了长足发展。不过,此时"荼""茶"二字在文学作品中仍然互用。如西晋左思的《娇女诗》载,"心为茶荈剧,吹嘘对鼎𨰻",描绘了左思两位娇女急切品茗、憨态可掬的神情。还有两首与左思此诗差不多同年代的咏茶诗:一是张载的《登成都白菟楼诗》,用"芳茶冠六清,溢味播九区"的诗句,称赞成都茶的清香;二是孙楚的《出歌》,用"姜桂茶出巴蜀,椒橘木兰出高山"的诗句,点明了当时茶叶的原产地。

先秦两汉文学作品中对茶的描写只是涉及,所提及的"茶"亦只是表像的描述,或者仅仅只是刻画主人公形象的点缀品,并没有真正以茶为对象进行描写,从严格意义上来说,它们并不是真正描写茶的文学作品,充其量是茶文学中的边缘作品而已。但在晋代却出现了一篇重要的专门描写茶的赋作——杜育的《荈赋》,这也许是目前所能见到的最早专门歌吟茶事的作品:

灵山惟岳,奇产所钟。瞻彼卷阿,实曰夕阳。厥生荈草,弥谷被岗。承丰壤之滋润,受甘霖之霄降。月惟初秋,农功少休,结偶同旅,是采是求。水则岷方之注,挹彼清流;器择陶简,出自东隅;酌之以匏,取式公刘。惟兹初成,沫沉华浮,焕如积雪,晔若春敷。

杜育,字芳叔,西晋襄城邓陵(今河南邓陵)人。永兴中(304—305),拜汝南太守。永嘉中,进右将军,后为国子监祭酒。永嘉五年(311),京城洛阳将陷时,死于难。著有文集二卷。《荈赋》中的"荈"实际就是指茶。唐陆羽《茶经》云:"其名一曰茶,二曰槚,三曰蔎,四曰茗,五曰荈。"清人陆德明在《经典释文》中指出:"荈、槚、茗,其实一也。""荈"是指粗而老的茶叶,苦涩味较重,所以,《茶经》称:"不甘而苦,荈也。"

在我国现存较早的茶文学作品中,杜育的《荈赋》占有突出地位,他第一次比较详细地描写了"弥谷被岗"的植茶规模、"是采是求"的采茶情景、"器择陶简"的饮茶器具和"沫沉华浮"的茶水特点。它以俳赋的形式以及典雅清新、简洁流畅的语言,写出了农夫们采茶、制茶和品茗的优美意境。杜育的《荈赋》是文人作品中首次以茶为叙述主体并予以详细描写的文学作品,标志着"茶"开始真正成为文人笔下的抒写对象而被人称颂。

《荈赋》和前述三首茶诗,构成了我国古代早期茶文学的基础。同时,从这些流传的茶文学作品中也可以了解我国茶业发展的史实,说明汉代除了巴蜀以外饮茶还未曾普及。到了三国时期,东吴孙皓"以茶代酒"的故事虽流传很广,但也只说明三国东吴一带地方茶业有了一定的发展,而在魏国统治的中原尚未见到。不过到了西晋时期,短暂的统一开始把茶叶传到中原如左思这样的官宦人家,随后又由于南北朝的分裂而中断。直到唐宋以后,茶业才得到全面发展,茶文学也就开始有了丰硕灿烂的成果,迎来茶文学发展的第一高峰时期。这一时期不仅茶文学作品的数量剧增,而且内容也极为丰富,它们既反映了文人们对茶的珍爱,又反映出饮茶在人们文化生活中的重要性。

二、唐宋:中国古代茶文学的繁荣与鼎盛

唐代作为中国古代封建社会发展的巅峰时期,尤其是随着"贞观之治"的出现,整个国家国力强盛,疆域扩大,对外经济、文化交流也十分活跃,唐帝国成为当时世界上最强大的具有先进文明的国家。唐代文学也出现了前所未有的辉煌,整个文坛出现了百花齐放、全面繁荣的局面。在唐代,随着茶叶生产与贸易的逐步兴起和发展,饮茶之风普遍兴盛。唐朝初年,饮茶不仅在南方流行,在北方有些地方也逐步盛行起来。《封氏闻见记》云:"南人好饮之,北人初不多饮。开元中,泰山灵岩寺有降魔师大兴禅教,学禅务于不寐,又不夕食,皆许其饮茶。人自怀挟,到处煮饮。从此转相仿效,遂成风俗。"于是,南北交融带来了茶业的迅速发展。在长期的饮茶实践中,人们发现饮茶可以提高人的思维能力。这无疑让茶受到文人学士的青睐,他们提倡饮茶,乃至成癖,纷纷以茶作为吟诗作赋的题材。于是,在茶文学领域开始涌现了大批以"茶"为题材的诗篇,百花齐放,争奇斗艳。无论是形式还是内容,都异彩纷呈、炫人耳目。国力强盛下的文人心态一般较为优柔平和,文功武治下的唐朝士人心中更是增添了较多的闲情逸趣,于是,茶文学作品中不少描写饮茶时的怡然之情,凸现出了那个时代所特有的士人心态。例如,岑参的《暮秋会严京兆后厅竹斋》中写道:"瓯香茶色嫩,窗冷竹

声干。"钱起在《过张成侍御宅》中云:"杯里紫茶香代酒,琴中绿水静留宾。"白居易在《首夏病间》中写道:"或饮一瓯茗,或吟两句诗。内无忧患迫,外无职役羁。此日不自适,何时是适时?"这几首诗道出了品茶的真谛,品茶与吟咏一样,需要有一种闲适的心境。这种"闲",并非仅仅是空闲,而是一种摒弃了俗虑、心地纯净、心平气和的悠闲心境,而这一切也只有在盛世王朝下才能达到。

在唐王朝诗人的笔下,饮茶已渐渐成为一门艺术,越来越多的文人士子注重品评、鉴赏茶饮,对茶业、茶具、茶饮之法都较之以前有了相当的研究。唐代陆羽《茶经》的出现,就是顺应时代潮流而诞生的。

《茶经》第一次全面总结了唐代以前中国人在茶叶生产方面取得的成就,对茶的起源、历史、栽培、采制、煮茶、用水、品饮等做了全方位精湛的论述,还列举了唐代时分辨茶叶优劣的一些基本标准。正如《四库全书总目》云:"言茶者莫精于羽,其文亦朴雅有古意。"唐代吟咏茶具的诗词,比较有代表性的是陆龟蒙的《和茶具十咏》(《甫里集》卷六)。而对茶的清香的描写也是唐代茶文学艺术化的一个突出表现,因而茶文学作品中描写品茶的清新之感扑鼻而来,令人流连忘返。例如,王维的《河南严尹弟见宿弊庐访别人赋十韵》云:"花醥和松屑,茶香透竹丛。"李泌的《赋茶》中写道:"旋沫翻成碧玉池,添酥散出琉璃眼。"齐己创作的《谢中上人寄茶》中云:"春山谷雨前,并手摘芳烟。绿嫩难盈笼,清和易晚天。且招邻院客,试煮落花泉。地远劳相寄,无来又隔年。"诗人身处异乡,惊喜地收到远方朋友寄来的茶叶,连忙招呼邻居用清泉一起煎饮,嫩绿可人的茶叶与清香扑鼻的茶水交相辉映,诗人的暖暖情思荡漾其中,诗情、诗境融为一体。正因为茶饮业的发达、文人心态的悠闲雅致,在闲暇之余聚会品茗也就理所当然地成为唐代文人笔下司空见惯的行为方式。他们在一起相互品赏茗中佳品,吟诗取乐,不仅在无形中推动了中国茶饮的发展,更是为推动中国茶文学的繁荣昌盛做出了不少的贡献。例如,鲍君徽的《东亭茶宴》,"闲朝向晓出帘栊,茗宴东亭四望通。远眺城池山色里,俯聆弦管水声中",就描写了聚会饮茶的欣然之乐;刘长卿的《惠福寺与陈留诸官茶会》一诗,就写出自己与友人饮茶作诗、乐趣丛生的情景。再如,颜真卿等六人所作的《五言月夜啜茶联句》是一首啜茶联句,六人合作,全诗一共七句;在诗中,诗人别出心裁地运用了许多与啜茶有关的代名词,如用"代饮"比喻以饮茶代饮酒,用"华席"借指茶宴,用"流华"指代饮茶;聚会联诗,这在以前的茶文学中比较少见。

只有在盛唐环境下,诗人们才有足够的闲情逸致去欣赏茶饮、品味茶饮,其茶文学作品中透露出这个时代特有的文人心境。唐代诗人们在丰富茶文学作品的同时,把茶文学推向了一个前所未有的境界,唐代茶文学的发展也正是因为这批诗人的出现才得以达到一个巅峰。所以,纵观唐代茶文学作品,不仅形象地描写了饮茶的其乐融融,还有的茶文学作品更是以鲜活的比喻和生动的文采将煮茶过程惟妙惟肖地展示在读者面前。例如,著名诗人皮日休的《茶中杂咏·煮茶》就生动形象地描述了煮茶水的全过程,令人拍案叫绝,诗云:"香泉一合乳，煎作连珠沸。时看蟹目溅，乍见鱼鳞起。声疑松带雨，饽恐生烟翠。尚把沥中山，必无千日醉。"诗人从视觉、听觉、色泽三个角度对煮茶进行了描写：观其状，则为"连珠""蟹目""鱼鳞"；听其声，则为"松带雨"；察其色，则茶汤的饽沫呈现翠绿。最后，诗人点明茶的功用：有可以醒酒的功用。

宋代黄庭坚的《煎茶赋》，与皮日休的诗有异曲同工之妙，其赋云："汹汹乎如涧松之发清吹，皓皓乎如春空之行白云。宾主欲眠而同味，水茗相投而不浑。"

贡茶，即是向皇帝进贡新茶。贡茶之制确立于唐代，唐代贡茶首先取自湖州顾渚的"紫笋"。大历五年（770），唐代宗在顾渚设贡茶院。据李吉甫《元和郡县志》记载："每岁以进奉顾山紫笋茶，役工三万人，累月方毕。"贡茶制度的实行，给顾渚当地的茶农带来了生活的痛苦，加重了茶农的负担。中唐诗人袁高，在担任湖州太守时，曾直接负责督造顾渚贡茶，亲眼看到茶农忍着早春的饥寒，男废耕，女废织，攀高山，临深渊，采摘新芽，更目睹了各级官吏如狼似虎催逼缴茶的恶行，痛心地写下一首五言长诗《茶山诗》："氓辍耕农耒，采采实苦辛。一夫旦当役，尽室皆同臻。扪葛上欹壁，蓬头入荒榛。终朝不盈掬，手足皆鳞皴……选纳无昼夜，捣声昏继晨。"全诗语言精练，格调悲愤苍凉，表现了诗人对顾渚山人民蒙受贡茶之苦的深切同情。晚唐诗人李郢的《茶山贡焙歌》，对官府催迫贡茶的情景也做了精细的描述，同样表达了诗人关注黎民疾苦和内心苦闷的郁郁情怀。在文人的笔下，茶已不再是纯粹的饮用之物，茶已经成为一种情感的象征，在茶文学作品中蕴藏着诗人丰富的内心感受和遭遇寄托，广为后人传诵。

唐代卢仝的《走笔谢孟谏议寄新茶》（亦称《茶歌》或《饮茶歌》），堪称唐代茶文学作品的抗鼎之作。卢仝，唐代诗人，自号玉川子，范阳（今河北涿县涿州镇）人，年轻时隐居少室山，不愿仕进。曾因作《月蚀诗》讥讽当时宦官专权，招来宦官怨恨。"甘露之变"时，因留宿宰相王涯家，与王涯同时遇害，时年40岁左右。他嗜茶成癖，号称"茶痴"。《饮茶歌》是他品尝友人谏议大夫孟简所赠新茶后的即兴之作，全诗直抒胸臆，一气呵成。诗云：

柴门反关无俗客，纱帽笼头自煎吃。碧云引风吹不断，白花浮光凝碗面。一碗喉吻润，两碗破孤闷。三碗搜枯肠，唯有文字五千卷。四碗发轻汗，平生不平事，尽向毛孔散。五碗肌骨清，六碗通仙灵。七碗吃不得也，唯觉两腋习习清风生。蓬莱山，在何处？玉川子，乘此清风欲归去。山上群仙司下土，地位清高隔风雨。安得知百万亿苍生命，堕在巅崖受辛苦！便为谏议问苍生，到头还得苏息否？

诗人主要叙述煮茶和饮茶的感受。由于茶叶味道鲜美，诗人一连吃了七碗，每吃一碗都有新的感受，吃到第七碗时，顿觉两腋生风，飘飘欲仙。诗的末尾忽然笔锋一转，进入主题：诗人在为苍生请命，希望养尊处优的统治者在享受精美茶叶时，不要忘记是茶农冒着生命危险攀登悬崖峭壁采摘而来的茶叶；诗人对茶农寄予了浓浓的情意，"安得知百万亿苍生命，堕在巅崖受辛苦"；同时，结语发出呐喊，期待劳苦人民能有个平静祥和的生活环境。由此可见,诗人写这首《饮茶歌》的本意,并不仅仅在夸说茶的奇特功用,背后还蕴藏了诗人对茶农的深切同情。茶是香的,但唐代的茶农是艰辛的,贡茶制度则是朝廷为茶农套上的沉重枷锁。全诗挥洒自如,从构思、描绘到夸饰,都恰到好处,语言酣畅而不乏严谨。卢仝的《饮茶歌》,对唐代饮茶风气的普及、茶文化的传播起到了推波助澜的作用。由于作者运用了优美的诗句来表达自身对茶的亲切感受,所以此诗脍炙人口,历久不衰,自唐代以后便成为人们吟咏饮茶的经典范文。

嗜茶、擅烹茶的诗人墨客,常喜与卢仝相比,如宋代胡铨的《醉落魄·辛未九月望和答庆符》词中有:"酒欲醒时,兴在卢仝碗。"宋代吴潜《谒金门·和韵赋茶》云:"七碗徐徐撑腹了,卢家诗兴渺。"清代嵇永仁云:"浪说卢仝堪七碗,武彝梦断雨前茶。"诗人们品茶、赏泉兴致盎然时,也常以"七碗""两腋清风"代称,如北宋苏轼的诗句有"何烦魏帝一丸药,且尽卢仝七碗茶",南宋杨万里的诗句有"不待清风生两腋,清风先向舌端生"。

卢仝的诗句也常被后人化用,如苏轼《试院煎茶》中的诗句"不用撑肠挂腹文字五千卷,但愿一瓯常及睡足日高时",就是化用《饮茶歌》的诗句而成。另外,北宋范仲淹的《和章岷从事斗茶歌》、北宋梅尧臣的《尝茶与公议》、元代耶律楚材的《西域从王君玉乞茶,因其韵七首》等诗中,都充满了对卢仝的崇敬。唐代茶文学不仅在内容上把茶文化推上了一个高峰,而且在形式上同样进行了不少尝试,极大地丰富了唐代茶文学,给中国茶文化带来了清新之感。

唐代茶文学的繁荣使中国茶文学达到了一个高峰,而宋代茶文学是中国茶文学发展的另一个高峰时期。宋代的茶文学中引入了"词"这一诗歌形式,由此形成与唐代茶诗双峰并峙的局面。宋人茶诗较唐代还要多,大概有千余首。这是由于宋代提倡饮茶,贡茶、斗茶之风较之唐代更为兴盛,朝野上下茶事更多。同时,宋代又是理学思想占统治地位的时期,理学虽有教条、呆滞的弊端,但强调士人自身的思想修养和内省,相当重视人们自身的理性锻炼。而要自我修养,茶就成了再好不过的伴侣。再者,宋代各种社会矛盾加剧,知识分子常常十分苦恼,但他们又总是注意克制感情,不断磨砺自己,这使得许多文人常以茶为伴,以便经常保持清醒。正因如此,宋代社会各阶层的人们对茶也随之变得须臾不能离之,正如时人所谓:"君子小人靡不嗜也,富贵贫贱靡不用也";"夫茶之为民用,等于米盐,不可一日以无"。所以,无论是真正的文学家,还是一般的文人儒者,都把以茶入诗词看作高雅之事。在他们的作品中,对饮茶礼仪也多有描述。如李清照《转调满庭芳》云:"当年曾胜赏,生香熏袖,活火分茶。"又如史浩《临江仙》:"忆昔来时双髻小,如今云鬟堆鸦。绿窗冉冉度年华。秋波娇姹酒,春笋惯分茶。"再如洪咨夔《夏初临》:"雪丝香里,冰粉光中,兴来进酒,睡起分茶。轻雷急雨,银篁迸插檐牙。"以上诸词都写到的"分茶",是在饮茶过程中形成的一种技艺。分茶技艺在宋代饮茶习俗中十分盛行,在文人诗词中也就多有反映。

宋代,茶不仅作为一种重要的经济作物而存在,同时又与诸多生活领域发生了紧密的联系,出现了不少与茶相关的社会现象和风尚习俗,深深影响了社会各阶层的生活行为和意识。其中,客来敬茶、客去点汤成了当时社会一种约定俗成的"客礼",为上至帝王、下至百姓所奉行。这给茶文学的创作提供了广泛的社会基础,开辟了宋代茶文学作品创作的新题材与新领域,如毛滂《西江月·侑茶词》、周紫芝《摊破浣溪沙·汤词》、王安中《小重山·汤》等都是在饮茶席上而作的。在"靖康之变"前的近百年中,宋朝经济有过一段繁荣时期,当时人们更为重视品味茶叶的香味,制作茶叶的技术显著提高,饮茶风气愈盛,嗜好茶的人更加普遍。

北宋茶文学除了在唐代茶文学基础上继续发扬光大之外,还因当时社会环境的特殊性,形成了其独特之处,即描写"斗茶"的文学作品盛行,其中尤以范仲淹的《和章岷从事斗茶歌》为后世文人所称道。范仲淹是北宋有名的政治家、军事家、文学家,他因《岳阳楼记》和《渔家傲》而名闻天下。让很多人诧异的是,他还写有一首在茶文化史上可以与卢仝《饮茶歌》相媲美的斗茶诗——《和章岷从事斗茶歌》。"斗茶"之习唐已有之,只是到了宋代由于皇室的提倡而越发盛行。"斗茶"又称为"茗战",是一套品评、鉴别茶叶优劣的办法,它最先应用于贡茶的选送以及市场价格品位的竞争。宋代贡茶出自福建建安的北苑,斗茶之风也因此盛行。而后经蔡襄介绍,朝中上下皆效法比斗,成为一时风尚。每到新茶上市时节,茶农们竞相比试各自的茶叶,评优论劣,争新斗奇,竞争激烈。范仲淹的《和章岷从事斗茶歌》,就对当时盛行的斗茶活动进行了生动的描述,可以从中窥见宋代"斗茶"的民俗民风。

茶的普及与流行,使人们在传统饮酒、浆之外又增添了新的内容,丰富了人们的饮食生活。自茶产生之日起,茶与酒孰轻孰重就一直是人们争论的一个话题。在茶风十分盛行的宋代,茶与酒功过之争尤为激烈,对此的论述也比以往任何一个朝代都要多。这一新颖题材的进入,给中国茶文学注入了鲜活的魅力,丰富了中国茶文学的表现形式。其中,最精彩者莫过于王敷的《茶酒论》。《茶酒论》用拟人的笔法,描写了茶与酒的口舌之战,文中详细阐述了茶与酒各自不同的功效,最后以水作公道而结,读来妙趣横生。其《序》曰:"暂问茶之与酒,两个谁有功勋?阿谁即合卑小,阿谁即合称尊?今日各须立理,强者光饰一门。"其文云:

茶乃出来言曰:"诸人莫闹,听说些些。百草之首,万木之花。贵之取蕊,重之摘芽。呼之茗草,号之作茶。贡五侯宅,奉帝王家。时新献入,一世荣华。自然尊贵,何用论夸?"酒乃出来曰:"可笑词说!自古至今,茶贱酒贵。单醪投河,三军告醉。君王饮之,赐卿无畏。群臣饮之,呼叫万岁。和死定生,神明歆气。酒食向人,终无恶意。有酒有令,礼智仁义。自合称尊,何劳比类。"……水谓茶酒曰:"……人生四大,地水火风。茶不得水,作何相貌?酒不得水,作甚形容?米曲干吃,损人肠胃。茶片干吃,砺破喉咙。万物须水,五谷之宗。……感得天下钦奉,万姓依从。由自不能说圣,两个何用争功?从今以后,切须和同。酒店发富,茶坊不穷。长为兄弟,须得始终。"

而李正民的《余君赠我以茶仆答以酒》(《大隐集》卷七),同样是一篇描写茶与酒优劣的文章,不过作者不是用拟人的手法进行描述,而是借助诗歌表达了自己对茶与酒二者的看法。他认为,"古今二者皆灵物,荡涤肺腑无纷华",二物各有所长,亦各有所短,有利有弊,适度饮之为佳。这应该可以看作茶酒论争的理性总结。

北宋经济的繁荣兴旺,使茶文学呈现出欣欣向荣的盛唐气象。然而,好景不长,南宋偏安江左,奉行"主和"政策,先后与金签订了三次丧权辱国的和约,民族矛盾成为当时社会的主要矛盾。许多爱国志士愤慨国势削弱、外敌入侵,在报国无门的情况下借文学创作抒发志趣,"以茶雅志",因此,当时的许多茶文学作品大都是以忧国忧民、自节自砺为情感基调。其中,最具代表性的是刘过的《临江仙·茶词》:"红袖扶来聊促膝,龙团共破春温。高标终是绝尘氛。两箱留烛影,一水试云痕。饮罢清风生两腋,馀香齿颊犹存。离情凄咽更休论。银鞍和月载,金碾为谁分。"

刘过(1154—1206),字改之,号龙洲道人,吉州太和人。四次应举不中,流落江湖间,布衣终身,曾与陆游、辛弃疾、陈亮等交往。他词风豪放,著有《龙洲集》《龙洲词》等作品。刘过在《临江仙·茶词》中别有一种抱负,他不仅仅是为个人的得失感慨,更为关注的是国家安危和收复失地,关心的是国家的命运和前途。品茶完毕,他稍事休整,想到的是应该为重整金瓯(指国家)而驰骋疆场。在这里,是茶给了他金戈铁马、气吞万里、誓夺江山的气势。词人又借茶喻志,抒发了自己不能为国效力的愤慨。

茶是和平的象征,愈是在南宋那种战乱、艰难的时刻,文人士子就愈加向往香茗宁静、和谐的好处。这从民族英雄文天祥的茶诗中可以得到证明,其《扬子江心第一泉》诗云:"扬子江心第一泉,南金来此铸文渊。男儿斩却楼兰首,闲评茶经拜羽仙。"反对战乱,企盼和平,盼望着有朝一日可以在闲适、平和的气氛中品评香茗,这不仅仅是诗人的愿望,同时也是当时千千万万中华儿女的共同心愿。中华民族是一个爱好和平的民族,他们不怕强敌,敢于"斩却楼兰首",但更向往清茶、云乳、茗香,崇尚茶仙陆羽飘逸平和的心境。

唐代茶文学是以僧人、道士、文人为主体的,而宋朝则进一步向各个层面拓展。一方面是宫廷茶文学的出现,另一方面是市民茶文学和斗茶之风的兴盛。宋代饮茶技艺是相当精致的,但很难融进思想感情。由于宋代著名茶人大多数是著名文人,加快了茶与相关艺术融为一体的过程。像徐铉、王禹偁、林通、范仲淹、欧阳修、王安石、苏轼、苏辙、黄庭坚、梅尧臣等文学家都好茶,所以,著名诗人有茶诗,书法家有茶帖,画家有茶画。这使得中国茶文化的内涵进一步得到拓展,成为文学、艺术等纯精神文化直接关联的部分。宋代的市民茶文化,主要是把饮茶作为增进友谊和社会交际的手段,茶已经成为民间礼节。宋朝人拓宽了茶文学的社会层面和文化形式,茶事十分兴旺,但茶艺逐步走向繁复、琐碎、奢侈,从而失去了唐朝茶文学的精神意蕴。

三、元明清：中国古代茶文学的衰落

元朝，北方民族虽也嗜茶，但对宋人烦琐的茶艺很不适应。在异族文化和政治的压制下，汉族文人也无心以茶事表现自己的风流倜傥，更多的是希望在茶中表现自己不事外族的节气，磨炼自己的情操意志。茶艺简约，返璞归真，两种茶文学思潮开始暗暗契合，如耶律楚材的《西域从王君玉乞茶，因其韵七首》、王沂《芍药茶》、谢宗可的《雪煎茶》等。其中，耶律楚材的饮茶诗一共7首，达390余字，也可称得上茶饮诗中的长篇巨制了。

元代饮茶进一步世俗化，这是元代茶文化的一大特点。由于蒙古人尚武轻文，不少文人生活在社会底层，与普通老百姓有了更多接触，这使得不少诗人以诗表达个人情感，同时也注意到了民间饮茶风尚。如元人李载德曾作《小令》10首，题曰《赠茶肆》，便反映了元代城市茶肆生活的风俗民情。其中虽有与前代茶诗雷同之处，但也不乏新意，如第一首写道："茶烟一缕轻轻飏，搅动兰膏四座香，烹煎妙手赛维扬。非是谎，下马请来尝。"短短几句诗，就把茶肆气氛、店主热情待客的场景生动地描绘出来。

明代朝廷推行"以茶制边"政策，对茶的交易控制得非常严格，贩私茶至边疆者杀无赦。明代茶文学继续沿着既定的轨道向前发展，但在形式和质量上，由于唐、宋两大高峰对峙，它很难有所突破。尽管明代的咏茶诗数量和质量都要比元代发达，但与唐、宋相比仍显得有点微不足道。明代随着制茶技术的提高和茶叶质量的改进，煎饮方法及泡茶器皿等也越来越讲究，因此诞生了不少有关饮茶研究的专著。有目录可考者共计55部，散佚4部，有参考研究价值者也有20多部，几乎涉及茶事的方方面面。但是，其研究的系统性和深度均未超出宋代徽宗《大观茶论》或蔡襄《茶录》的水平。当时著名的茶诗，有文徵明的《煎茶》、陈继儒的《失题》、陆容的《送茶僧》、周履靖的《茶德颂》、张岱的《斗茶檄》和《闵老子茶》、黄宗羲的《余姚瀑布茶》等。

明代社会矛盾加深，许多文人不满当时政治，但在明代时局森严的环境中他们心中的苦痛不能随意宣泄，所以，文人的处境也不能像盛唐那样怡然自得。再加上明代的社会条件也不允许文人士子远离都市久居山林，去清静地过着自己的隐居生活。在这种情况下，不少文学士子在茶中就表达了自己对隐逸生活的向往。如明人凌云翰有《题画》云："童子携瓶沽酒，仆夫汲水煎茶。坐对青山扣虱，不妨终老烟霞。"又如明代谢晋的《前晾校理》中云："家住青山若个边，白云无路树参天。读书声里萝窗午，风散烹茶一缕烟。"

不过，难得的是，明代还有不少反映民生疾苦、讥讽时政的咏茶诗。但是，在明代时局森严的环境中，不少诗人因为借茶讥刺时政而受到了当局的迫害。如高启的《采茶词》中云："雷过溪山碧云暖，幽丛半吐枪旗短。银钗女儿相应歌，筐中摘得谁最多？归来清香犹在手，高品先将呈太守。竹炉新焙未得尝，笼盛贩与湖南商。山家不解种禾黍，衣食年年在春雨。"诗中描写了茶农把茶叶供官府后，其余全部卖给商人以换取一年的衣食用品，自己却舍不得

尝新的痛苦心情,表现了诗人对人民疾苦的同情与关怀,同时对统治者欺诈百姓的行径进行了影射。又如,明代正德年间身居浙江按察佥事的韩邦奇,根据民谣加工润色而成《富阳民谣》,揭露了当时浙江富阳贡茶扰民、害民的苛政。这两位同情民间疾苦的诗人,后来都惨遭不幸,高启被腰斩于市,韩邦奇被罢官下狱且几乎送掉性命。这两位诗人被杀虽然不仅仅是吟茶诗所致,但借吟茶讥讽时政也是他们遭受迫害的原因之一。

  明末清初,精细的茶文化再次出现。制茶、烹饮虽未回到宋人的烦琐,但茶风已经趋向纤弱,不少文人终生泡在茶里,出现了玩物丧志的倾向。当时,部分茶文学作品在描写茶文化方面偏向琐碎化、浅俗化,使本来兴盛一时的茶文学作品走向低迷,再加上时局的动乱,茶文学由鼎盛开始走向衰落。

  当然,清代也有部分诗人如郑燮、金田、陈章、曹廷栋、张日熙等的咏茶诗,亦为著名诗篇。特别值得一提的是,由于清代朝廷茶事很多,乾隆皇帝经常举行大型茶宴,每次都产生了大量茶诗,不过其中大多数茶诗都是歌功颂德的作品,并没有多少价值。清代几位帝王对饮茶的喜爱和歌吟,使得中国茶文化在衰落之时昙花一现,出现了短暂的繁荣,但终究挡不住历史的车轮,中国古代茶文学在清末最终迈向了衰败。这几位帝王中,尤其值得称道的是爱新觉罗·弘历,即乾隆皇帝,他不但到茶区观看采茶,而且对烹茶也颇有研究,非常讲究水质和茶具。他六下江南,曾五次为杭州西湖龙井茶作诗,其中最为后人传诵的是1759年游无锡时所作《荷露烹茶》:"秋荷叶上露珠流,柄柄倾来盎盎收。白帝精灵青女气,惠山竹鼎越窑瓯。学仙笑彼金盘妄,宜咏欣兹玉乳浮。李相若曾经识此,底须置驿远驰求。"诗中不但赞赏了用无锡泉水冲泡的玉乳名茶和唐宋官窑越瓷茶具,也指斥了汉武帝妄想成仙以秋露为饮之事,更讥讽了李林甫不识玉乳、为讨好皇上而千里劳累选送荔枝的愚蠢。诗中多处用典,将现实与历史融合在一起,既有对前车之鉴的深刻警醒,也有对现实状况的歌颂,高度展示了乾隆皇帝在饮茶方面的渊博知识和过人才华。乾隆皇帝的其他饮茶诗还有《坐龙井上烹茶偶成》《观采茶作歌》《大明寺泉烹武夷茶浇诗人雪帆墓》,都堪称清代茶文学作品中的佳作。乾隆皇帝卒时享年八十八岁,如此高寿与嗜茶养性不无关系。嘉庆皇帝受其父亲影响,也爱品茶,并写有一些饮茶诗,如《嘉庆御制壶铭茶诗》。皇帝爱饮茶,前代并不少见,像宋徽宗对饮茶就颇有研究,然而,皇帝写茶诗在中国茶文学史上是比较少见的。他们的出现,丰富了中国茶文学作品,也在中国茶文化史上留下了一段佳话。

  以上就中国古代茶文学的发展历程做了一个简单的回顾,茶文学的历史积淀并非如此三言两语就可以叙述清楚,权当笔者抛砖引玉,为中国茶文学历史形态演变历程做一番粗略的勾勒,有待专家学者的进一步挖掘。中国茶文学作品数量丰富,内涵博大精深,是中国茶文化史上一道绚丽的风景线。

第三节　中国茶诗种种

我国既是"茶的祖国",又是"诗的国家"。因此,茶很早就渗透进诗词之中,从最早出现茶诗(如左思《娇女诗》)到现在,历时1700余年,为数众多的诗人、文学家已创作了不少的优美茶叶诗词。

所谓茶叶诗词,大体上可分为狭义的和广义的两种:狭义的指"咏茶"诗词,即诗词的主题是茶,这种茶叶诗词数量略少;广义的指不仅包括咏茶诗词,而且也包括"有茶"诗词,即诗词的主题不是茶,但是诗词中提到了茶,这种茶叶诗词数量就很多了。现在一般讲的,都是指广义的茶叶诗词。从研究祖国茶叶诗词着眼,有茶诗词和咏茶诗词同样是有价值的。如南宋陆游的《幽居》中写道:"雨霁鸡栖早,风高雁阵斜。园丁刈霜稻,村女卖秋茶。"由该诗可见,当时浙江绍兴一带,已有了采秋茶的习惯。我国的广义茶叶诗词众多,据估计,唐代约有500首,宋代约有1 000首,再加上金、元、明、清及近代,总数当在2 000首以上。

一、两晋和南北朝茶诗

我国唐代以前无"茶"字,其字作"荼",因此,考察我国诗词与茶文化的联系,最初应从我国早期诗词中的"荼"字考辨起。"荼"字在我国第一部诗歌总集——《诗经》中就有所见,但近千年来,围绕《诗经》中的荼是否指茶,争论不休,一直延续到今天,仍无统一的意见。对此,只好暂置勿论。《诗经》以后,汉朝的"乐府民歌"和"古诗"中,没有"荼"字的踪迹。现在可以肯定的最早提及茶叶的诗篇,按陆羽《茶经》所辑,有四首,它们都是汉代以后、唐代以前的作品。

张载《登成都楼诗》:"借问扬子舍,想见长卿庐。程卓累千金,骄侈拟五侯。门有连骑客,翠带腰吴钩。鼎食随时进,百和妙且殊。披林采秋橘,临江钓春鱼。黑子过龙醢,果馔逾蟹蝑。芳茶冠六清,溢味播九区。人生苟安乐,兹土聊可娱。"

孙楚《出歌》:"茱萸出芳树颠,鲤鱼出洛水泉。白盐出河东,美豉出鲁渊。姜桂茶荈出巴蜀,椒橘木兰出高山。蓼苏出沟渠,精稗出中田。"

左思《娇女诗》:"吾家有娇女,皎皎颇白晳。小字为纨素,口齿自清历。……其姊字惠芳,面目粲如画。……驰骛翔园林,果下皆生摘。……贪华风雨中,眳忽数百适。……止为荼荈据,吹嘘对鼎䥶。"

王微《杂诗》:"待君竟不归,收颜今就槚。"

这四首诗创作年代不详，不知何篇为先，姑且将它们全录出来。不过，应当指出，这四首诗都未引全。如张载《登成都楼诗》，共32句，《茶经》引的只是后16句；左思《娇女诗》有56句，《茶经》仅选摘12句。除这四首诗以外，西晋末年东晋初还有一首重要的茶赋——杜育的《荈赋》。

《荈赋》载："灵山惟岳，奇产所钟。瞻彼卷阿，实曰夕阳。厥生荈草，弥谷被岗。承丰壤之滋润，受甘霖之霄降。月惟初秋，农功少休，结偶同旅，是采是求。水则岷方之注，挹彼清流；器择陶简，出自东隅；酌之以匏，取式公刘。惟兹初成，沫沉华浮，焕如积雪，晔若春敷。"

《荈赋》是现在能见到的最早专门歌吟茶事的诗词类作品。这篇茶赋加上前面四首茶诗，构成了我国早期茶文化和诗文化结合的例证，也极其典型地具体描绘了晋代我国茶业发展的史实。汉朝"古诗"中不见茶的记载，说明汉时除巴蜀以外，特别是中原，饮茶还不甚普及。三国孙皓时"以茶代酒"的故事流传很广，说明其时茶叶不仅在巴蜀而且在孙权控制的吴地也有一定发展，但关于曹魏饮茶的例子，则几乎未见。至西晋时，如前录有关诗句所示，"芳茶冠六清，溢味播九区"，"姜桂茶荈出巴蜀"，其时我国茶业的中心依然还在巴蜀；但犹如左思《娇女诗》中所吟，"止为荼荈据，吹嘘对鼎䥶"，由于西晋的短暂统一，这时茶的饮用也传到了中原如左思这样的官宦人家。也由于这种统一，南方的茶业也如《荈赋》所反映，有些山区的茶园进一步出现了"弥谷被岗"的盛况。不过，可惜的是，这种统一、发展的势头不久又为南北朝的分裂和北方少数民族的混战所打断。所以，严格来说，我国诗与茶的全面有机结合，是唐代尤其是唐代中期以后才显露出来的。

二、唐代茶诗

到了唐代，我国的茶叶生产有了较大的发展，饮茶风尚也在社会上逐渐普及开来，茶在许多诗人、文学家中也成了不可缺少的物品。于是，产生了大量茶叶诗词，其中绝大部分为茶诗。大诗人李白首先写了仙人掌名茶诗。杜甫也写过3首茶诗。白居易写得更多，有50余首，他自称茶叶行家，"应缘我是别茶人"。卢仝的《走笔谢孟谏议寄新茶》诗犹为脍炙人口，可谓千古佳作。唐代诗僧皎然是咏陆羽诗最多的一个人。齐己上人也写了很多茶诗。皮日休和陆龟蒙互相唱和，各写了10首《茶中杂咏》唱和诗。其他如钱起、杜牧、袁高、李郢、刘禹锡、柳宗元、姚合、顾况、李嘉祐、温庭筠、韦应物、李群玉、薛能、孟郊、张文规、曹邺、郑谷、皇甫冉、皇甫曾、陆羽、颜真卿、陆希声、施肩吾、韦处厚、岑参、李季兰、刘长卿、元稹、韩偓、鲍君徽等，都写过茶诗。

（一）唐代茶诗曾出现过多种形式

1. 古诗

这类茶诗很多，主要有五言古诗和七言古诗。其中，有不少咏茶名篇，如李白的《答族侄僧中孚赠玉泉仙人掌茶并序》(五言古诗,序略):"尝闻玉泉山,山洞多乳窟。仙鼠白如鸦,倒悬清溪月。茗生此中石,玉泉流不歇。根柯洒芳津,采服润肌骨。丛老卷绿叶,枝枝相接连。曝成仙人掌,以拍洪崖肩。举世未见之,其名定谁传。宗英乃禅伯,投赠有佳篇。清镜烛无盐,顾惭西子妍。朝坐有馀兴,长吟播诸天。"这首诗写了名茶"仙人掌茶",是名茶入诗最早的诗篇。作者用雄奇豪放的诗句,对仙人掌茶的出处、质量、功效等做了详细的描述,因此,这首诗成为重要的茶叶历史数据和咏茶名篇。

卢仝的《走笔谢孟谏议寄新茶》则是一首著名的咏茶七言古诗:

日高丈五睡正浓,军将打门惊周公。
口云谏议送书信,白绢斜封三道印。
开缄宛见谏议面,手阅月团三百片。
闻道新年入山里,蛰虫惊动春风起。
天子须尝阳羡茶,百草不敢先开花。
仁风暗结珠琲瓃,先春抽出黄金芽。
摘鲜焙芳旋封裹,至精至好且不奢。
至尊之馀合王公,何事便到山人家?
柴门反关无俗客,纱帽笼头自煎吃。
碧云引风吹不断,白花浮光凝碗面。
一碗喉吻润,两碗破孤闷。
三碗搜枯肠,唯有文字五千卷。
四碗发轻汗,平生不平事,尽向毛孔散。
五碗肌骨清,六碗通仙灵。
七碗吃不得也,唯觉两腋习习清风生。
蓬莱山,在何处?
玉川子,乘此清风欲归去。
山上群仙司下土,地位清高隔风雨。
安得知百万亿苍生命,堕在颠崖受辛苦!
便为谏议问苍生,到头还得苏息否?

卢仝用了优美的诗句来表达对茶的深切感受,使人诵来脍炙人口。其诗中的字字句句,后代诗人文士都广为引用。卢仝首先把茶饼喻为月(手阅月团三百片),于是,后代茶诗也把茶饼喻为月,如苏轼诗:"独携天上小团月,来试人间第二泉","明月来投玉川子,清风吹破武林春"。卢仝诗中的"唯觉两腋习习清风生",大家尤其爱用,如梅尧臣诗:"亦欲清风生两腋,从教吹去月轮旁。"卢仝的号——玉川子,也为人们所津津乐道,如陈继儒诗:"山中日日试新泉,君合前身老玉川。"被后人常常引用的还有韩愈的《寄卢仝》诗:"玉川先生洛城里,破屋数间而已矣。一奴长须不裹头,一婢赤脚老无齿。……"如北宋秦观的诗句"故人早岁佩飞霞,故遣长笋致茗芽",即是从韩愈诗"一奴长须不裹头"化出。又如南宋陆游的诗句"赤脚挑残笋,苍头摘晚茶",即是从韩愈诗"一婢赤脚老无齿"化出。

2. 律诗

这一类的茶诗也很多,主要有:五言律诗,如皇甫冉《送陆鸿渐栖霞寺采茶》;七言律诗,如白居易《谢李六郎中寄蜀新茶》;还有排律。排律指长篇的律诗,由于是按照一般律诗的格式加以铺排延长而成,故称"排律",又叫"长律"。每首至少十句,也有多达百韵的。除首尾两联外,上下两句都要对仗。也有隔句相对的,称为"扇对"。如唐代齐己的《咏茶十二韵》便是一首优美的五言排律:

> 百草让为灵,功先百草成。
> 甘传天下口,贵占火前名。
> 出处春无雁,收时谷有莺。
> 封题从泽国,贡献入秦京。
> 嗅觉精新极,尝知骨自轻。
> 研通天柱响,摘绕蜀山明。
> 赋客秋吟起,禅师昼卧惊。
> 角开香满室,炉动绿凝铛。
> 晚忆凉泉对,闲思异果平。
> 松黄干旋泛,云母滑随倾。
> 颇贵高人寄,尤宜别匮盛。
> 曾寻修事法,妙尽陆先生。

3. 绝句

这类茶诗也不少,主要为五言绝句和七言绝句。前者如张籍的《和韦开州盛山茶岭》,后者如刘禹锡的《尝茶》。

4. 宫词

这种诗体是以帝王宫中的日常琐事为题材,或写宫女的抑郁愁怨,一般为七言绝句。如王建《宫词一百首》(之七):

> 延英引对碧衣郎,江砚宣毫各别床。
> 天子下帘亲考试,宫人手里过茶汤。

5. 宝塔诗

宝塔诗,是杂体诗的一种,原称"一字至七字诗"。形如宝塔,从一字句至七字句逐句成韵,或选两句为一韵。元稹写过一首咏茶的宝塔诗《一字至七字诗·茶》。

6. 联句

旧时作诗方式之一，由两人或多人共作一首，相联成篇，多用于上层饮宴及朋友间酬答。这种联句的茶诗主要见于唐代，如茶圣陆羽和他的朋友耿湋欢聚时所作的《连句多暇赠陆三山人》诗：

> 一生为墨客，几世作茶仙。（湋）
> 喜是攀阑者，惭非负鼎贤。（羽）
> 禁门闻曙漏，顾渚入晨烟。（湋）
> 拜井孤城里，携笼万壑前。（羽）
> 闲喧悲异趣，语默取同年。（湋）
> 历落惊相偶，衰羸猥见怜。（羽）
> 诗书闻讲诵，文雅接兰荃。（湋）
> 未敢重芳席，焉能弄绿笺。（羽）
> 黑池流研水，径石涩苔钱。（湋）
> 何事亲香案，无端狎钓船。（羽）
> 野中求逸礼，江上访遗编。（湋）
> 莫发搜歌意，予心或不然。（羽）

唐代确是一个伟大的时代，它产生出两位"仙人"：一位是文学巨星李白，号为"诗仙"；一位是茶学泰斗陆羽，被誉为"茶仙"。

（二）唐代茶诗按其题材又可分为11类

1. 名茶之诗

继李白"仙人掌茶"诗之后，许多名茶纷纷入诗，而数量最多的为紫笋茶，如白居易的《夜闻贾常州崔湖州茶山境会亭欢宴》、张文的《湖州贡焙新茶》等。其他入诗的名茶，主要有蒙顶茶（白居易《琴茶》）、昌明茶（白居易《春尽日》）、石廪茶（李群玉《龙山人惠石廪方及团茶》）、九华英（曹邺《故人寄茶》）、邕湖茶（齐己《谢邕湖茶》）、碧涧春（姚合《乞新茶》）、小江园（郑谷《峡中尝茶》）、鸟嘴茶（薛能《蜀州郑使君寄鸟嘴茶》）、天柱茶（薛能《谢刘相公寄天柱茶》）、天目山茶（皎然《对陆迅饮天目山茶，因寄元居士晟》）、剡溪茗（皎然《饮茶歌诮崔石使君》）、蜡面茶（徐夤《谢尚书惠蜡面茶》）等。

2. 茶圣陆羽之诗

陆羽不仅写了世界上第一部茶书，他也很会写诗，但保存下来的仅有《歌》《会稽东小山》两首、诗句三条以及几首联句诗。而陆羽友人和后人的咏陆羽诗却有不少，有些诗对于研究陆羽很有价值。如孟郊的《陆鸿渐上饶新辟茶山》，是陆羽到过江西上饶的佐证；孟郊的《送陆畅归湖州，因凭题故人皎然塔、陆羽坟》，是陆羽坟在湖州的佐证；齐己的《过陆鸿渐旧居》

有"读碑寻传见终初"之句,是陆羽写过自传的佐证。

3. 煎茶之诗

以煎茶(包括煮茶、碾茶等)为诗题或为内容的诗数量较多,如刘言史《与孟郊洛北野泉上煎茶》、杜牧《题禅院》等。《题禅院》是一首七言绝句:

> 觥船一棹百分空,十岁青春不负公。
>
> 今日鬓丝禅榻畔,茶烟轻飏落花风。

诗中的"鬓丝""茶烟"句很有名,后人广为引用,如苏轼的《安国寺寻春》:"病眼不羞云母乱,鬓丝强理茶烟中。"又如陆游的《渔家傲·寄仲高》:"愁无寐,鬓丝几缕茶烟里。"再如文徵明的《煎茶》:"山人纱帽笼头处,禅榻风花绕鬓飞。"

4. 饮茶之诗

以饮茶(包括尝茶、啜茶、茶会、吃茗粥、试茶等)为诗题或为内容的诗,数量也相当多,如卢仝的《茶歌》、刘禹锡的《西山兰若试茶歌》、杜甫的《重过何氏五首》(其三)。其中,杜甫的这首诗,情景交融,简直可以绘成一幅雅致的"饮茶题诗图":

> 落日平台上,春风啜茗时。
>
> 石栏斜点笔,桐叶坐题诗。
>
> 翡翠鸣衣桁,蜻蜓立钓丝。
>
> 自今幽兴熟,来往亦无期。

5. 名泉之诗

唐人饮茶已很讲究水质,常常不远千里地把有名的泉水取来煎茶。这时的惠山泉水已很出名。皮日休有《题惠山二首》,其第一首为:"丞相长思煮茗时,郡侯催发只忧迟,吴关去国三千里,莫笑杨妃爱荔枝。"丞相李德裕为了用惠山泉水煮茶,命令地方官吏从三千里外的江苏无锡惠山把泉水送到京城里来。显然,皮日休的诗带有"讽喻"之意。诗人李郢亦有《题惠山》诗。

山泉为煎茶好水,故也为诗人们所喜爱。如白居易作有《山泉煎茶有怀》,陆龟蒙作有《谢山泉》。白居易诗有"蜀茶寄到但惊新,渭水煎来始觉珍"之句,可见渭水也是煎茶的好水。刘禹锡诗有"斯须炒成满室香,便酌沏下金沙水"之句,金沙水即浙江长兴顾渚山金沙泉之水,唐代与顾渚茶同为贡品。另外,雪水也是煎茶好水,白居易诗有"闲烹雪水茶"之句。

6. 茶具之诗

皮日休与陆龟蒙是一对亲密的诗友和茶友,两人在《茶中杂咏》和《奉和袭美茶具十咏》的诗歌唱和中写到了茶籝、茶灶、茶焙、茶鼎、茶瓯等茶具。

秘色茶盏是产于浙江越州的一种青瓷器,作为贡品,十分珍贵,由徐夤的七律诗《贡余秘色茶盏》可见:

> 掠翠融青瑞色新，陶成先得贡吾君。
> 巧剜明月染春水，轻旋薄冰盛绿云。
> 古镜破苔当席上，嫩荷涵露别江濆。
> 中山竹叶醅初发，多病那堪中十分。

7. 采茶之诗

姚合的《乞新茶》诗，让我们从中了解到当时人们对制造"碧涧春"名茶是如何讲究：

> 嫩绿微黄碧涧春，采时闻道断荤辛。
> 不将钱买将诗乞，借问山翁有几人？

诗中表明采茶时要戒食"荤辛"："荤"是荤菜；"辛"是辣味菜，如葱、姜、蒜、韭之类。

8. 造茶之诗

袁高的《茶山诗》、杜牧的《题茶山》、李郢的《茶山贡焙歌》这三首诗都是洋洋大篇，从各个侧面反映了当时浙江长兴顾渚山上加工紫笋茶的盛况。"溪尽停蛮棹，旗张卓翠苔"（杜牧诗），描述了造茶时节山上的一派繁华景象。而"扪葛上欹壁，蓬头入荒榛……悲嗟遍空山，草木为不春"（袁高诗）、"凌烟触露不停采，官家赤印连帖催，朝饥暮匐谁兴哀"（李郢诗），则是讲造茶人的艰苦生活。

9. 茶园之诗

从韦应物的《喜园中茶生》、韦处厚的《茶岭》、皮日休的《茶坞》、陆希声的《茗坡》等诗中可见，唐代已有了比较集中成片栽培的茶园。如皮日休诗："种荈已成园，栽葭宁计亩。"

10. 茶功之诗

饮茶有破睡、益思、醒酒、代药、代酒等功效。如白居易诗："驱愁知酒力，破睡见茶功。"曹邺诗："六腑睡神去，数朝诗思清。"薛能诗："得来抛道药，携去就僧家。"陆龟蒙诗："绮席风开照露晴，只将茶荈代云觥。"皮日休诗："傥把沥中山，必无千日醉。"

11. 其他诗

还有一些茶诗，不能包括在以上 10 类之中，但同样很有价值。如皮日休《包山祠》诗，提到了"以茶祭神"之事："白云最深处，像设盈岩堂。村祭足茗柵，水奠多桃浆。""村祭足茗柵"是说村里人用茗、柵来祭祀包山祠之神。"茗"即茶；"柵"有两种解释，一说为粽子，一说为馓子。馓子是油炸面食，形如柵状，细如面条。历史上传说茶曾用来作为祭天地、敬祖宗、拜鬼神的祭祀品，但在诗中提到的很少，皮日休可能是第一人。杜牧的《游池州林泉寺金碧洞》诗，杜甫的《进艇》诗，都表明古人在旅游时要随带茶叶："携茶腊月游金碧"（杜牧诗）；"茗饮蔗浆携所有"（杜甫诗）。

唐代，特别是中唐以来，正如白居易诗句所说的那样，"或饮一瓯茗，或吟两句诗"，茶和诗一样，成为诗人们生活中不可缺少的一部分或一大乐趣。于是，相袭相传，使茶诗、茶词在茶叶和诗词文化中形成、发展为一种别具一格的文化现象。而唐代茶诗作为一种文化现象的大量出现,对茶叶文化和诗词文化本身的发展,又起到了很大的推动作用。

第一,茶有益思的作用,能激发诗人们的诗兴和创作才华。诗人薛能吟诗曰:"茶兴复诗心,一瓯还一吟","茶兴留诗客,瓜情想成人";刘禹锡在《酬乐天闲卧见寄》中吟:"诗情茶助爽,药力酒能宣";司空图的《即事二首》中写道:"茶爽添诗句,天清莹道心。"

第二,茶业的发展,对诗词创作艺术的特点、风格等,也有一定的影响。如卢仝《走笔谢孟谏议寄新茶》中对"七碗茶"的描述,可说是浪漫主义茶诗的代表作。此外,茶诗中现实主义的作品也很多。如李郢的《茶山贡焙歌》、袁高的《茶山诗》,就都是力陈贡茶弊病之作。以袁高的《茶山诗》为例:这首诗一开头,就用"禹贡通远俗,所图在安人。后王失其本,职吏不敢陈。亦有奸佞者,因兹欲求伸。动生千金费,日使万姓贫"几句,直言不讳地告诉皇帝,贡茶是一桩糜费扰民之举;接着,袁高又以十分同情的笔触,诉说"一夫旦当役,尽室皆同臻。扪葛上欹壁,蓬头入荒榛。终朝不盈掬,手足皆鳞皴。悲嗟遍空山,草木为不春"的劳动艰辛情况;在诗的最后,袁高以问句的形式,提出"况减兵革困,重兹固疲民。未知供御馀,谁合分此珍",责问这种劳民伤财的贡茶除皇帝外还配给谁喝,并以"茫茫沧海间,丹愤何由申"的问句来束笔。茶诗中这些浪漫主义和现实主义的作品,当然是与当时诗词及其诗人的风格、特点分不开的;但是,茶作为其时一种新的受人瞩目的物品,对文学中的浪漫主义和现实主义的传承,不会是没有影响的。同样,茶诗作为茶文化的一种载体,对茶文化的流传和茶业的发展,也是有其明显作用的。有人说,古代茶诗起到了保存茶叶史料的作用。其实,茶诗不仅具有历史意义,在当时的现实生活中,对茶业的传播和发展也有积极的促进作用。历史上大多数的茶诗作者,都是各时各地的达官名士,他们对茶的嗜好、崇尚,都能起到一种使社会仿效的作用。例如,唐朝宜兴、长兴的紫笋茶,宋朝建瓯的北苑茶,本来无名,经一些诗人和诗篇赞吟以后,不只名闻遐迩,并且被唐宋两代定为主要的贡茶。

三、宋代茶诗

宋代是茶叶诗词在唐代基础上继续发展的一个时代。北宋初年的著名诗人王禹偁,北宋中期的梅尧臣、欧阳修、王安石、苏轼,北宋后期的黄庭坚和江西诗派,南宋的陆游、范成大、杨万里等等,都留下了许多脍炙人口的茶叶诗句。宋朝的诗人非常重视对传统的继承,如北宋前期诗人最重视学习白居易和韩愈的风格,加之其时大城市的发达以及茶馆、饮茶的盛起,诗人们都尚茶、嗜茶,所以,茶诗在许多诗人的诗词作品中往往占有很大的比例。以梅尧臣为例,据不完全的统计,单在《宛陵先生集》中,就写有茶叶诗词25首。爱国诗人陆游,曾写下了300多首茶叶诗词,他还以陆羽自比。苏轼的茶叶诗词也不少,有70余篇,人们把他比作卢仝,他亦以卢仝自许。黄庭坚写了许多宣扬双井茶的诗篇,他的另一些茶诗还引用了佛教的语言。范仲淹的《斗茶歌》可以与卢仝的《走笔谢孟谏议寄新茶》相媲美。欧阳修写了许多赞美龙凤团茶的诗,也写了双井茶赞诗。其他如蔡襄、曾巩、周必大、丁谓、苏辙、文同、朱熹、秦观、米芾、赵佶(徽宗皇帝)、陈襄、方岳、杜耒、熊蕃等,都写过茶诗。

(一) 茶叶诗词的形式

与唐代大同小异,但增加了"茶词"这个新品种。

1. 古诗

这类茶诗很多,五言古诗如梅尧臣的《答宣城张主簿遗鸦山茶次其韵》、苏轼的《问大冶长老乞桃花茶栽东坡》等,七言古诗如黄庭坚的《谢刘景文送团茶》、葛长庚的《茶歌》等。

2. 律诗

这类茶诗包括五律、七律和排律。其中,五律如曾几的《谢人送壑源绝品,云九重所赐也》、徐照的《谢徐玑惠茶》等,七律如王禹偁的《龙凤团茶》、欧阳修的《和梅公仪尝建茶》等,排律有余靖的《和伯茶自造新茶》。

3. 绝句

这类茶诗主要有五绝、七绝,还有六绝。五绝如苏轼的《赠包安静先生》、朱熹的《茶坂》等,七绝如曾巩的《闰正月十一日吕殿丞寄新茶》、林逋的《烹北苑茶有怀》等,苏轼有六绝一首《马子约送茶,作六言谢之》:

珍重绣衣直指,远烦白绢斜封。

惊破卢仝幽梦,北窗起看云龙。

4. 宫词

徽宗皇帝赵佶曾写过一首宫词:

今岁闽中别贡茶,翔龙万寿占春芽。

初开宝篚新香满,分赐师垣政府家。

5. 竹枝词(竹枝歌)

竹枝词是一种诗体,是由古代巴蜀间的民歌演变过来的。宋代茶诗中亦可看到,如范成大的《夔州竹枝歌》:

白头老媪簪红花,黑头女娘三髻丫。

背上儿眠上山去,采桑已闲当采茶。

6. 联句

这类茶诗主要见于唐代,宋代有洪迈、方云翼、黄介、向蟠、许子绍五人的《秀川馆联句并序》一首:

劝频难固辞,意厚敢虚辱(许)。

一一罄瓶罍,纷纷吐茵蓐(方)。

茶甘旋汲江,火活乍燃竹(向)

聊烹顾渚吴,更试蒙山蜀(洪)。

清风生玉川,石鼎压师服(黄)。

7. 回文诗

这种诗无论顺读、倒读，都可以读通，诗体别致。北宋文学家、书画家苏轼一生写过茶诗几十首，而用回文写茶诗，也算是苏氏一绝。在题名为《记梦回文二首并叙》诗的"叙"中，苏轼写道："十二月十五日，大雪始晴，梦人以雪水烹小团茶，使美人歌以饮。余梦中为作回文诗，觉而记其一句云：乱点余花唾碧衫，意用飞燕唾花故事也。乃续之，为二绝句云。"从"叙"中可知苏轼真是一位茶迷，连做梦也在饮茶，怪不得他自称"爱茶人"。诗曰："酡颜玉碗捧纤纤，乱点余花唾碧衫。歌咽水云凝静院，梦惊松雪落空岩。空花落尽酒倾缸，日上山融雪涨江。红焙浅瓯新火活，龙团小碾斗晴窗。"

8. 茶词

从宋代开始，诗人们才把茶写入词中，写得最多的为苏轼、黄庭坚，还有谢逸、米芾等。如苏轼《行香子》：

> 绮席才终。
> 欢意犹浓。
> 酒阑时，高兴无穷。
> 共夸君赐，初拆臣封。
> 看分香饼，黄金缕，密云龙。
> 斗赢一水，功敌千钟。
> 觉凉生，两腋清风。
> 暂留红袖，少却纱笼。
> 放笙歌散，庭馆静，略从容。

（二）茶叶诗词题材几乎和唐代相同

1. 名茶之诗

宋代名茶诗篇中咏得最多的为龙凤团茶，如王禹偁的《龙凤团茶》、蔡襄的《北苑茶》、欧阳修的《送龙茶与许道人》等。其次是双井茶，如欧阳修的《双井茶》、黄庭坚的《以双井茶送子瞻》、苏轼的《鲁直以诗馈双井茶，次韵为谢》等。再是日铸茶，如苏辙的《宋城宰韩夕惠日铸茶》、曾几的《述侄饷日铸茶》等。其他如蒙顶茶（文同的《谢人寄蒙顶茶》）、修仁茶（孙觌的《饮修仁茶》）、鸠坑茶（范仲淹的《鸠坑茶》）、七宝茶（梅尧臣的《七宝茶》）、月兔茶（苏轼的《月兔茶》）、宝云茶（王令的《谢张和仲惠宝云茶》）、卧龙山茶（赵抃的《次谢许少卿寄卧龙山茶》）、鸦山茶（梅尧臣的《答宣城张主簿遗鸦山茶次其韵》）、扬州贡茶（欧阳修的《和原父扬州六题·时会堂二首》）等。

2. 茶圣陆羽之诗

宋代诗人常常在茶诗中提到陆羽，这是他们对这位茶业伟人表示景仰之意，尤其是陆游更为倾心。"桑苎家风君勿笑,它年犹得作茶神","遥遥桑苎家风在,重补茶经又一篇","汗青未绝茶经笔","茶舜可作经"等,从这些诗推测,陆游可能也写过茶经。

3. 煎茶之诗

苏轼的《汲江煎茶》诗写得最好,杨万里对之赞叹不已,他评价该诗说:"一篇之中,句句皆奇;一句之中,字字皆奇,古今作者皆难之。"

4. 饮茶之诗

最脍炙人口的是范仲淹的《和章岷从事斗茶歌》:

年年春自东南来,建溪先暖冰微开。
溪边奇茗冠天下,武夷仙人从古栽。
新雷昨夜发何处,家家嬉笑穿云去。
露芽错落一番荣,缀玉含珠散嘉树。
终朝采掇未盈襜,唯求精粹不敢贪。
研膏焙乳有雅制,方中圭兮圆中蟾。
北苑将期献天子,林下雄豪先斗美。
鼎磨云外首山铜,瓶携江上中泠水。
黄金碾畔绿尘飞,碧玉瓯中翠涛起。
斗茶味兮轻醍醐,斗茶香兮薄兰芷。
其间品第胡能欺,十目视而十手指。
胜若登仙不可攀,输同降将无穷耻。
吁嗟天产石上英,论功不愧阶前蓂。
众人之浊我可清,千日之醉我可醒。
屈原试与招魂魄,刘伶却得闻雷霆。
卢仝敢不歌,陆羽须作经。
森然万象中,焉知无茶星。
商山丈人休茹芝,首阳先生休采薇,
长安酒价减百万,成都药市无光辉。
不如仙山一啜好,泠然便欲乘风飞。
君莫羡花间女郎只斗草,赢得珠玑满斗归。

这首《斗茶歌》,历史上已有过很高的评价,如《诗林广记》引《艺苑雌黄》说:"玉川子有《谢孟谏议惠茶歌》,范希文亦有《斗茶歌》,此两篇皆佳作也,殆未可以优劣论。"

斗茶又称"茗战",即评比茶叶质量的优劣,盛行于北宋。如唐庚的《斗茶记》,在中国茶文化史上具有重要的史料价值。

王安石的《寄茶与平甫》诗,则反映了唐宋人的一种饮茶习惯:"碧月团团堕九天,封题寄与洛中仙。石楼试水宜频啜,金谷看花莫漫煎。"王安石对他弟弟平甫(即王安国)说,在"金谷园"看花的时候,不要煎饮茶,因为"对花啜茶"是"煞风景"之事。唐代李商隐在《义山杂纂》中曾提到,有16种情况都属于煞风景,如"看花泪下""煮鹤焚琴""松下喝道"等,而"对花啜茶"也为其中一种。

5. 名泉之诗

宋人非常喜爱惠山泉,因此咏惠山泉的诗特别多,尤其是苏轼,如其《惠山谒钱道人烹小龙团,登绝顶,望太湖》诗云:"踏遍江南南岸山,逢山未免更留连。独携天上小团月,来试人间第二泉。石路萦回九龙脊,水光翻动五湖天。孙登无语空归去,半岭松声万壑传。"其他的名泉之诗,主要有江西庐山的谷帘泉(王禹偁《谷帘水》)和三叠泉(汤巾《以庐山三叠泉寄张宗瑞》)、安徽滁县琅琊山麓六一泉(杨万里《以六一泉煮双井茶》)、山东济南金线泉(苏辙《次韵李公择以惠泉答章子厚寄新茶》)、江苏扬州大明泉(黄庭坚《谢人惠茶》)、江苏镇江中泠泉(范仲淹《和章岷从事斗茶歌》)、湖北天门文学泉(王禹偁《题景陵文学泉》)、湖北宜昌陆游泉(陆游,《三游洞前岩下小潭水甚奇取以煎茶》)等。

6. 茶具之诗

有苏轼的《次韵黄夷仲茶磨》《次韵周穜惠石铫》、秦观的《茶臼》、朱熹的《茶灶》等。

7. 采茶之诗

有丁谓的《咏茶》、范成大的《夔州竹枝歌》等。

8. 造茶之诗

有余靖的《和伯恭自造新茶》、梅尧臣的《答建州沈屯田寄新茶》、蔡襄的《造茶》等。

9. 茶园之诗

有王禹偁的《茶园十二韵》、蔡襄的《北苑》、朱熹的《茶坂》等。

10. 茶功之诗

有苏轼的《游诸佛舍,一日饮酽茶七盏,戏书勤师壁》:"何须魏帝一丸药,且尽卢仝七碗茶。"还有黄庭坚的《寄新茶与南禅师》:"筠焙熟茶香,能医病眼花。"

11. 其他诗

杨万里的《澹庵坐上观显上人分茶》,是一首很有趣的茶诗。分茶,又名茶戏、汤戏,或茶百戏,是在点茶时使茶汁的纹脉形成物象。宋陶谷的《清异录》说:"沙门福全能注汤幻茶,成诗一句,并点四碗,泛手汤表。檀越日造门求观汤戏。全自诗曰:'生成盏里水丹青,巧画工夫学不成。却笑虚名陆鸿渐,煎茶赢得好名声。'"《清异录》又说:"茶自唐始盛,近世有下汤运匕,别施妙诀,使茶纹水脉成物像者,禽兽鱼虫花草之属,纤巧如画,但须臾就散灭。此茶之变也,时人谓之茶百戏。"

历代咏茶花的诗比较少,苏辙的《茶花二首》、陈与义的《初识茶花》可谓别出心裁。

四、元明清茶诗

元、明、清各个时期,除了有茶诗、茶词之外,还增加了一个新品种,即以茶为题材的曲,尤其是元曲最为盛行。

(一)元代茶诗

这个朝代时期不是太长,而且崇尚武功,"只识弯弓射大雕"。所以,较之唐宋,咏茶的诗人要少得多。

元代的咏茶诗人,主要有耶律楚材、虞集、洪希文、谢宗可、刘秉忠、张翥、袁桷、黄庚、萨都剌、倪瓒、李谦亨、马臻、李德载、仇远、李俊民、郭麟孙等。

(1)元代的茶叶诗词体裁,有古诗、律诗、绝句,并出现一个新品种即元曲。

古诗 如袁桷的《煮茶图并序》、洪希文的《煮土茶歌》。

律诗 如耶律楚材的《西域从王君玉乞茶,因其韵七首》,这首律诗的七首诗,都用了茶、车、芽、赊、霞的几个韵写成,别有风味。第一首:"积年不啜建溪茶,心窍黄尘塞五车。碧玉瓯中思雪浪,黄金碾畔忆雷芽。卢仝七碗诗难得,谂老三瓯梦亦赊。敢乞君侯分数饼,暂教清兴绕烟霞。"第七首:"啜罢江南一碗茶,枯肠历历走雷车。黄金小碾飞琼雪,碧玉深瓯点雪芽。笔阵陈兵诗思勇,睡魔卷甲梦魂赊。精神爽逸无余事,卧看残阳补断霞。"

绝句 有马臻的《竹窗》、虞集的《题苏东坡墨迹》等。

元曲 元代盛行元曲,因此茶也就进入了这个领域,如李德载的《喜春来,赠茶肆》小令十首,节录如下:

茶烟一缕轻轻扬,搅动兰膏四座香,烹煎妙手胜维扬。非是谎,下马试来尝。(之一)

兔毫盏内新尝罢,留得余香满齿牙,一瓶雪水最清佳。风韵煞,到底属陶家。(之七)

金芽嫩采枝头露,雪乳香浮塞上酥,我家奇品世间无。君听取,声价彻皇都。(之十)

(2)元代茶叶诗词题材:亦有名茶、煎茶、饮茶、名泉、茶具、采茶、茶功等。

名茶诗 如虞集的《游龙井》,这首诗把龙井与茶连在一起,被认为是龙井茶的最早记录。"徘徊龙井上,云气起晴画。澄公爱客至,取水挹幽窦。坐我蒼葡中,余香不闻嗅。但见瓢中清,翠影落群岫。烹煎黄金芽,不取谷雨后。同来二三子,三咽不忍嗽。"诗中提到该茶为雨前茶(不取谷雨后),香味强烈(如蒼葡,即栀子花那样的香气);龙井泉水也很清美,青翠的群山映照在瓢水中(但见瓢中清,翠影落群岫)。此外,刘秉忠的《尝云芝茶》、李俊民的《新样团茶》等也是名茶诗。

煎茶诗 有仇远的《宿集庆寺》诗:"旋烹紫笋犹含箨。"还有谢宗可的《雪煎茶》诗:"夜扫寒英煮绿尘。"

饮茶诗 有吴激的《偶成》诗:"蟹汤负盏斗旗枪。"

名泉诗　有郭麟孙的《游虎丘》诗："试茗汲憨井。"
茶具诗　有谢宗可的《茶筅》诗。
采茶诗　仇远诗："自摘青茶未展旗。"
茶功诗　耶律楚材诗："顿觉衰叟诗魂爽,便觉红尘客梦赊。"

（二）明代茶诗

明代初期,社会经济曾有过一个比较繁荣的局面,但在茶叶诗词的发展上,明代未能达到唐、宋的高度。写过茶诗的诗人,主要有谢应芳、陈继儒、徐渭、文征明、于若瀛、黄宗羲、陆容、高启、袁宏道、徐祯卿、徐贲、唐寅等。

（1）茶叶诗词体裁：不外乎古诗、律诗、绝句、竹枝词、宫词和茶词等。

古诗　陈继儒有《试茶》四言古诗一首："绮阴攒盖,灵草试奇。竹炉幽讨,松火怒飞。水交以淡,茗战而肥。绿香满路,永日忘归。"

律诗　如居节的五律诗《雨后过云公问茶事》。

绝句　如徐祯卿的《煎茶图》、《秋夜试茶》等。

竹枝词　王稚登有《西湖竹枝词》："山田香土赤如泥,上种梅花下种茶。茶绿采芽不采叶,梅多论子不论花。"

宫词　金嗣孙有《崇祯宫词》一首："雉尾乘云启凤楼,特宣命妇拜长秋。赐来谷雨新茶白,景泰盘承宣德瓯。"

茶词　有王世贞的《解语花——题美人捧茶》、王世懋的《苏幕遮——夏景题茶》等。

（2）茶叶诗词题材：有名茶、茶圣陆羽、煎茶、饮茶、名泉、采茶、造茶、茶功等。

名茶诗　以咏龙井茶最多,如于若瀛的《龙井茶》、屠隆的《龙井茶》、吴宽的《谢朱懋恭同年寄龙井茶》等。其他名茶入诗的,如余姚瀑布茶（黄宗羲的《余姚瀑布茶》）、虎丘茶（徐渭的《某伯子惠虎丘茗谢之》）、石埭茶（徐渭的《谢钟君惠石埭茶》）、阳羡茶（谢应芳的《阳羡茶》）、雁山茶（章元应的《谢洁庵上人惠新茶》）、君山茶（彭昌运的《君山茶》）等。

茶圣陆羽诗　韩奕《山院》诗有："入社陶公宁止酒,品茶陆子解煎茶。"詹同《寄方壶道人》诗云："卧云歌酒德,对雨看茶经。"

煎茶诗　有文徵明的《煎茶》、谢应芳的《寄题无锡钱仲毅煮茗轩》等。

饮茶诗　如王世贞的《试虎丘茶》、王德操的《谢人试茶》等。

名泉诗　主要是吟惠山泉,如文徵明诗："谷雨江南佳节近,惠山泉下小船归。"又如谢应芳诗："三百小团阳羡月,寻常新汲惠山泉。"再如吴宽有《饮玉泉》诗："龙唇喷薄净无腥,纯浸西南万迭青。地底洞名凝小有,江南名泉类中泠。御厨络绎驰银瓮,僧寺分明枕玉屏……"此系指"北京玉泉"。清代乾隆皇帝认为水质轻重是评定泉水好坏的标准,他曾下旨特制一只小型银斗,用它秤量过国内许多名泉水,结果是北京玉泉名列首位。因此,乾隆还特地撰写了《御制玉泉山天下第一泉记》。

茶具诗　煮茶用茶炉、石炉、竹炉,运输茶用山笼。如唐寅《题画》诗:"春风修禊忆江南,洒榼茶炉共一担。"魏时敏《残年书事》诗:"待到春风二三月,石炉敲火试新茶。"陈继儒《试茶》诗:"竹炉幽讨,松火怒飞。"高启《送芒湖州》诗:"山笼输茶至,溪船摘芰行。"

采茶诗　有高启的《采茶词》等。

造茶诗　高启的《过山家》:"风前何处香来近,隔崦人家午焙茶。"

茶功诗　高启的《茶轩》诗:"不用醒吹魂,幽人自无睡。"潘允哲的《谢人惠茶》诗:"冷然一啜烦襟涤,欲御天风弄紫霞。"

其他诗　有陆容的《送茶僧》等。

(三)清代茶诗

清代写过茶叶诗词的,主要有曹廷栋、陈章、张日熙、曹雪芹、何绍基、龚自珍、爱新觉罗·弘历(乾隆皇帝)、郑燮、高鹗、陆廷灿、汪巢林、顾炎武等人。

(1)茶叶诗词体裁:有古诗、律诗、绝句、竹枝词、茶词,还有"道情"等。

古诗　如杜芥的《永宁寺试泉》(五古)等。

律诗　如屈大均的《西樵作》(五律)、顾炎武的《大同西口杂诗》(五律)等。

绝句　如杨大郁的《敲冰煮茶》、胡虞逸的《敲冰煮茶》等。

竹枝词　如郑燮所作的《竹枝词》,是一首爱情诗,通过吃茶表达了一个女子对一个小伙子的深情的爱:"溢江江口是奴家,郎若闲时来吃茶。黄土筑墙茅盖屋,门前一树紫荆花。"

茶词　郑燮有《满庭芳——赠郭方仪》词一首:"……寒窗里,烹茶扫雪,一碗读书灯。"

道情　道情为曲艺的一个类别,其特点是以唱为主,以说为辅,也有只唱不说的。郑燮作有《道情十首》,其中第三首提到茶:"……黑漆漆蒲团打坐,夜烧茶炉火通红。"

(2)茶叶诗词题材:有名茶、茶圣陆羽、煮茶、饮茶、名泉、茶具、采茶、造茶、茶园、茶功等等。

名茶诗　龙井茶最多,乾隆皇帝南巡到杭州西湖,写下了四首咏龙井茶诗,即《观采茶作歌(前)》《观采茶作歌(后)》《坐龙井上烹茶偶成》《再游龙井作》。其他名茶入诗的,还有武夷茶(陆廷灿的《咏武夷茶》)、鹿苑茶(高僧金田的《鹿苑茶》)、碧螺春(无名氏作)、芥茶(宋佚的《送茅与唐人宜兴制秋芥》)、松萝茶(郑燮诗)、工夫茶(王步蟾的《工夫茶》)等。

茶圣陆羽诗　陆廷灿《咏武夷茶》诗云:"桑苎家传旧有经,弹琴喜傍武夷君。"郑燮《赠博也上人》诗曰:"黄泥小灶茶烹陆,白雨幽窗字学颜。"

煎茶诗　有王贵一的《观仲儒熹儒煮茗》、杜浚的《弘济寺寻蒲庵》等。

饮茶诗　有杜浚的《北山啜茗》、《落木庵同蒲道人啜茗》等。

名泉诗　到了清代,人们已不太注重千里取名泉水,所以从茶诗看到的常常是山泉、冰、雪水等。例如："雪罢寒星出，山泉夜煮冰。"（杜浚《北山啜茗》）"煮冰如煮石，泼茶如泼乳。"（胡虞逸《敲冰煮茶》）"却喜侍儿知试茗，扫将新雪及时烹。"（曹雪芹《红楼梦·四时即事·冬夜即事》）"兄起扫黄叶，弟起烹秋茶……杯用宣德瓷，壶用宜兴砂。"（郑燮《李氏小园三首》之三）

采茶诗　陈章、张日熙均各有一首《采茶歌》，诗中对采茶的劳动人民寄予了深切的同情。"催贡文移下官府，那管山寒芽未吐。焙成粒粒比莲心，谁知侬比莲心苦。"（陈章诗）"布裙红出俭梳妆，茶事将登蚕事忙。玉腕熏炉香茗冽，可怜不是采茶娘。"（张日熙诗）

造茶诗　宋佚的《送茅与唐人宜兴制秋岕》："烟暖焙茶香。"唐代的顾渚紫笋茶，发展到明清时代，出现了"岕茶"这个新品种。"秋岕"，即秋季的岕茶。

茶园诗　屈大钧的《西樵作》："绝顶人皆住，茶田满一山。"曹廷栋的《种茶籽歌》："槐根剧泥浅作坎，下子继以大麦掺。糠秕杂土层覆之，要令生意交相感。"后一首诗介绍了一种茶籽与大麦混播的种茶籽方法，这是一份研究我国古代茶树播种方法的珍贵材料。

茶功诗　高鹗有《茶》诗，他运用了许多典故来阐明茶的功用，读之觉得诗味无穷。"瓦铫煮春雪，淡香生古瓷。晴窗分乳后，寒夜客来时。漱齿浓消酒，浇胸清入诗。樵青与孤鹤，风味尔偏宜。"

其他诗　宝香山人有一首以茶祭亡友诗《大明寺泉烹武夷茶浇诗人雪帆墓同左臣右诫、西涛伯蓝赋》："茶试武夷代酒倾，知君病渴死芜城。不将白骨埋禅智，为荐清泉傍大明。寒食过来春可恨，桃花落去路初晴。松声蟹眼消闲事，今日能申地下情。"宝香山人，为卓尔堪之号，著有《近青堂集》。雪帆，乃宋晋之号，道光进士。以茶祭亡友的诗实是少见，整首诗犹如一篇祭文，充满着悼念之情。

第四节　小说与茶文化

小说是文学的一大类别，它以人物塑造为中心，通过完整的故事情节和具体环境的描写，广泛地、多方面地反映社会生活。而作为社会生活必需品的茶，自然是小说情节中被描述的对象。

唐代以前，在小说中茶事往往在神话志怪传奇故事里出现。东晋干宝《搜神记》中的神异故事"夏侯恺死后饮茶"，一般认为成书于西晋以后、隋代以前的《神异记》中的神话故事"虞洪获大茗"，传说为东晋陶潜所著的《续搜神记》中的神异故事"秦精采茗遇毛人"，南朝宋刘敬叔著的《异苑》中的鬼异故事"陈务妻好饮茶茗"，还有《广陵耆老传》中的神话故事"老姥卖茶",这些都开了小说记叙茶事的先河。明清时代,记述茶事的多为话本小说和章回小说。在我国古代六大古典小说或四大奇书中,如《三国演义》《水浒传》《金瓶梅》《西游记》《红楼梦》《聊斋志异》《三言二拍》《老残游记》等,无一例外都有茶事的描写。

在兰陵笑笑生的《金瓶梅》中,作者借李桂姐的一曲"朝天子儿",发表了一篇"崇茶"的自白书,词曰:"这细茶的嫩芽,生长在春风下,不揪不采叶儿楂。但煮着颜色大,绝妙清奇,难描难绘。口儿里常时呷他,醉了时想他,醒了时爱他,原来一篓儿千金价。"由于作者爱茶、崇茶,所以他在小说中就极力提倡戒酒饮茶,如在《四贪词·酒》中写道:"酒损精神破丧家,语言无状闹喧哗。……切须戒,饮流霞。……今后逢宾只待茶。"要大家"闲是闲非休要管,渴饮清泉闷煮茶"。

清代的蒲松龄,大热天在村口铺上一张芦席,放上茶壶和茶碗,以茶会友,以茶换故事,终于写成《聊斋志异》。在书中众多的故事情节里,又多次提及茶事,其中以书痴在婚礼上"用茶代酒"一节,给人的印象尤为深刻。在刘鹗的《老残游记》中,有专门写茶事的"申子平桃花山品茶"一节,其中写到申子平呷了一口茶,觉得此茶清爽异常,津液汩汩,又香又甜,有说不出的好受,于是问玙姑,此茶为何这等好受? 玙姑告诉他:"茶叶也无甚出奇,不过本山上出的野茶,所以味是厚的,却亏了这水,是汲的东山顶上的泉。泉水的味,愈高愈美。又是用松花作柴,沙瓶煎的。三合其美,所以好了。"玙姑一语中的,说出了要品一杯好茶,必须茶、水、火"三合其美",缺一不可。施耐庵《水浒传》中,则写了王婆开茶坊和喝大碗茶的情景。

在众多的小说中,描写茶事最细腻生动的莫过于《红楼梦》了。《红楼梦》全书一百二十回,其中谈及茶事的有近300处。作者曹雪芹在开卷中就说道"一局输赢料不真,香销茶尽尚逡巡",用"香销茶尽"为荣、宁两府的衰亡埋下了伏笔;接着叙述林姑娘初到荣国府,第一次刚刚用完饭,就有"各个丫鬟用小茶盘捧上茶来";直到老祖宗贾母快要"寿终归天"时,推开邢夫人端来的人参汤,说:"不要那个,倒一钟茶来我喝"。在整个情节展开过程中,不时地谈到茶。例如,按照荣国府的规定,吃完饭就要喝茶,喝茶时,先是漱口的茶,然后再捧上吃的茶。夜半三更口渴时,也要喝茶。来了客人,不管喝与不喝,都得用茶应酬,这被看作是一种礼貌。如第二十六回,贾芸看望宝玉时,袭人端了茶来给他,贾芸笑道:"姐姐怎么替我倒起茶来?"至于宴请时,茶也是不可缺少的待客之物。当林姑娘初到贾府见到凤姐后,"说话时,已摆了茶果上来,熙凤亲为捧茶捧果"。即使在某些隆重的场合,献茶也是不能少的。如贾政接待忠顺亲王府里的人,也是"彼此见了礼,归坐献茶"。第十三回,秦可卿办丧事,太监戴权来上祭时,"贾珍忙接陪让坐,至逗蜂轩献茶。"第十七回,元妃省亲时,"茶三献,元妃降座"。诸如此类描述都说明,茶既是荣、宁两府的生活必需品,又是不可缺少的待客之物。

《红楼梦》中提到的茶,都是茶中极品,且种类很多,各有偏爱。如第八回中,宝玉回到房中,茜雪端上茶来,"宝玉吃了半盏,忽又想起早晨的茶来,向茜雪道:'早起沏了碗枫露茶,我说过那茶是三四次后出色的。'"由此可见,宝二爷喜欢的是耐冲泡的枫露茶。在第四十一回中,贾母到栊翠庵饮茶,妙玉捧出一小盖钟茶来,贾母说:"我不吃六安茶。"妙玉说:"这是老君眉。"可见,高龄的贾母不喜欢喝浓香的六安茶,而偏爱清雅的老君眉。在第六十三回中,袭人、晴雯、麝月、秋纹、芳官、碧痕、春燕、四儿八位姑娘为宝玉过生日,夜宴即将开始,不料林之孝家的闯进来查夜,于是宝玉便搪塞说:"今日因吃了面,怕停食,所以多顽一回。"于是,林之孝家的建议"该泡些普洱茶吃",因为普洱茶最去腻助消化。晴雯忙说:"泡了一茶缸子女儿茶,已经吃过两碗了。"这说明,女儿茶的效用与普洱茶相似。在第八十二回中,宝玉放学到潇湘馆来看望黛玉,黛玉叫紫鹃:"把我的龙井茶给二爷泡一碗。"可见这位弱不禁风的千金小姐,爱的是清淡雅香的龙井茶。龙井茶在清代是不可多得的贡品,黛玉用此珍品款待心上人宝玉,也是情理之中的事。特别值得一提的是,在第五回中,宝玉在秦可卿床上昏昏睡去时,被警幻仙子引去,宝玉一到太虚幻境,"大家入座,小丫鬟捧上茶来。宝玉自觉香清味美,迥非常品,因又问何名?警幻道:'此茶出自放春山遣香洞,又以仙花灵叶上所带之宿露而烹,此茶名曰千红一窟。'"

《红楼梦》中提到的茶具,虽然大多是古代珍玩,多为今人所不知或少知,但在使用上,还是道出了"因人施壶"的奥秘。如第四十一回,在栊翠庵品茗时,妙玉给贾母盛茶用的是"一个海棠花式雕漆填金'云龙献寿'的小茶盘上,里面放一个成窑五彩小盖钟";给宝钗盛茶用的是"一个旁边有一耳,杯上镌着'瓟斝'三个隶字,后有一行小真字,是'晋王恺珍玩',又有'宋元丰五年四月眉山苏轼见于秘府'一行小字";给黛玉用的"那一只形似钵而小,也有三个垂珠篆字,镌着'点犀䀉'";给宝玉盛茶用的是一只"前番自己常日吃茶的那只绿玉斗",后来又换成"一只九曲十环二百二十节蟠虬整雕竹根的大𬖆";给众人用茶是"一色的官窑脱胎填白盖碗";而给刘姥姥吃过的那只"成窑的茶杯",因嫌"腌臜了",搁在外头不要了。至于下等人用的茶具又如何呢?例如,晴雯因生得艳若桃李、性似黛玉,被王夫人视为妖精撵出贾府后,在其临终前,宝玉私自去探望她时,晴雯说:"阿弥陀佛!你来的好,且把那茶倒半碗我喝。"宝玉问:"茶在哪里?"晴雯说:"那炉台上。"宝玉看到"虽有个黑煤乌嘴的吊子,也不像个茶壶。只得桌上去拿一个茶碗,未到手,先闻得油膻之气",两者相比,天地之别。

《红楼梦》中对沏茶用水也有独到的描述。在第二十三回贾宝玉作的春、夏、秋、冬之夜的即事诗中,有三首写到品茶,其中两首写到选水煮茶:《夏夜即事》诗云:"琥珀杯倾荷露滑,玻璃槛纳柳风凉",说炎夏以采集荷叶上的露珠沏茶为上;《冬夜即事》诗中谈道"却喜侍儿知试茗,扫将新雪及时烹",认为冬天用扫来的新雪沏茶为佳。在第四十一回中,当黛玉、宝钗、宝玉在妙玉的耳房内饮茶时,黛玉问妙玉道:"这也是旧年的雨水?"妙玉回答道:"这是五年前我在玄墓蟠香寺住着收的梅花上的雪,统共得了那一鬼脸青的花瓮一瓮,总舍不得吃,埋在地下,今年夏天才开了。我只吃过一回,这是第二回了。你怎么尝不出来?来年𬉼的雨水,那有这样清淳,如何吃得!"近代科学认为,雪水和雨水都属软水,用来泡茶,香高味醇,自然可贵。用埋在地下五年之久的梅花上的雪水，更属可贵了。古人认为"土为阴，阴为凉"，入土五年，其水清凉甘冽自是无可比拟了。这种扫集冬雪，埋藏地下，在夏天烧水泡茶的做法，至今还乐为我国不少爱茶人所采用。

在《红楼梦》中谈到的茶俗也有很多。在第七十八回中，宝玉祭晴雯赋诗《芙蓉女儿诔》："维太平不易之元，蓉桂竞芳之月，无可奈何之日，怡红院浊玉，谨以群花之蕊，冰鲛之縠，沁芳之泉，枫露之茗，四者虽微，聊以达诚申信。"在第八十九回中，宝玉因见了往日晴雯补的那件"雀金裘"，顿时见物思人，在夜静更深之际，在晴雯旧日居室焚香致祷："怡红主人焚付晴姐知之：酌茗清香，庶几来飨。"这两处，都提到了以茶为祭的习俗。在第二十五回中，凤姐笑着对黛玉道："你既吃了我家的茶，怎么还不给我们家作媳妇儿？"这反映了古时以茶为聘的习俗。再如，第三回中林如海教女待饭后过一时再饮茶，第六十四回中宝玉暑天将茶壶放在新汲的井水中饮凉茶等等，都是饮茶的经验之谈。

此外，曹雪芹在《红楼梦》中还写到茶的沏泡、品饮技艺，以及茶诗、茶赋与茶联等等。所以，有人说："一部《红楼梦》，满纸茶叶香。"

小结

文学，是一种将语言文字用于表达社会生活和心理活动的学科。其属于社会意识形态之艺术的范畴。文学是社会科学的学科分类之一，与哲学、宗教、法律、政治并驾为社会的上层建筑，为社会经济服务。

茶文学是指以茶为物质载体，以语言文字为工具，形象化地反映客观现实的艺术。茶文学是茶文化的重要表现形式，它以诗歌、小说、散文、戏剧等不同的形式（体裁），表现茶人的内心情感，再现一定时期、地域的茶事及社会生活。简言之，茶文学是以茶及茶事活动为题材的语言艺术。它属于文学的题材分支，是文学的组成部分之一。中国茶文学，是中国文学的重要组成部分。

中国茶文学具有两个显著的特点。第一，文献性十分凸显。在茶学研究领域，它们的文献价值甚至更为人们所看重。第二，是形式和体裁上不断创新的开放型文学。中国茶文学发展表明，茶文学在艺术形式和体裁上总是处在不停的运动中，在不断创新和革新。

思考题

1. 茶文学的定义是什么？
2. 中国茶文学的特点是什么？
3. 中国茶文学的发展分为哪几个阶段？

第九章 中国茶道阐释

第一节 什么是茶道?

"茶道"一词从使用以来,历代茶人都没有给它下过一个准确的定义。直到近年,对茶道见仁见智的解释才热闹起来。

周作人认为:"茶道的意思,用平凡的话来说,可以称作为'忙里偷闲,苦中作乐',在不完全的现世享受一点美与和谐,在刹那间体会永久。"[①]

吴觉农先生认为:茶道是"把茶视为珍贵、高尚的饮料,因茶是一种精神上的享受,是一种艺术,或是一种修身养性的手段"[②]。

庄晚芳先生认为:"'茶道'就是一种通过饮茶的方式,对人们进行礼法教育、道德修养的一种仪式。"[③]

陈香白先生认为:"中国茶道包含茶艺、茶德、茶礼、茶理、茶情、茶学说、茶道引导七种义理,中国茶道精神的核心是'和'。中国茶道就是通过茶事过程,引导个体在本能和理性的享受中走向完成品德修养,以实现全人类和谐安乐之道"[④]。陈香白先生的茶道理论,可简称为"七艺一心"。

丁以寿先生认为:"茶道是以养生修心为宗旨的饮茶艺术。简而言之,茶道即饮茶修道。"[⑤]

台湾学者刘汉介先生在其出版的《中国茶艺》中提出:"所谓茶道是指品茗的方法与意境。"[⑥]蔡荣章先生以为:"如要强调有形的动作部分,则用茶艺;强调茶引发的思想与美感境

---

① 周作人.喝茶[M]//张菊香.周作人散文选集.天津:百花文艺出版社,1987:117.
② 吴觉农.茶经述评[M].北京:中国农业出版社,2005:185.
③ 庄晚芳.中国茶史散论[M].北京:科学出版社,1988:198.
④ 陈香白.中国茶文化(修订版)[M].太原:山西人民出版社,2002:44.
⑤ 丁以寿.中华茶道[M].合肥:安徽教育出版社,2007:67.
⑥ 刘汉介.中国茶艺[M].台北:礼来出版社,1983.

界,则用'茶道'。指导茶艺的理念就是'茶道'。"①

其实,给"茶道"下定义是件费力不讨好的事。茶道文化的本身特点正是老子所说的:"道可道,非常道。名可名,非常名。"同时,佛教认为:"道由心悟。"如果一定要给"茶道"下一个定义,把"茶道"作为一个固定的、僵化的概念,反倒失去了茶道的神秘感,同时也限制了茶人的想象力,淡化了通过用心灵去悟道时产生的玄妙感觉。用心灵去悟茶道的玄妙感受,好比是"月印千江水,千江月不同",有的"浮光耀金",有的"静影沉璧",有的"江清月近人",有的"水浅鱼读月",有的"月穿江底水无痕",有的"江云有影月含羞",有的"冷月无声蛙自语",有的"清江明水露禅心",有的"疏枝横斜水清浅,暗香浮动月黄昏",有的则"雨暗苍江晚来清,白云明月露全真",月之一轮,映射各异。"茶道"如月,人心如江,各个茶人的心中对茶道自有不同的美妙感受。

我们认为,茶道是一种以茶为媒、修身养性的方式,它通过沏茶、赏茶、饮茶,达到增进友谊、学习礼法、美心修德的目的。茶道的核心精神是"和"。它是茶文化的灵魂,与"清静、恬淡"的东方哲学契合,也符合儒释道的"内省修行"的思想。

第二节 中国茶道的内涵

今人往往只知有日本茶道,却对日本茶道的源头、具有千余年历史的中国茶道知之甚少。"道"之一字,在汉语中有多种意思,如行道、道路、道义、道理、道德、方法、技艺、规律、真理、终极实在、宇宙本体、生命本源等。因"道"的多义,故对"茶道"的理解也见仁见智,莫衷一是。笔者认为,中国茶道是以修行得道为宗旨的饮茶艺术,其目的是借助饮茶艺术来修炼身心、体悟大道、提升人生境界。

中国茶道是"饮茶之道""饮茶修道""饮茶即道"的有机结合。"饮茶之道"是指饮茶的艺术,"道"在此作方法、技艺讲;"饮茶修道"是指通过饮茶艺术来尊礼依仁、正心修身、志道立德,"道"在此作道义、道理、道德讲;"饮茶即道"是指道存在于日常生活之中,饮茶即是修道,即茶即道,"道"在此作真理、终极实在、宇宙本体、生命本源讲。

下面予以分别阐释。

一、中国茶道:饮茶之道

唐代封演的《封氏闻见记》卷六"饮茶"记载:"楚人陆鸿渐为茶论,说茶之功效并煎茶炙

---

① 蔡荣章,林瑞萱.现代茶思想集[M].台北:台湾玉川出版社,1995.

茶之法,造茶具二十四式以'都统笼'贮之,远近倾慕,好事者家藏一副。有常伯熊者,又因鸿渐之论广润色之,于是茶道大行,王公朝士无不饮者。"

陆羽的《茶经》分上、中、下三卷,包括一之源、二之具、三之造、四之器、五之煮、六之饮、七之事、八之出、九之略、十之图共十节内容。"四之器"叙述炙茶、煮水、煎茶、饮茶的器具二十四种,即封氏所说"造茶具二十四式"。"五之煮"描述了"煎茶炙茶之法",对炙茶、碾末、取火、选水、煮水、煎茶、酌茶的程序和规则做了细致的论述。封氏所说的"茶道",就是指陆羽《茶经》倡导的"饮茶之道"。《茶经》不仅是世界上第一部茶学著作,也是第一部茶道著作。

中国茶道约成于中唐之际,陆羽是中国茶道的鼻祖。陆羽《茶经》所倡导的"饮茶之道",实际上是一种艺术性的饮茶,它包括鉴茶、选水、赏器、取火、炙茶、碾末、烧水、煎茶、酌茶、品饮等一系列的程序、礼法、规则。中国茶道即"饮茶之道",指的就是饮茶艺术。

中国的"饮茶之道",除《茶经》所载之外,宋代蔡襄的《茶录》、宋徽宗赵佶的《大观茶论》、明代朱权的《茶谱》、钱椿年的《茶谱》、张源的《茶录》、许次纾的《茶疏》等茶书都有许多记载。今天广东潮汕地区、福建武夷地区的"工夫茶",则是中国古代"饮茶之道"的继承和代表。工夫茶的程序是:恭请上座、焚香静气、风和日丽、嘉叶酬宾、岩泉初沸、孟臣沐霖、乌龙入宫、悬壶高冲、春风拂面、熏洗仙容、若琛出浴、玉壶初倾、关公巡城、韩信点兵、鉴赏三色、三龙护鼎、喜闻幽香、初品奇茗、再斟流霞、细啜甘莹、三斟石乳、领悟神韵。

二、中国茶道:饮茶修道

陆羽的挚友、诗僧皎然在其《饮茶歌诮崔石使君》诗中写道:"一饮涤昏寐,情思爽朗满天地;再饮清我神,忽如飞雨洒轻尘;三饮便得道,何须苦心破烦恼……熟知茶道全尔真,唯有丹丘得如此。"皎然认为,饮茶能清神、得道、全真,神仙丹丘子深谙其中之道。皎然此诗中的"茶道",是关于"茶道"的最早记录。

唐代诗人卢仝的《走笔谢孟谏议寄新茶》一诗脍炙人口,"七碗茶"流传千古,卢仝也因此与陆羽齐名。"一碗喉吻润,两碗破孤闷。三碗搜枯肠,唯有文字五千卷。四碗发轻汗,平生不平事,尽向毛孔散。五碗肌骨清,六碗通仙灵。七碗吃不得也,唯觉两腋习习清风生。"唐代诗人钱起的《与赵莒茶宴》诗曰:"竹下忘言对紫茶,全胜羽客醉流霞。尘心洗尽兴难尽,一树蝉声片影斜。"唐代诗人温庭筠的《西陵道士茶歌》诗中则有:"疏香皓齿有余味,更觉鹤心通杳冥。"这些诗是说饮茶能让人"通仙灵""尘心洗尽""通杳冥",羽化登仙,胜于炼丹服药。

唐末刘贞亮倡茶有"十德"之说,"以茶散郁气,以茶驱睡气,以茶养生气,以茶除病气,以茶利礼仁,以茶表敬意,以茶尝滋味,以茶养身体,以茶可行道,以茶可雅志"。饮茶使人恭敬、有礼、仁爱、志雅,可行大道。

赵佶《大观茶论》说茶"祛襟涤滞,致清导和";"冲淡闲洁,韵高致静";"天下之士,励志清白,竟为闲暇修索之玩。"朱权《茶谱》记:"予故取烹茶之法,末茶之具。崇新改易,自成一家。……乃与客清谈款话,探虚玄而参造化,清心神而出尘表。"赵佶、朱权以帝王之身,撰著茶书,力行茶道。

由上可知,饮茶能恭敬有礼、仁爱雅志、致清导和、尘心洗尽、得道全真、探虚玄而参造化。总之,饮茶可资修道,中国茶道即是"饮茶修道"。

三、中国茶道:饮茶即道

老子认为:"道法自然。"庄子认为,"道"普遍地内化于一切物,"无所不在","无逃乎物"。马祖道一禅师主张,"平常心是道";其弟子庞蕴居士则说,"神通并妙用,运水与搬柴";其另一弟子大珠慧海禅师则认为,修道在于"饥来吃饭,困来即眠"。道一的三传弟子、临济宗开山祖义玄禅师又说:"佛法无用功处,只是平常无事。屙屎送尿,著衣吃饭,困来即眠。"道不离于日常生活,修道不必于日用平常之事外用功夫,只须于日常生活中无心而为,顺任自然。自然地生活,自然地做事,运水搬柴,着衣吃饭,涤器煮水,煎茶饮茶,道在其中,不修而修。

《五灯会元》记载:赵州从谂禅师,"师问新到:曾到此间否?曰:曾到。师曰:吃茶去。又问僧,僧曰:不曾到。师曰:吃茶去。后院主问曰:为甚么曾到也云吃茶去,不曾到也云吃茶去?师召院主,主应诺,师曰:吃茶去。"从谂是南泉普愿禅师的弟子、马祖道一禅师的徒孙。普愿、从谂虽未创宗立派,但他们在禅门影响很大。茶禅一味,道就寓于吃茶的日常生活之中,道不用修,吃茶即修道。后世禅门以"吃茶去"作为"机锋""公案",广泛流传。当代佛学大师赵朴初先生诗曰:"空持百千偈,不如吃茶去。"

道法自然,修道在饮茶。大道至简,烧水煎茶,无非是道。饮茶即道,是修道的结果,是悟道后的智慧,是人生的最高境界,是中国茶道的终极追求。顺其自然,无心而为,要饮则饮,从心所欲。不要拘泥于饮茶的程序、礼法、规则,贵在朴素简单,于自然的饮茶之中默契天真,妙合大道。

四、中国茶道:艺、修、道的结合

综上所说,中国茶道有三义,即饮茶之道、饮茶修道、饮茶即道。"饮茶之道"是饮茶的艺术,且是一门综合性的艺术,它与诗文、书画、建筑、自然环境相结合,把饮茶从日常的物质生活上升到精神文化层次;"饮茶修道"是把修行落实于饮茶的艺术形式之中,重在修炼身心、了悟大道;"饮茶即道"是中国茶道的最高追求和最高境界,煮水烹茶,无非妙道。

在中国茶道中,饮茶之道是基础,饮茶修道是目的,饮茶即道是根本。饮茶之道,重在审美艺术性;饮茶修道,重在道德实践性;饮茶即道,重在宗教哲理性。

中国茶道集宗教、哲学、美学、道德、艺术于一体,是艺术、修行、达道的结合。在茶道中,饮茶艺术形式的设定是以修行得道为目的的,饮茶艺术与修道合二而一,不知艺之为道,道之为艺。

中国茶道既是饮茶的艺术,也是生活的艺术,更是人生的艺术。

第三节　茶道的哲理表征

羊大为美,鱼羊乃鲜。居家七件宝,柴、米、油、盐、酱、醋、茶,都是饮食用品。可见,国人的美学观念与饮食文化息息相关。浸透在中国茶道中的哲理观,主要表征无非有两条:和为贵,适口为美。

陈香白先生认为:"中国茶道精神的核心就是'和'。'和'意味着天和、地和、人和。它意味着宇宙万物的有机统一与和谐,并因此产生实现天人合一之后的和谐之美。'和'的内涵非常丰富,作为中国文化意识集中体现的'和',主要包括:和敬、和清、和寂、和廉、和静、和俭、和美、和蔼、和气、中和、和谐、宽和、和顺、和勉、和合(和睦同心、调和、顺利)、和光(才华内蕴、不露锋芒)、和衷(恭敬、和善)、和平、和易、和乐(和睦安乐、协和乐音)、和缓、和谨、和煦、和霁、和售(公开买卖)、和羹(水火相反而成羹,可否相成而为和)、和戎(古代谓汉族与少数民族结盟友好)、交和(两军相对)、和胜(病愈)、和成(饮食适中)等意义。一个'和'字,不但囊括了所有'敬'、'清'、'寂'、'廉'、'俭'、'美'、'乐'、'静'等意义,而且涉及天时、地利、人和诸层面。请相信:在所有汉字中,再也找不到一个比'和'更能突出'中国茶道'内核、涵盖中国茶文化精神的字眼了。"[①]香港的叶惠民先生也同意此说,认为"和睦清心"是茶文化的本质,也就是茶道的核心。[②]

"和"是中国茶道乃至茶文化的哲理表征。

中国茶的焙制目标,以适口为美。适口是辩证的,因时、因地、因材、因人而异。操作虽有规程,但又必须随品种、温度、湿度的变化而"看茶做茶"。

适口为美首先要合乎时序。在制茶的原料选择上,绿茶或者乌龙茶,春茶一般在清明前或谷雨后立夏前开采,夏茶在夏至前采摘,秋茶在立秋后采摘。为了保证茶的质量,对采摘嫩度也有严格要求:过嫩,则成茶香气偏低,味道苦涩;太老,则香粗味淡,成茶正品率低。明朝钱塘人许次纾 1597 年撰《茶疏》,提出了"江南之茶……惟有武夷雨前最胜"的看法。他认为:"清明谷雨,摘茶之候也。清明太早,立夏太迟,谷雨前后,其时适中。若肯再迟一二日期,待其气力完足,香烈尤倍,易于收藏。梅时不蒸,虽稍长大,故是嫩枝柔叶也。"

---

① 陈香白.中国茶文化(修订版)[M].太原:山西人民出版社,2002:43.
② 茶艺报[N].香港茶艺中心,1993:19.

第四节　中国茶道的诗性

"在中华民族的生活与政治之间,存在着一种微妙的精神联系。一方面,人们的生活总是要借助与政治的某种联系,才能刺激出社会再生产所需要的压抑和生命意志的冲动,从而使渺小而普遍的个体获得历史意义。另一方面,这种联系一旦浓得化不开,个体的情感与审美需要则会成为牺牲品。只有协调这两方面的矛盾,才能在这个民族中打开一种既现实又超越、既符合社会规律又满足精神利益的日常生活程序。"①这个在北方尚武崇酒的文化圈中愈演愈烈的矛盾,却在江南尚智嗜茶的文化中得到了较好的解决。

在传统的乡土社会中,村民间的信息交流主要是在户外展开。百姓于劳作之余,同样需要一种情感交流和宣泄的休闲形式。于是,始于唐、盛于宋的饮茶风习渐次深入到社会的各个阶层,渗透到日常生活的各个角落。从皇宫欢宴到友朋聚会,从迎来送往到人生喜庆,到处洋溢着茶的清香,到处飘浮着茶的清风。如果说,唐代是茶文化的自觉时代,那么,宋代就是朝着更高阶段和艺术化迈进了,如范仲淹的《和章岷从事斗茶歌》中所描写的形式高雅、情趣无限的斗茶,就是宋人品茶艺术的集中体现。

这种把所有生命机能与精神需要都停留在最基本的衣食本能中的原生态里,一切政治伦理的异化及其所带来的生命苦痛,实际上被消解得一干二净。这就是众里寻她千百度而不得的与江南的日常生活须臾不可分离的日常生活的诗性精神。

中国茶道,从两个方面阐释了这种诗性日常生活的要义:一是生活理念,二是生活实践。从根本上讲,南北文化的差异主要表现为审美主义和实用主义生活方式的对立。北方文化的价值观的最高理念是"先质而后文",其具体表现为"食必常饱,然后求美"。这种建立在克勤克俭的基础上的生活观念和风尚一旦走向极端,也就等于一笔勾销了有限的生命个体在尘世间享受的可能。而南方茶文化及茶道文化,其折射出的日常生活理念和艺术实践方式,不外乎以下两个方面。一是勤于动脑动手。如何对待你的日常生活,即一个人到底愿意在不直接创造财富的消费和享受上投入多少时间和精力,是在通常的物质条件下要过一种更富有的人生所必须突破的一个心理瓶颈。二是赋予茶以形式和韵味的高超技术,使之不仅实现它最直接的实用功能,更同时实现包含在它内部的更高的审美价值。这就涉及关于武

---

①　刘士林.江南文化的诗性阐释[M].上海:上海音乐学院出版社,2003:150.

夷岩茶的工艺美术或技术美学理念的落实和表现。这不仅需要足够的知识,更需要一种审美的眼光。

第五节　中华茶道精神

我国台湾地区学者认为,茶道的基本精神是"清、敬、怡、真",释义如下。

"清",即"清洁""清廉""清静"及"清寂"之清。"茶艺"的真谛,不仅求事物外表之清洁,更须求心境之清寂、宁静、明廉、知耻。在静寂的境界中,饮水清见底之纯洁茶汤,方能体味"饮茶"之奥妙。英文以 purity 与 tranquility 表之为宜。

"敬",敬者万物之本,无敌之道也。敬,乃对人尊敬,对己谨慎。朱子说"主一无适",即言敬之态度应专诚一意,其显现于形表者为诚恳之仪态,无轻藐虚伪之意。"敬"与"和"相辅,勿论宾主,一举一动,均始有"能敬能和"之心情,不流凡俗,一切烦思杂虑,由之尽涤,茶味所生,宾主之心归于一体。英文可用 respect 表之。

"怡",据说文解字注"怡者和也、悦也、桨也"。可见,"怡"字含意广博。调和之意味,在于形式与方法;悦桨之意味,在于精神与情感。饮茶啜苦咽甘,启发生活情趣,培养宽阔胸襟与远大眼光,使人我之间的纷争消弭于无形。怡悦的精神,在于不矫饰、不自负,处身于温和之中,养成谦恭之行为。英语可译为 harmony。

"真",真理之真,真知之真,至善即是真理与真知结合的总体。至善的境界,是存天性、去物欲,不为利害所诱,格物致知,精益求精。换言之,即用科学方法,求得一切事物的至诚。饮茶的真谛,在于启发智慧与良知,使人人在日常生活中淡泊明志,俭德行事,臻于真、善、美的境界。英文可用 truth 表之。

我国大陆地区学者对茶道的基本精神有不同的理解。庄晚芳先生提出了"廉、美、和、敬"的四字茶德,并解释为"廉俭育德,美真康乐,和诚处世,敬爱为人"。

林治先生认为,"和、静、怡、真"是中国茶道的四谛。"和"是中国茶道哲学的核心,"静"是修习中国茶道的方法,"怡"是修习中国茶道的心灵感受,"真"是中国茶道的终极追求。

　小结

中国茶道是以修行得道为宗旨的饮茶艺术,其目的是借助饮茶艺术来修炼身心、体悟大道、提升人生境界。

中国茶道是"饮茶之道""饮茶修道""饮茶即道"的有机结合。"饮茶之道"是指饮茶的艺术,"道"在此作方法、技艺讲;"饮茶修道"是指通过饮茶艺术来尊礼依仁、正心修身、志道立德,"道"在此作道义、道理、道德讲;"饮茶即道"是指道存在于日常生活之中,饮茶即是修道,即茶即道,"道"在此作真理、终极实在、宇宙本体、生命本源讲。

茶道发源于中国。中国茶道兴于唐,盛于宋、明,衰于近代。宋代以后,中国茶道传入日本,获得了新的发展。

浸透在中国茶道中的哲理观,主要表征无非两条:和为贵,适口为美。

中国茶道,从两个方面阐释了与日常生活须臾不可分离的诗性精神的要义:一是生活理念,二是生活实践。

茶道的基本精神是"清、敬、怡、真"。

 思考题

1. 何谓中国茶道?
2. 中国茶道的核心内容是什么?

第十章 茶文化旅游

近年来,以茶产地尤其是名茶产地的山水景观、茶区人文环境、茶的历史发展、茶业科技、茶类、茶具、饮茶习俗、茶道茶艺、茶书茶画诗词、茶制品等为内容的旅游,构成了茶文化旅游。

随着经济收入的提高和闲暇时间的增多,特别是国家实行双休日和"五一""十一"长假制度以来,人们对物质文化生活的需求向更高层次和多元化的方向发展。人们的价值观念、消费观念和美学观念都在发生变化,旅游已成为大众新的消费方式之一,且势头发展强劲。在这种背景下,茶文化旅游作为旅游的一种新形式开始发展起来。从旅游资源学的角度来讲,茶文化作为一个地区旅游资源的组成部分、各种旅游资源形式中的一种,并未引起足够的重视;而从茶文化研究角度来看,茶文化旅游又是我国茶产业的一种比较新颖的发展形式,尚未形成相当的研究积累。

第一节 茶文化旅游的概念

旅游资源是旅游活动的客体,是满足旅游者旅游愿望的客观存在。传统上,我们喜欢把旅游资源分为自然景观资源和人文景观资源两个大类。茶文化旅游资源同样也可按此方法分为物质文化资源和非物质文化资源,也称为硬资源和软资源。天然的茶山、产茶区、茶叶种植加工工具、茶叶成品、茶具、茶书、茶画等物质形式的资源属于硬资源,而茶歌舞、茶艺、茶诗、茶俗、茶典故、茶叶发展史等非物质形式的资源属于软资源,茶文化旅游是指这些资源与旅游进行有机结合的一种旅游方式。它是将茶叶生态环境、茶生产、茶文化内涵等融为一体进行旅游开发,其基本形式是以秀美幽静的环境为条件,以茶区生产为基础,以茶区多样性的自然景观和特定历史文化景观为依托,以茶为载体,以丰富的茶文化内涵和绚丽多彩的民风民俗活动为内容,进行科学的规划设计,而涵盖观光、求知、体验、习艺、娱乐、商贸、购物、度假等多种旅游功能的新型旅游产品。

茶文化与旅游之间存在众多共通之处,而这恰恰是茶和旅游能够结合的原因,现说明如下。

一、产茶区与风景区的结合

旅游是知识的探求、美的寻访,从这一角度来说,在产茶地区发展旅游有先天的优势。茶的自然属性,决定了茶的生长环境往往是风景秀丽的地区。我国的茶区多分布于南方的丘陵地带,这里气候湿润、植被丰富、环境清新,具有很高的审美价值。我国茶树品种繁多,叶色、叶形多种多样,树姿、树冠可塑性大,茶花颜色有洁白和粉红,为茶园园林造景提供了基础。许多名茶的产地同时也是著名的景区,如产西湖龙井的杭州、产黄山毛峰的安徽黄山、产庐山云雾的江西庐山、产武夷岩茶的福建武夷山等。这些景区不仅以自然景观的优美见长,更有着丰富的历史人文积淀,文化遗产众多,成为旅游者青睐的寻访地。

二、民俗旅游是旅游形式的一种

茶俗是民俗的一部分。民俗旅游以见识各地风俗为目的,旅游者在旅游活动中参与丰富多彩的民俗活动,领略不同民族、不同地区之间生活、文化的差异。我国多数茶乡都有悠久的种茶历史,采茶的歌舞手口相传,极具地方特色;饮茶习俗、茶的传说、茶礼是长期积淀的精神财富;不同民族对茶叶的使用方法各异,保留有大量的历史文物遗存;所有这些现象都是一个地区民俗的鲜活表现,也能够成为民俗旅游的特色形式。

三、茶文化满足人们在旅游过程中对文化、历史、审美的需求

从旅游心理的角度来讲,人类到居住地之外的地方旅行,往往带着冲破精神枷锁、获得心灵超越的目的;现代生活给人们带来的压力、困惑、痛苦、疲倦,在旅行活动中能得到一定程度的释放。而追求宁静淡泊的茶文化在历史上常常都是人生失意者的心灵抚慰剂,此类文献作品所传达的人生观、价值观、审美观与旅行者的心理需求能够统一。从这个角度来讲,在旅游中穿插茶文化可以使游客获得某种程度上心灵的慰藉。我国各地区都有传统茶文化的历史遗迹,成于各个历史时期的茶具、地方名茶、茶诗、茶文,以及生产茶具的官窑遗址、茶事摩崖石刻、壁画等,不仅有很强的审美特征,同时还是传统茶文化的实证依据。茶,这种原本普通的植物,最终被赋予文化意蕴的品格,体现了中华民族宁静、恬淡、和谐、圆融的性情。从某种程度上说,那些历史遗迹也是人类这种价值观念、审美情趣的体现。而寻访这些历史遗迹,可以使游人获得精神的陶冶。

从物质形态到文化意蕴,茶文化可以和旅游找到多个契合点,这给发展茶文化旅游提供了基础。

第二节 茶文化旅游的类型

就世界范围而言,茶文化旅游方兴未艾。日本有名的冈山后乐茶园是日本三大名园之一,园内茶树分行修剪成浪状,与濑户内海的水面十分协调,每年吸引了无数游客,大大促进了茶叶消费和弘扬了茶文化。近年来,泰国、韩国、印度、肯尼亚也在大力开发茶文化旅游,扩大了当地茶叶的消费市场,提高了茶叶价格。就连惜土如金的新加坡,也看到了茶文化旅游的优势,开辟观光旅游茶园,取得了可观的经济效益。在我国,茶文化旅游近年来也有所发展,就各地的茶文化旅游发展现象来看,按照旅游资源的特征可分为自然景观型、茶乡特色型、农业生态型、人文考古型、修学求知型、都市茶馆体验型等模式。

一、自然景观型

我国在开发旅游事业之初,主要是以风景秀丽的名山大川为主要旅游资源。随着旅游事业自身的不断发展,单一的旅游产品无法满足人们日益增长的旅游文化需求,面对高层次、多元化的旅游市场的变动,原本开发较成熟的旅游区纷纷开始改造第一代以观光为主的旅游产品,设计开发内容丰富、形式多样、参与性强的第二代和第三代旅游产品。例如,黄山市旅游局立足黄山有多种历史名茶、茶业为本市支柱产业的基础,将茶文化作为地方特色旅游资源加以开发,早在1998年即规划建设立体生态茶公园,兴建茶文化特色街,开辟"茶家乐"旅游专线,打造紧随时代发展的旅游城市形象。杭州是名茶西湖龙井的产地,有"十八棵御茶"和关于西湖龙井茶的文化积淀,有我国最早建立的茶文化机构"茶人之家",有最高级别的茶文化研究团体中国国际茶文化研究会,有全国最高级别的茶叶研究机构,也有中国茶叶博物馆。同时,杭州历年来不断举行各种各样的茶文化活动,提出"茶为国饮,杭为茶都"的发展目标,所以,无论政府还是文化领域抑或普通居民对茶文化的认知度都很高。近年来,杭州市在发展旅游的过程中,加快一堤(杨公堤)、一村(梅家坞茶文化村)、一区(龙井茶文化景区)、一市(辐射长三角、上规模、高档次的茶叶市场)建设,注重维护龙井茶品牌,积极提升质量;通过多种形式大力宣传"茶为国饮,杭为茶都",打造以龙井茶为主题的旅游产品,与本市的特色茶艺馆有机结合起来,努力发展成为我国重要的茶文化旅游专线之一。

二、茶乡特色型

我国的茶叶产区虽并不尽是名胜,但胜在环境优美。一些产茶县在意识到文化对经济的带动作用后,纷纷把眼光投到茶文化事业上来。茶文化历史资源经过创新发展,再注以旅游的新鲜活力,便呈现出茶文化与茶产业双赢的局面。

安溪是出产乌龙茶的产茶大县,当地的安溪铁观音是国家级的茶叶名品。近年来,当地积极发展茶文化,推动茶产业,在此过程中也发展了茶文化旅游。2000年12月,安溪举办了茶文化旅游节,旅游的主要亮点是茶叶大观园、茶叶公园、铁观音探源和茶园生态探幽。借助安溪铁观音发源的"王说""魏说"传说、从宋代就兴盛起来的"斗茶"传统、创新的安溪茶艺等茶文化资源,以试验茶园、假日旅游区、生态茶山为场地,利用茶歌、茶艺表演、茶菜品尝等形式,为游人提供全方位的享受。目前,安溪茶文化旅游已被确定为中国三大茶文化旅游黄金线之一和福建茶乡特色旅游专线。2002年,仅1—10月共接待国内游客120.38万人次、境外游客5.86万人次,旅游总收入5.78亿人民币,其中创汇0.32亿美元。

新昌是我国新发展起来的产茶强县,茶产业的繁荣与茶文化的发展同步。趁上海国际茶文化节之际,通过举办茶乡摄影采风、茶乡游、承办闭幕式的形式,奠定了当地茶文化旅游的基础。新昌强调当地有浙东名茶市场、浙江第一大佛和知名连续剧拍摄外景地等特征,结合当地茶艺表演、茶叶制作,茶文化旅游的热度正在升高。新昌从1996年开始打造大佛龙井茶叶品牌以来,不断拓展该品牌在北方地区的市场,通过成功进入山东济南的茶叶市场,使新昌及大佛龙井在我国北方的知名度日益提高,而这种良好局面也给当地茶文化旅游发展带来积极影响。新昌环境优美,离大都市上海较近,当地政府在文化事业、茶产业发展上也投入了较大力量,在今后的茶文化旅游发展中会有可观的前景。

余杭位于国际风景旅游城市杭州和国际大都会上海之间,是杭州通往沪、苏、皖的门户。其地三面环抱杭州西湖,南望宁波,东接上海,历史悠久,人文荟萃,经济发达,交通便捷,境内茶文化旅游资源丰富,实为旅游胜地。位于余杭区径山镇的径山是著名的茶文化景点,山上有唐代古刹,建于742年(天宝元年)。相传,法钦和尚来此传教,被赐封为"国一禅师";至南宋,宋孝宗亲书"径山兴圣万寿禅寺";嘉定年间,又被列为江南"五山十刹"之首。鼎盛时,殿宇楼阁林立,僧众达3 000人,被誉为"东南第一禅寺"。宋理宗开庆元年,日本南浦昭明禅师来径山寺求学取经,学成回国后,将径山茶宴仪式以及当时径山寺风行的茶碗一并带回日本,由此日本很快形成和发展了以茶论道的日本茶道,径山寺也因此被称为"日本茶道之源"。径山镇内有双溪陆羽泉,因茶圣陆羽在此汲泉烹茗而得名。据记载,760年陆羽曾在双溪结庐,历时4年著写了世界上第一部茶叶专著《茶经》。结合当地茶文化的深厚背景,余杭区政府自2002年4月开始在双溪竹海漂流景区举办每年一度的"中国茶圣节"。此项节庆活动以茶文化历史及人文景观为号召力,以当地生态旅游活动为支柱,结合新开发的少儿茶艺表演、采茶路线游等形式,成功举办了四年,提高了余杭旅游的区位水平。近年来,随着余杭茶文化旅游的发展,当地的茶区游、休闲游以及每年4月组织的茶文化活动大有整合提升的趋势,相信在不久的将来,余杭的茶文化旅游能够发展成为主题明确、独具特色的茶文化专线旅游产品。

在茶乡发展茶文化旅游,目前存在的问题主要有:部分茶乡的交通条件、住宿状况不能和旅游的快速发展相配套;茶乡的旅游市场处于初建阶段,追求经济利益的目的大于发展当地文化事业的动机,在旅游产品设计开发、旅游人才数量和质量上处于较落后水平;一些地区在开发当地茶文化旅游资源时未能挖掘地方特色,对旅游产品的定位不够准确,对旅游产品的规划存在盲目效仿的倾向,甚至某些地区存在将原有特色茶文化资源庸俗化的问题。

三、农业生态型

生态旅游是旅游类型中比较新的一类,发展空间很大。世界旅游组织调查指出,目前生态旅游收入占世界旅游业总收入的比例为15%～20%。据2002年在巴西召开的世界生态旅游大会介绍,生态旅游给全球带来了至少200亿美元的年产值。据估算,生态旅游年均增长率为20%～25%,是旅游产品中增长最快的部分。农业生态旅游是生态旅游的一个重要领域,农业生态旅游资源包括自然环境、生态资源、生产资料、生产活动、乡土文化和生活方式等方方面面,而保留着较原始风格的生产活动对现代都市人有更大的吸引力。

在我国,农业生态旅游是旅游事业一个新发展的领域。目前,存在的问题主要有:对生态旅游的理解停留在到自然中参观的低水平层面,忽略文化环境;也较少考虑可持续发展的远景,对自然环境造成不同程度的破坏。基于这种情况,在我国一些茶乡发展茶文化生态旅游是不错的选择。茶叶是农产品中文化品位最高的一种,开发茶文化生态旅游可以提供:良好的自然环境——茶园、茶山,生产资料——茶叶,生产活动——采茶、锄草、炒茶,生活方式——对茶歌、茶舞、品茗、品尝茶菜茶宴,农业文化——茶的知识、典故、赏鉴。

广东英德是广东省最大的茶叶商品出口基地,英德红茶是当地茶产业的主要支柱。在农业生态旅游发展的带动下,英德于1998年建立了农业生态旅游园地——茶趣园,以茶叶良种示范基地为基础,设计了观赏茶园风景、讲解茶文化知识、体验采茶做茶、表演茶艺、品尝茶餐、销售名茶和茶具等一系列活动。自开放以来,每天接待游客百人以上,假期高峰时达到千人以上,与英德市其他风景名胜组成旅游线路,可谓相得益彰,相映成趣,能使游客在陶醉风景名胜的同时领略到现代的茶园风光,感受到从事茶事劳动(活动)所带来的新乐趣。

广东梅州雁南飞茶田度假村,以"茶田风光、旅游胜地"为发展方向,把昔日的荒山野岭变成集农业生产、参观旅游、度假娱乐于一体的新兴旅游胜地。通过茶叶种植、茶叶加工、茶艺、茶诗词等形式,营造了浓厚的茶文化内涵,将当地的客家文化融于其中,既有自然风光,又有农业开发、度假休闲功能。

永川是重庆西部的地区性中心城市,历来是重庆西部和川东南地区重要的物资集散地、文化教育中心。永川境内箕山山脉是我国古老的产茶区,箕山上现存的2万亩连片茶园,规模居亚洲第一。永川市茶山竹海景区的5万亩竹海与2万亩连片茶园相互映衬,融为一体,形成独特的茶竹旅游景观,景区内有集休闲、观光为一体的大型观光茶园——中华茶艺山庄。游客可以在此观赏传统的茶艺、茶道表演,可以亲自参与采茶、制茶,可以品尝当地名茶——永川秀芽以及竹系列的特色菜肴,可以在茶博览馆里领略茶的起源、茶的品种和茶文化知识。当地的竹园曾是电影《十面埋伏》的拍摄地,形成了一定的知名度。目前,在茶山竹海景区已成功举办了多届茶竹文化旅游节。正因为这种优势,国际茶文化研讨会才将2003年、2005年的"国际茶文化旅游节"定于永川举办。

四、人文考古型

茶文化的形成历史悠久,茶与宗教的关联、茶人的逸闻趣事、具有考古价值的茶具、茶文化的交流传播并不受产茶与否的限制。茶在每个时代几乎都与一种或几种艺术形式相结合,呈现美的特征。这类资源多是精神的、无形的,具有较高的文化品位。与观光型和生态型相比,这类旅游资源能更好地满足人们旅行时增长见识、文化寻根、体验多样文化的需求。

陕西扶风县在1987年从法门寺地宫出土了一系列唐代宫廷金银茶具,为证实唐代茶文化及宫廷茶道的存在提供了珍贵的实物资料。由此,法门寺博物馆开创了"法门学"研究,并通过举办学术研讨会、建立"茶文化历史陈列厅"、恢复"清明茶宴"、编排"宫廷斗茶"表演的方式,把法门寺茶文化旅游办成非产茶区具有极高文化品位的旅游产品。

浙江长兴顾渚山发现的唐代贡茶院遗址、金沙泉遗址和茶事摩崖石刻三组九处等一大批历史悠久、富含文化底蕴的景点,形成了以茶文化为主体的独特旅游资源,现已被列为省、市重点文物保护和旅游开发区。此外,福建建瓯发现并考证的宋代"北苑贡茶"摩崖石刻碑文以及武夷山以"大红袍"为中心的众多摩崖石刻、茶树名丛和重修的御茶园等茶文化景观,河北宣化出土的辽代古墓道煮茶、奉茶、饮茶的壁画等,都是中国茶文化的历史见证,如今已成为众多国内外专家考察的对象,也是旅游观光的新景观。

五、修学求知型

自唐朝我国茶文化鼎盛繁荣以来,茶文化通过宗教、贸易等形式传播到世界各地,其中尤以当时的日本和韩国更甚,这两个国家分别形成了自己的茶文化,且都将其茶文化的源头归于中国。因此,每年都有来自日本和韩国的游客专程赶赴茶文化的一些景观地进行修学游,此类地点有浙江余杭的径山、浙江台州的天台山、陕西扶风的法门寺等。另外,由于同样具有茶文化的背景,韩国、日本的一些茶文化爱好者和茶界人士时常会赴中国学习茶艺、进行茶叶审评等进修活动。在我国实行职业资格认证制度以后,更有不少韩国和日本的进修者专门前来参加茶艺师和评茶员的培训和考试,这些活动在近些年较为频繁。浙江大学茶学系和中国茶叶博物馆,都曾多次组织过此类培训。游学者在学习的过程中往往会访问当地旅游景点尤其是与茶相关的景点,因此,这些旅游活动被称作"修学求知游",是新兴的一种茶文化旅游形式。这种旅游形式目的性强,旅游地以学术发达的茶文化研究单位所在地为主,多为外国游客,在未来将会有良好的发展空间。而发展此类旅游的一个重要问题,是解决好培训进修的住宿、出行、饮食方面的问题。仅就培训而言,给国外游客讲述中国的茶文化,就绝非普通的外语翻译和茶文化学者所能胜任。而能否解决好游学者学习之余的饮食、住宿和出行,将会是影响其旅游满意度的大问题。

六、都市茶馆体验型

在我国各地都有特色的茶馆,诸如北京的老舍茶馆、上海的湖心亭茶楼、杭州的湖畔居与和茶馆、成都的顺兴老茶馆等。这些茶馆,往往是体验城市生活的一个窗口。由于是体验,所以不同的城市宜有所区别。比如,远来的观光客游杭州,短短数日,其旅游线路自然以西湖、灵隐寺等名胜为先,如另有余闲方可安排体验"孵茶馆"。再如,到北京,普通游客的首选自然是故宫、颐和园、长城等景点,而"坐茶馆"恐怕要对北京非常熟悉之后加之对茶更有偏爱才会成行。对于成都这样以休闲见长的城市,到茶馆中体验恐怕是游客了解成都的首选。所以,都市茶馆体验型就全国而言,无法一言以蔽之,还是就某个城市具体讨论为宜,故在此不详加叙述。

上述六种茶文化旅游类型,仅是笔者对当前茶文化旅游的一种总结,而在现实发展中,某个地区的茶文化旅游往往集中了多种形式,或者某个主题、某条专线的茶文化旅游涵盖了若干个地区。而这样的结合,正是为了满足旅游者在旅游活动中的多重需要,是为了提升旅游产品价值才出现的。

法国评论家普鲁斯特曾说过:"历史隐藏在智力所能企及的范围以外的地方,隐藏在我们无法猜度的物质客体中。"我们的价值观念、人生哲理、审美取向,总是在这些历史景观、精美器物以及那些被我们熟知的传统中隐藏。旅行者正是在一次次贴近"物质客体"的过程中受到文化的熏陶,从而提升自我并实现心灵的超越,这或许就是旅游的意义所在。茶和旅游的结合,不仅是旅游领域的拓展,也给茶在现代社会找到了新的文化表现形式。当诗词歌赋等文学形式不再被人们熟练掌握时,旅游给茶文化的表达提供了一种新的选择。

从旅游经济学的角度来讲,真正吸引游客的是一个地区的旅游资源。而这种旅游资源,无论是有形还是无形,都必须具有独特性和观赏性。换言之,旅游资源与其他资源的区别在于,它们给游客以符合生理、心理需求的美的享受,使人们的精神、性格、品质等在优美的旅游资源中找到对象化的表现。审视一个地区茶文化旅游资源时,独特性和观赏性是非常值得重视的。一件完善的旅游产品,是旅游管理者凭借旅游资源、旅游设施和旅游交通,向旅游者提供用于旅游活动综合需要的服务总和。这是一个整体的概念,因此,仅有好的茶文化资源,尚并不足以发展茶文化旅游。我国不少茶区处于偏远山区,交通不便,信息闭塞,这是发展旅游的不利条件。另外,由于茶叶的自然属性决定了茶事活动往往集中在每年的一定时期,在此之外的时间旅游配套设施极有可能陷入闲置,这也是开发茶文化旅游所要考虑到的。开发一个地区的茶文化旅游产品,如果缺乏科学的规划,旅游设施的数量、档次或布局不合理,或者对茶文化资源的定位不准确,茶文化特征不鲜明,即使在短期内产生了一些经济效益,也无法实现当地旅游的长久发展,甚至还会破坏当地的茶文化资源,因此,在决策之初须慎之又慎,在发展规划时更要务实、科学。目前,我国茶文化旅游正待进入成熟阶段,发展茶文化旅游应该多考虑如何与本地其他旅游资源良好地整合,既要突出茶的特色,也要保证旅游产品的丰富完善性,我国的茶文化旅游事业才可能真正壮大起来。

第三节 茶文化旅游的开发[*]

茶文化旅游开发的关键,是制定标准化的、可操作的、科学的旅游规划。笔者凭借对茶文化旅游的初浅认识,提出以下旅游规划开发策略上的建议。

一、政府的正确引导

政府的引导主要集中在以下四个方面。第一,茶文化旅游的宏观规划。组织专家论证发展方向和发展目标,进行茶文化旅游资源本底调查评价和市场分析,制定茶文化生态旅游的宏观规划。第二,政策倾斜。第三,资金支持。茶文化旅游开发、运作需要的资金投入,可以通过政府财政投入、企业资金注入、社会集资、社会捐款等方式获得。第四,宣传促销。对外,政府牵头以好客文化为标志大打茶文化旅游品牌;对内,要求从业人员学习茶文化,在行动上体现茶文化精神,营建和谐、健康的投资平台以及极具吸引力的旅游环境。

政府的正确引导和宏观调控,可以避免造成资源、资金、人力、市场的浪费,可以有效控制开发的数量和规模,避免盲目开发以及开发中市场混乱、恶性竞争、质量下降等对旅游地形象造成破坏。

二、原生态开发与商业开发相结合

综合考虑茶文化旅游地的可达性、经济发展状况、游客数量和购买力等因素,以原生态开发和商业开发相结合的形式,进行重点开发和分期分批开发。对旅游干线上的茶马古道历史文化名村名镇,既可进行保持原生态文化背景的开发,也可以进行商业开发;对偏僻的

---

[*] 本节主要参考了李维锦《茶文化旅游:一种新的文化生态旅游模式》(《学术探索》2007年第11期)一文的观点。

经济贫困地区,则进行原生态开发。同时,集中有限资金,集中建设重点项目,以旅游干线上的历史文化名村名镇为开发建设重点,最后推广到更大范围面上的开发。

三、开发以茶为主的组合型旅游产品,开展多种形式的茶文化生态旅游活动

茶文化旅游开发应避免单一形式的开发,可以茶为主并与其他类型的旅游资源相组合进行开发,或把茶文化旅游开发作为整体开发的一部分进行综合开发;开展多种形式的茶文化旅游活动,如马帮巡演、骑马、赛马大会、品茶评茶、观看茶艺表演、学习茶艺、参观茶园生态风光、领略采茶制茶的劳作生态、感受茶乡风土人情生态、游客亲身体验采茶制茶的过程、走茶马古道、购买茶产品、购买与茶相关的商品和纪念品等。

四、从法律、法规、制度上建立健全茶文化生态旅游健康发展的社会机制

茶文化旅游开发中亟待整治和规范的是茶叶市场和旅游市场,提质增效是旅游市场普遍需要解决的问题。目前,中国茶叶市场良莠不齐,至今仍没有统一的国家标准。茶行业提倡的精品茶店、绿色茶、茶展销会、茶论坛等活动,又都缺乏推广力度与执行力度,规范性和强制性较弱。茶市场作为中国茶文化旅游开发过程中的重要市场,急需制定国家法律、地方法规以及强有力的行业规章制度来规范市场,以此正本清源,树立中国茶品牌,多出产品,多出精品,多出名品。

小结

茶文化旅游是指茶文化资源与旅游进行有机结合的一种旅游方式。它将茶叶生态环境、茶生产、茶文化内涵等融为一体进行旅游开发,其基本形式是以秀美幽静的环境为条件,以茶区生产为基础,以茶区多样性的自然景观和特定历史文化景观为依托,以茶为载体,以丰富的茶文化内涵和绚丽多彩的民风民俗活动为内容,进行科学的规划设计,而涵盖观光、求知、体验、习艺、娱乐、商贸、购物、度假等多种旅游功能的新型旅游产品。

按照旅游资源的特征,我国的茶文化旅游可以分为自然景观型、茶乡特色型、农业生态型、人文考古型、修学求知型、都市茶馆体验型六种模式。

茶文化旅游开发的关键,是制定标准化的、可操作的、科学的旅游规划。

思考题

1. 什么是茶文化旅游?我国的茶文化旅游大致可以分为哪六种类型?
2. 我国茶文化旅游的开发策略是什么?

参 考 文 献

[1] 陈祖槼,朱自振.中国茶叶历史资料选辑[M].北京:农业出版社,1981.
[2] 安徽农学院.茶叶生物化学[M].2版.北京:农业出版社,1984.
[3] 王玲.中国茶文化[M].北京:外文出版社,1998.
[4] 刘修明.中国古代饮茶与茶馆[M].台北:台湾商务印书馆,1998.
[5] 吴旭霞.茶馆闲情[M].北京:光明日报出版社,1999.
[6] 关剑平.茶与中国文化[M].北京:人民出版社,2001.
[7] 洪升.唐宋茶叶经济[M].北京:社会科学文献出版社,2001.
[8] 阮耕浩.茶馆风景[M].杭州:浙江摄影出版社,2003.
[9] 宛晓春.茶叶生物化学[M].北京:中国农业出版社,2003.
[10] 姚国坤.茶文化概论[M].杭州:浙江摄影出版社,2004.
[11] 陈文华.长江流域茶文化[M].武汉:湖北教育出版社,2004.
[12] 刘勤晋.茶文化学[M].北京:中国农业出版社,2005.
[13] 徐晓村.中国茶文化[M].北京:中国农业大学出版社,2005.
[14] 王从仁.中国茶文化[M].上海:上海古籍出版社,2005.
[15] 宛晓春.中国茶谱[M].北京:中国林业出版社,2006.
[16] 刘清荣.中国茶馆的流变与未来走向[M].北京:中国农业出版社,2007.
[17] 周巨根,朱永兴.茶学概论[M].北京:中国中医药出版社,2008.
[18] 陈椽.茶业通史[M].2版.北京:中国农业出版社,2008.
[19] 朱自振.茶史初探[M].北京:中国农业出版社,2008.
[20] 陈宗懋.中国茶经[M].上海:上海文化出版社,2008.
[21] 关剑平.文化传播视野下的茶文化[M].北京:中国农业出版社,2009.
[22] 周圣弘.武夷茶:诗与韵的阐释[M].北京:旅游教育出版社,2011.
[23] 丁以寿.中华茶文化[M].北京:中华书局,2012.
[24] 刘仲华,等.红茶和乌龙茶色素与干茶色泽的关系[J].茶叶科学,1990(1).
[25] 丁以寿.中国饮茶法源流考[J].农业考古,1992(2).
[26] 刘学忠.中国古代茶馆考论[J].社会科学战线,1994(5).
[27] 李拥军,施兆鹏.茶叶防癌抗癌作用研究进展[J].茶叶通讯,1997(4).

[28] 陈香白,陈再.潮州工夫茶艺概说[J].广东茶业,2002(4).
[29] 陈睿.茶叶功能性成分的化学组成及应用[J].安徽农业科学,2004(5).
[30] 余悦.中国茶文化研究的当代历程和未来走向[J].江西社会科学,2005(7).
[31] 沈冬梅.茶馆社会文化功能的历史与未来[J].农业考古,2006(5).
[32] 王鸿泰.从消费的空间到空间的消费——明清城市中的茶馆[J].上海师范大学学报(哲学社会科学版),2008(5).

后 记

《简明中国茶文化》的编写,始于2009年冬天。是年,笔者作为国内首个茶学(茶文化经济)本科专业的申报人和教育部高等学校特色专业(茶学)的执笔申报人,陆续承担了首批本科生的"中国茶文化""中国茶文学"等课程的教学工作。为了在大学生中开展茶文化教育,随后又开设了5轮的校级通识课"中国茶文化",选课人数常常爆满。在教学过程中,笔者萌生了编写一本既方便教学又方便学生自学的茶文化通识课教材的想法。

2014年春天,笔者回到家乡湖北,供职于武汉商学院,即开始开设"中国茶文化"校级通识课,并在学校的支持下,先后构筑起武汉商学院茶学工作室和武汉商学院中国茶文化与产业研究所两个教学、科研平台。适逢学校启动校本教材的建设工作,笔者在业已形成初稿的《中国茶文化十五讲》教材的基础上,削删修改成这本20余万字的《简明中国茶文化》。2016年11月,本教材被列入武汉商学院首批校本教材出版资助项目。

本教材由周圣弘、罗爱华承担全书主要章节的撰写任务。眭红卫副教授受邀承担了第六章的撰写工作。最后,由周圣弘统稿、定稿。

本教材的出版,得到了武汉商学院教务处的大力支持,特此鸣谢。

周圣弘　罗爱华

2017年1月8日于武汉商学院